21 世纪高职高专工学结合型规划教材 • 市政与路桥

市政工程施工图案例图集

主　编　陈亿琳

副主编　徐宏伟　雷彩虹

参　编　熊卓亚

北京大学出版社
PEKING UNIVERSITY PRESS

内容简介

本书遴选了典型的市政工程项目（包括道路工程、桥梁工程、排水工程和给水工程）的施工图纸，根据GB 50162—1992《道路工程制图标准》、GB/T 50104—2010《建筑制图标准》等制图标准进行编写。

本书内容包括：道路工程施工图纸、桥梁工程施工图纸、排水及排水结构工程施工图纸、给水工程施工图纸。

本书可作为高职院校市政工程、工程造价、建筑经济管理、道路桥梁、给排水等专业项目化教学实例教材，也可作为各类院校相关专业教学使用，同时还可供市政工程技术人员学习、参考。

图书在版编目(CIP)数据

市政工程施工图案例图集/陈亿琳主编. —北京：北京大学出版社，2015.2
（21世纪高职高专工学结合型规划教材·市政与路桥）
ISBN 978-7-301-24824-9

Ⅰ.①市…　Ⅱ.①陈…　Ⅲ.①市政工程—工程施工—图集—高等职业教育—教材　Ⅳ.①TU99-64

中国版本图书馆CIP数据核字（2014）第216855号

书　　名： 市政工程施工图案例图集
著作责任者： 陈亿琳　主编
策 划 编 辑： 杨星璐　赖　青
责 任 编 辑： 刘健军
标 准 书 号： ISBN 978-7-301-24824-9
出 版 发 行： 北京大学出版社
地　　址： 北京市海淀区成府路205号　100871
网　　址： http://www.pup.cn　新浪微博：@北京大学出版社
编辑部邮箱： pup6@pup.cn
总编室邮箱： zpup@pup.cn
电　　话： 邮购部010-62752015　发行部010-62750672　编辑部010-62750667
印　刷　者： 北京鑫海金澳胶印有限公司
经　销　者： 新华书店
787毫米×1092毫米　8开本　21.5印张　501千字
2015年2月第1版　2023年7月修订　2023年7月第7次印刷
定　　价： 55.00元

前　　言

本书是浙江省优势专业——市政工程技术专业项目化课程改革成果之一，是市政工程技术专业“以实际工程项目为引领”的系统化项目化教材建设配套图集，是根据高等职业教育市政工程技术专业标准，参照市政管理人员从业资格要求编写，适用于高等职业学校市政工程技术专业和市政施工一线工作人员使用。

本书遴选了典型实际市政工程项目（包括道路工程、桥梁工程、排水工程和给水工程）的施工图纸，内容全面，设计规范合理。图集所选项目可作为市政专业项目化教学的贯穿项目，从学生入学开始，由浅入深贯穿“市政工程识图与构造”“市政工程力学与结构”“市政工程 CAD 绘图”“市政工程测量”“市政道路工程施工”“市政管道工程施工”“市政桥梁工程施工”“市政工程计量计价”“市政工程施工组织与管理”“工程招投标与合同管理”等 10 门项目化课程的教学，对于学生学习兴趣的培养，学生市政工程识图、绘图及施工技术管理等能力培养都具有重要的意义。

本书严格依据最新制图标准进行编写。依据的制图标准主要有 GB 50162—1992《道路工程制图标准》、GB/T 50104—2010《建筑制图标准》等。所涉及的项目内容按照最新设计规范、施工及质量验收规范等进行编写。所采用的规范有：CJJ 37—2012《城市道路工程设计规范》、CJJ 11—2011《城市桥梁设计规范》、GB 50014—2006《室外排水设计规范》、GB 50013—2006《室外给水设计规范》等。

本书由杭州科技职业技术学院陈亿琳担任主编，杭州科技职业技术学院徐宏伟、雷彩虹担任副主编，浙江耀华工程咨询代理有限公司熊卓亚参编。各项目编写人员的具体分工如下：陈亿琳编写整理项目一，徐宏伟编写整理项目二，雷彩虹、熊卓亚编写整理项目三和项目四。在本书的编写整理过程中还得到了杭州城市建设设计有限公司有关领导和专家的大力支持，在此一并对他们表示衷心感谢。

由于编者水平所限，书中不足之处在所难免，恳请广大师生和读者批评指正。

编　者

2014 年 8 月

目　录

项目一　道路工程施工图纸 1

道路工程施工图说明 2
平面线位图 4
道路平面图 5
道路逐桩坐标表 11
道路纵断面图 12
标准横断面图 16
相交道路标准横断面图 17
机动车路面结果图 18
非机动车道，人行道路面结果图 19
道路河塘填浜设计图 20
交通组织示意图 21
牛腿式进口坡道 27
交叉口无障碍设计图 28
缘石坡道设计大样图 29
提示盲道设置大样图 30
盲道材块大样图 31
中心大道~东西大道交叉口竖向设计 32
中心大道~北八路交叉口竖向设计 33
中心大道~滨河大道交叉口竖向设计 34
道路施工横断面图 35
道路工程土方表 44

项目二　桥梁工程施工图纸 46

桥梁施工图说明 47
桥位平面图 49
总体布置立面图 50
总体布置平面图 51
驳坎断面构造图 52
总体布置横断面图 53
桩基配筋图 54
南桥台构造图1 55
南桥台构造图2 56
北桥台构造图1 57
北桥台构造图2 58
桥台配筋图 59
板式支座构造图 60
19.96m预应力空心板中板构造图 61
19.96m预应力空心板中板预应力钢束布置图 62
19.96m预应力空心板中板构造筋布置图1 63
19.96m预应力空心板中板构造筋布置图2 64
19.96m预应力空心板绿带下梁板构造图 65
19.96m预应力空心板绿带下梁板预应力钢束布置图 66
19.96m预应力空心板绿带下梁板构造筋布置图1 67
19.96m预应力空心板绿带下梁板构造筋布置图2 68
19.96m预应力空心板悬臂20板构造图 69
19.96m预应力空心板悬臂20板预应力钢束布置图 70
19.96m预应力空心板悬臂20板构造筋布置图1 71
19.96m预应力空心板悬臂20板构造筋布置图2 72
19.96m预应力空心板悬臂6板构造图 73
19.96m预应力空心板悬臂6板预应力钢束布置图 74
19.96m预应力空心板悬臂6板构造筋布置图1 75
19.96m预应力空心板悬臂6板构造筋布置图2 76
桥面系构造配筋图1 77
桥面系构造配筋图2 78
型钢伸缩装置构造图 79
防撞栏杆构造配筋图 80
人行道栏杆构造图 81
全桥主要工程数量汇总表 82

项目三 排水及排水结构工程施工图纸 83

排水施工图说明 84
雨水汇水范围图 85
污水汇水范围图 86
中心大道管位图（河滨大道—东西大道） 87
北八路、河滨大道管位图 88
东西大道管位图 89
排水管道平面图 90
雨水管道纵断面图 96
东污水管道纵断面图 102
西污水管道纵断面图 108
材料表 114
排水结构总说明 115
检查井结构说明 116
排水检查井钢筋混凝土井座详图 117
矩形排水检查井（井筒高度≤2.0m，不落底井）平面、剖面图 118
矩形排水检查井（井筒高度≤2.0m，不落底井）各部尺寸及工程量表 119
矩形排水检查井（井筒高度≤2.0m，不落底井）平面、剖面图 120
矩形排水检查井（井筒高度≤2.0m，不落底井）各部尺寸及工程量表 121
矩形排水检查井（UPVC管）底板配筋图 122
矩形排水检查井（钢筋混凝土管）底板配筋图 123
1100×1100矩形排水检查井顶板配筋图 124
1100×1250矩形排水检查井顶板配筋图 125
1100×1500矩形排水检查井顶板配筋图 126
1100×1750矩形排水检查井顶板配筋图 127
1100×2100矩形排水检查井顶板配筋图 128
方形排水检查井（井筒高度≤2.0m，不落底井）平面、剖面图 129
方形排水检查井（井筒高度≤2.0m，不落底井）各部尺寸及工程量表 130
方形排水检查井（井筒高度≤2.0m，不落底井）平面、剖面图 131
方形排水检查井（井筒高度≤2.0m，不落底井）各部尺寸及工程量表 132
方形排水检查井（UPVC管）底板配筋图 133
1250×1250方形排水检查井顶板配筋图（井筒高度≤2.0m） 134
1500×1500方形排水检查井顶板配筋图（井筒高度≤2.0m） 135
1750×1750方形排水检查井顶板配筋图（井筒高度≤2.0m） 136
2100×2100方形排水检查井顶板配筋图（井筒高度≤2.0m） 137
2400×2400方形排水检查井顶板配筋图（井筒高度≤2.0m） 138
UPVC管基础及与检查井连接图 139
D200~D1500承插管135° 钢筋混凝土基础 140
D200~D1500承插管135° 钢筋混凝土基础与检查井连接断面 141
D400~D800承插管180° 钢筋混凝土基础 142
D400~D800承插管180° 钢筋混凝土基础与检查井连接断面 143
井底板与一节管道基础配筋图 144
单箅式雨水口平面、剖面图 145
单箅式雨水口平面、剖面图 145
单箅式雨水口工程量表 146
双箅式雨水口平面、剖面图 147
双箅式雨水口工程量表 148
排水口结构图一 149
排水口结构图二 150
管道交叉处理图 151

项目四 给水工程施工图纸 152

给水施工图说明 153
给水平面布置图 154
给水管道纵断面图 158
管位图 162
相交道路管位图 163
给水管节点大样图 164
给水管材料及管配件一览表 165
球磨铸铁管砂基础 166

项目一　道路工程施工图纸

道路工程施工图说明

一、设计依据

1.《××园区北七路北六路中心大道北段和东二路初步设计会议纪要》，×××经济技术开发区临平园区管委会

2.《××园区中心大道北延伸工程初步设计》，×××设计研究院有限公司

3.《××市中心大道工程岩土工程勘查报告（详勘阶段）》，×××勘测设计研究院

4.《××市西三路北七路及中心大道工程规划》，×××城市规划设计研究院

5.《××园区中心大道工程施工图》，×××设计研究院有限公司

6.《××园区总体规划及启动区块控制性详细规划》，×××城市规划设计研究院

7.《××园区中心大道北段北六路北七路规划方案会审会议纪要》，×××开发投资有限公司

8.沿线地形图电子版及纵横断面测量资料，×××勘测设计研究院

二、设计简述

1.技术标准

道路等级：城市主干道

设计车速：50 km/h

设计轴载：BZZ-100kN

路面结构：沥青混凝土结构

设计年限：15年

2.道路工程概况

中心大道是一条南北向城市主干道，位于××园区中部。贯穿整个园区，本次北延伸段施工图设计范围南起东西大道，北至滨河大道，全长约1.8km，红线宽度60m，标准横断面为四块板布置：

60m=4m（人行道）+4m（非机动车道）+5m（绿化带）+12m（机动车道）+10m（中央分隔带）+12m（机动车道）+5m（绿化带）+4m（非机动车道）+4m（人行道）

道路平面线形依据规划确定，设平曲线一处，半径1500m，不设超高。

道路沿线分别与东西大道，北八路，滨河大道相交。设1号港一座。

1号港规划河底标高-0.84m，常水位均为1.22m，50年一遇设计洪水位3.51m，桥梁底标高大于4.01m。

道路现状大部分为农田村舍。

道路采用双向六车道。机非分行。

与沿线道路均采用平交形式。

三、初步设计调整部分

1.根据××经济技术开发区临平园区的桥梁跨径统一调整，1号港桥跨径调整为20m，相应地，调整了纵断面设计。

2.道路两侧预留绿化带调整为5m。

3.道路两侧不设挡墙，利用预留绿化带放坡以节约费用。

4.增设泉漳农居点出入口。

会签	建筑		桥梁		水		暖	
	结构		道路		电		工艺	

工程负责		校　对		工程名称	××市中心大道北延伸工程	道路工程施工图说明				工程编号	
工种负责		审　核		项目名称	道　路						
设　计		审　定		建设单位		设计阶段	施设	比例		出图日期		图号	路－1

四、施工注意事项

（一）路面工程

1.路面结构：

车行道采用沥青混凝土路面结构。

人行道采用彩色人行道板。

2.沥青路面浇筑时，应先扫除顶面的浮灰，洒透层油，保证碾压终了温度不低于70℃，沥青混凝土配合比按规范标准进行，严禁雨天施工。

3.道路横坡为双向1.5%，路拱为直线型。

4.沥青表面层细集料应采用机制砂，如果掺加天然砂，其用量不得超过机制砂。

5.沥青表面层应选用抗滑耐磨石料，以玄武岩辉绿岩辉长岩为佳。

6.水泥稳定碎石层施工时6天湿养，1天浸水，7天抗压强度不小于3.0MPa。

7.基层宽度等于路宽加2×0.25m。

（二）路基工程

1.道路施工中填方路段必须严格按照施工规范要求进行。

2.清除表层杂填土（遇沟渠鱼塘等，先清淤，再疏排30cm块石），分层回填塘渣并夯实，塘渣粒径控制在15cm以下，每层压实厚度不大于30cm。填筑至路床顶面最后一层的最小压实厚度不应小于8cm。

3.当车行道遇到老路时需超挖30cm，若人行道部分遇到老路时无须超挖。

4.严禁用建筑垃圾淤质土及有机质土回填。

5.路基边坡及土方量计算均按填方1∶1.5放坡设计和计算，实际施工中可根据现状作相应调整。

6.压实度要求为（重型击实标准）：

填方0～80cm	压实度≥95%
低于80cm以下	压实度≥93%
挖方及小于30cm低填方	压实度≥95%

7.应保证土基强度不小于25MPa，再铺垫层。

（三）其他

1.施工前必须严格按照设计坐标进行放样校核。

2.施工前应进行相关的各项室内试验，各项指标满足要求后才能进行施工。行施工。

3.道路沿线出入口可根据道路沿线实际情况或规划要求在施工中自行解决。

4.盲道设置在人行道上，距离外边线50cm，与人行道路面结构相同。

5.交通标志标线等设施另行由公安交通管理部门确定。

6.近期不实施改造的现状河道需要埋设临时管涵沟通，位置由××区林水部门确定。

7.机非绿化分隔带开口必须在道路底点设置，其他位置可以根据现场调整。

8.未尽事宜按相关规范执行。

五、质量验收和评定采用的标准

1.《城镇道路工程施工验收规范》（CJJ1-2008）

2.《沥青路面施工及验收规范》（GB 50092-1996）

3.其他相关规范

工程负责		校　对		工程名称	××市中心大道北延伸工程	道路工程施工图说明	工程编号
工种负责		审　核		项目名称	道　路		
设　计		审　定		建设单位		设计阶段 施设 比例 出图日期	图号 路－1

会签 建筑 结构 桥梁 道路 水 电 暖 工艺

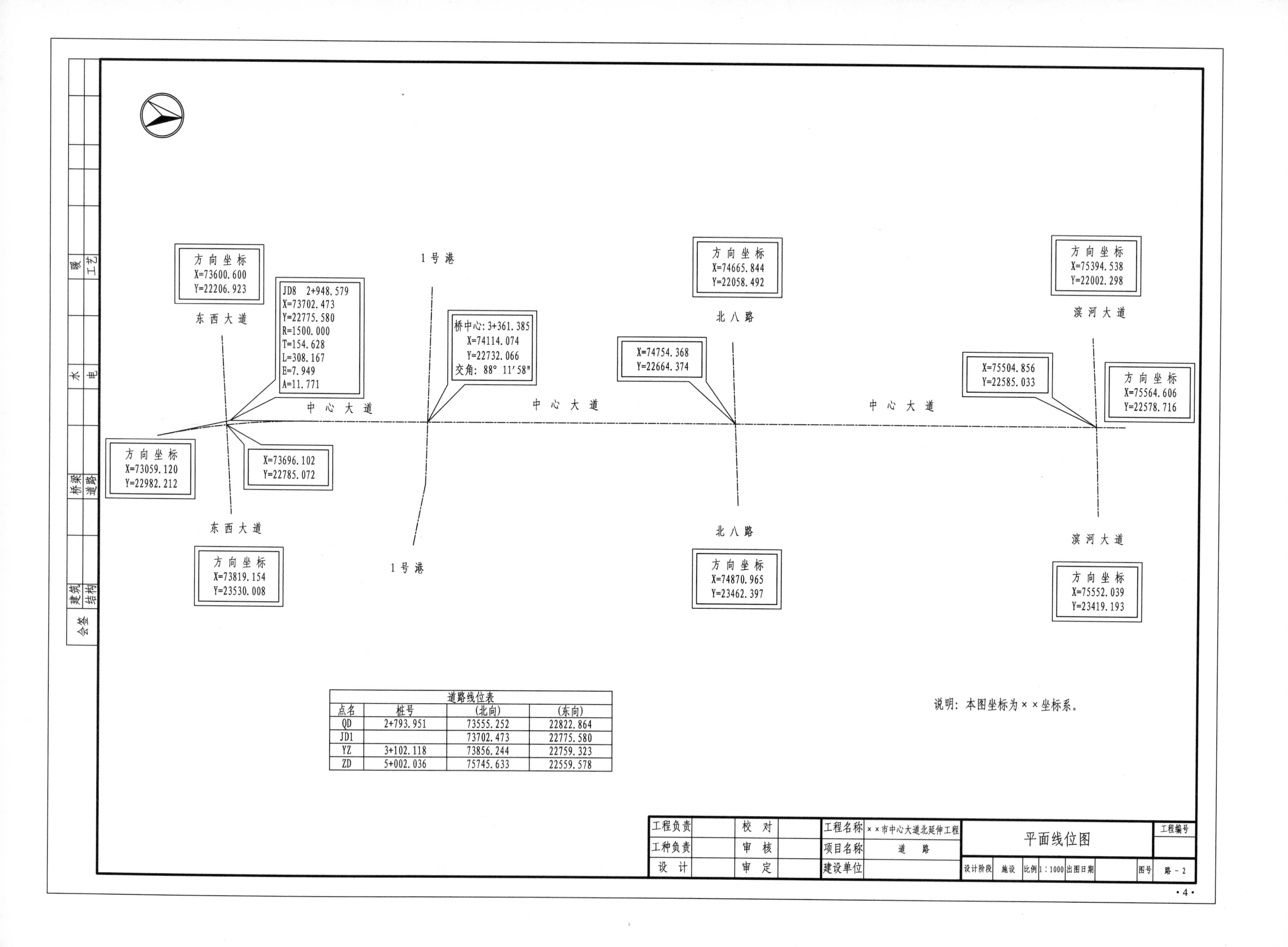

道路线位表

点名	桩号	(北向)	(东向)
QD	2+793.951	73555.252	22822.864
JD1		73702.473	22775.580
YZ	3+102.118	73856.244	22759.323
ZD	5+002.036	75745.633	22559.578

说明：本图坐标为××坐标系。

工程负责		校对		工程名称	××市中心大道北延伸工程	平面线位图	工程编号
工种负责		审核		项目名称	道路		
设计		审定		建设单位		设计阶段 施设 比例 1:1000 出图日期	图号 路-2

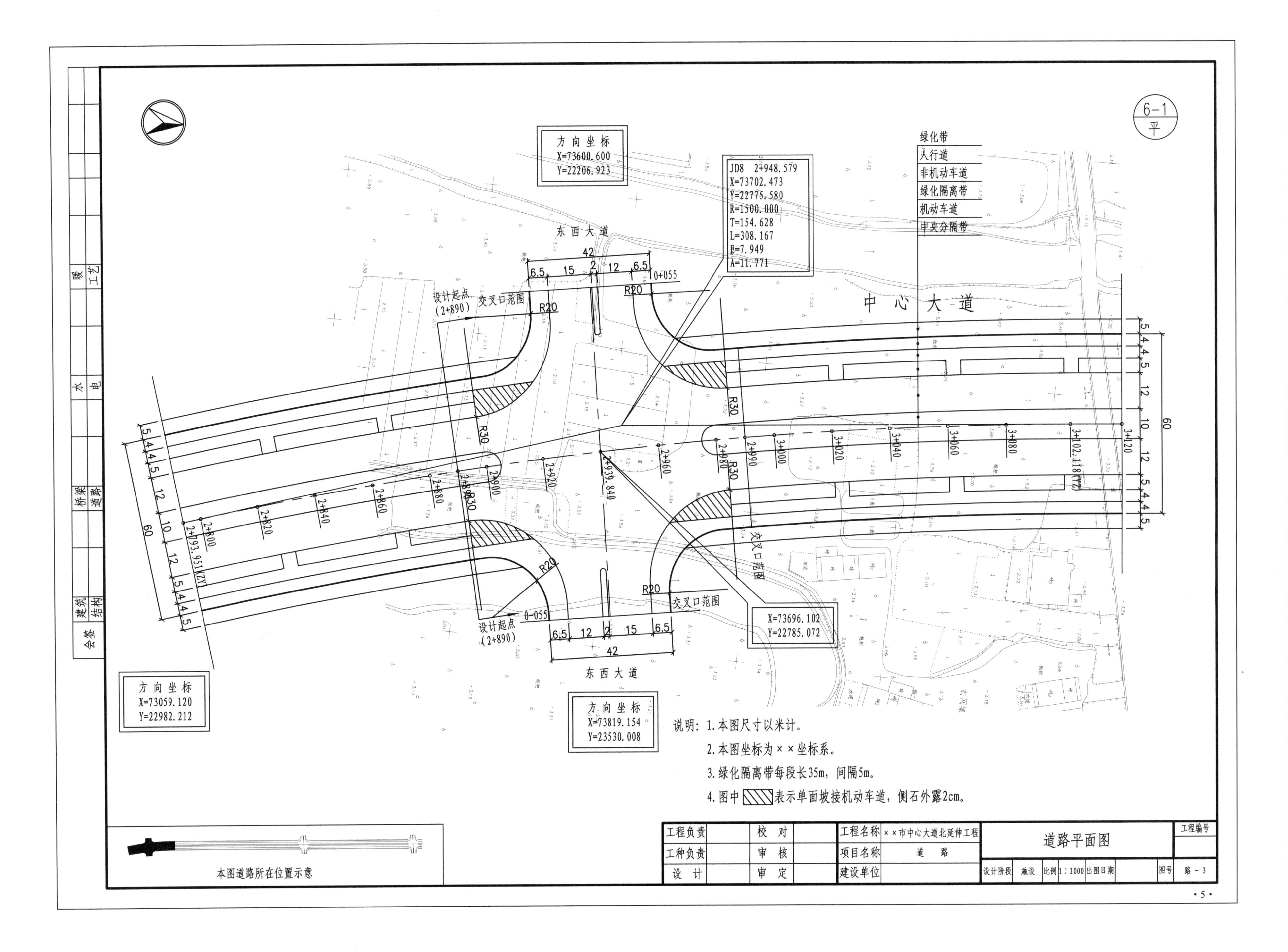

说明：1.本图尺寸以米计。

2.本图坐标为××坐标系。

3.绿化隔离带每段长35m，间隔5m。

4.图中▨表示单面坡接机动车道，侧石外露2cm。

本图道路所在位置示意

工程负责		校对		工程名称	××市中心大道北延伸工程	道路平面图	工程编号
工种负责		审核		项目名称	道路		
设计		审定		建设单位		设计阶段 施设 比例 1:1000 出图日期	图号 路-3

会签：建筑、结构、桥梁、道路、水、电、暖、工艺

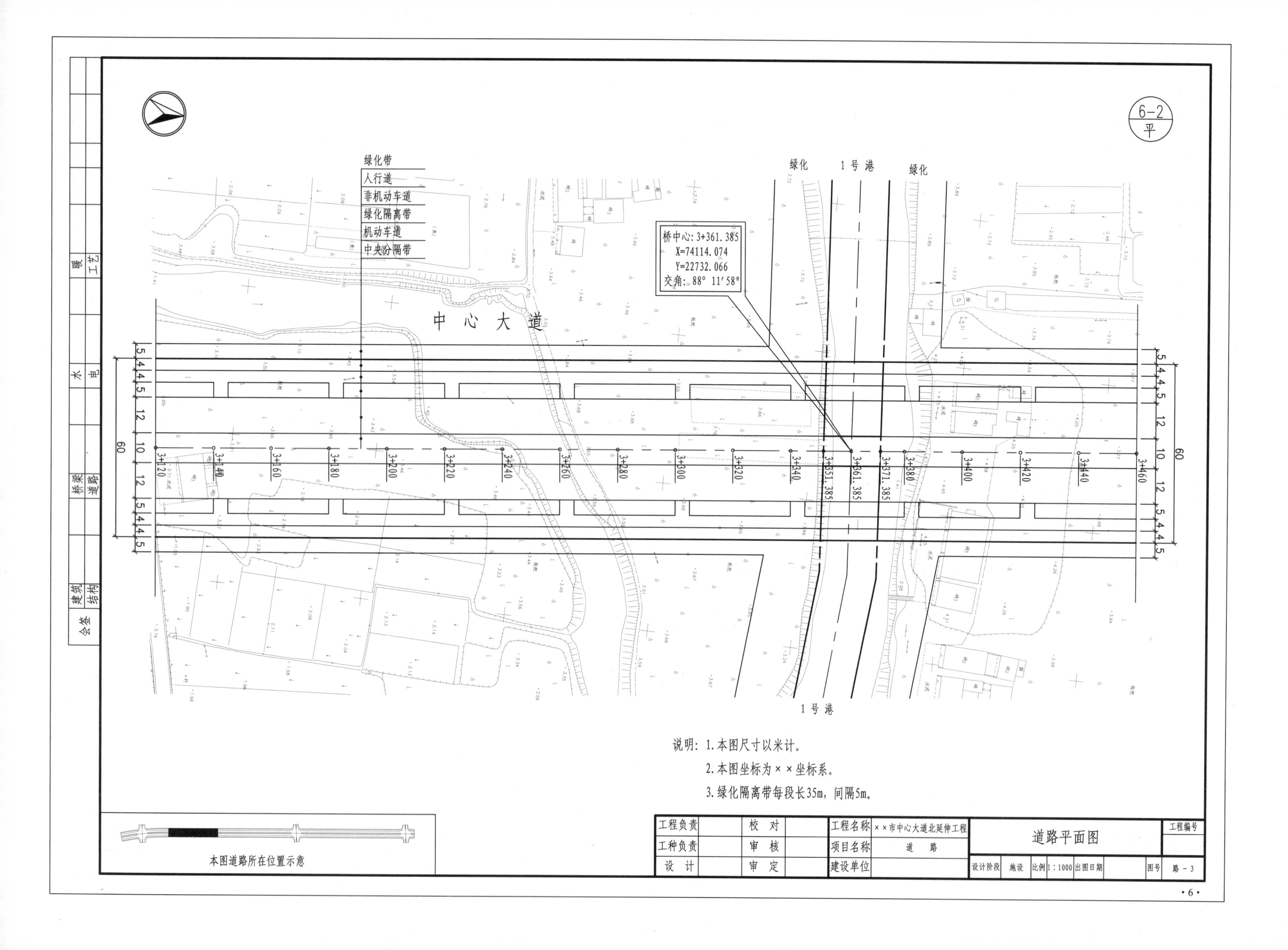

说明：1. 本图尺寸以米计。

2. 本图坐标为××坐标系。

3. 绿化隔离带每段长35m，间隔5m。

工程负责		校　对		工程名称	××市中心大道北延伸工程	道路平面图	工程编号
工种负责		审　核		项目名称	道　路		
设　计		审　定		建设单位		设计阶段 施设 比例 1：1000 出图日期	图号 路－3

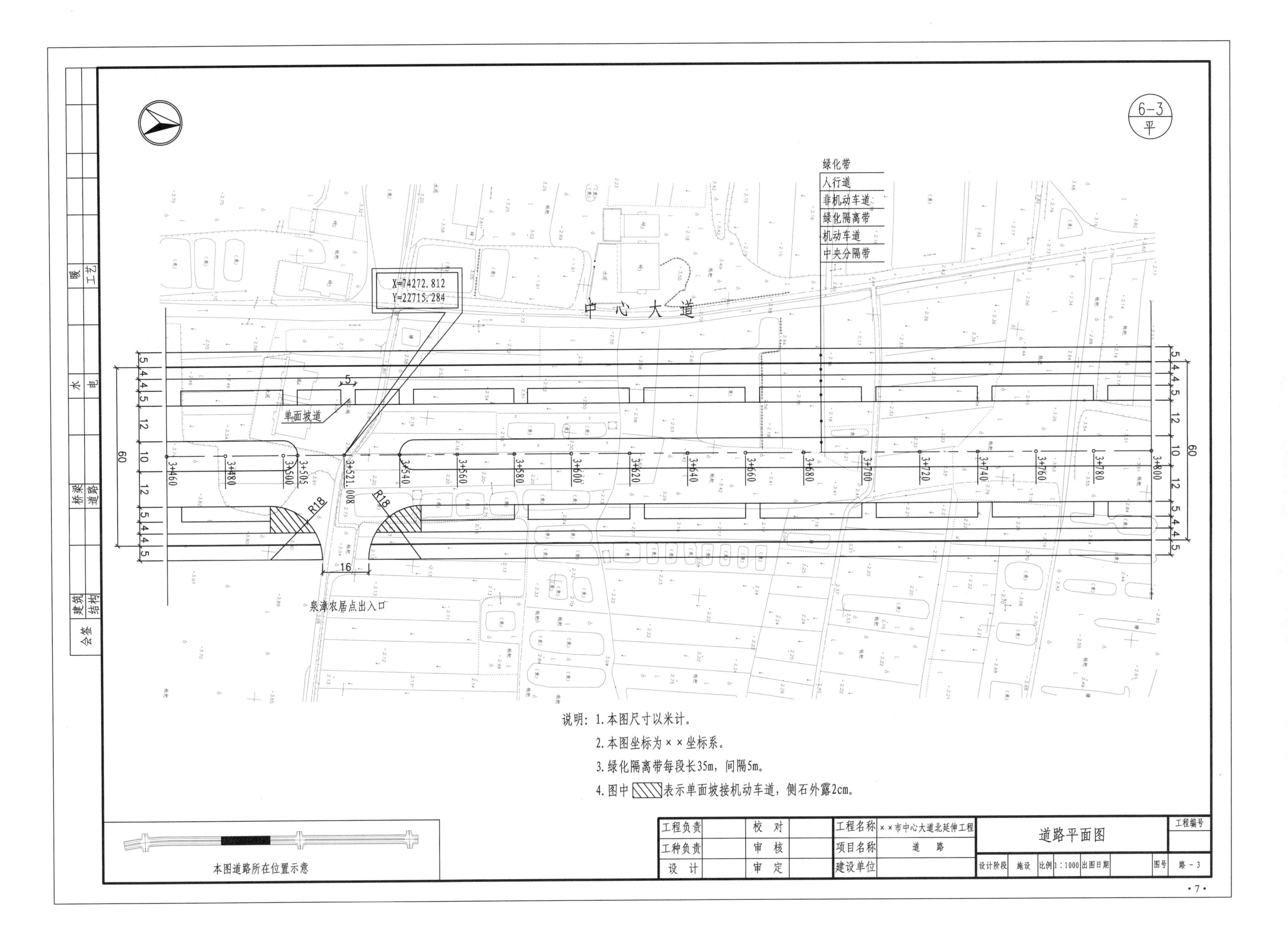
6-3
平
绿化带
人行道
非机动车道
绿化隔离带
机动车道
中央分隔带
中心大道
X=74272.812
Y=22715.284
单面坡道
泉漳农居点出入口
R18
R18
16
60
5 4 4 5 12 10 12 5 4 4 5
3+460
3+480
3+500
3+505
3+521.008
3+540
3+560
3+580
3+600
3+620
3+640
3+660
3+680
3+700
3+720
3+740
3+760
3+780
3+800
说明：1.本图尺寸以米计。
2.本图坐标为××坐标系。
3.绿化隔离带每段长35m，间隔5m。
4.图中 表示单面坡接机动车道，侧石外露2cm。
本图道路所在位置示意
工程负责
工种负责
设 计
校 对
审 核
审 定
工程名称
××市中心大道北延伸工程
项目名称
道 路
建设单位
道路平面图
设计阶段
施设
比例
1:1000
出图日期
工程编号
图号
路-3
会签
建筑
结构
桥梁
道路
水
电
暖
工艺

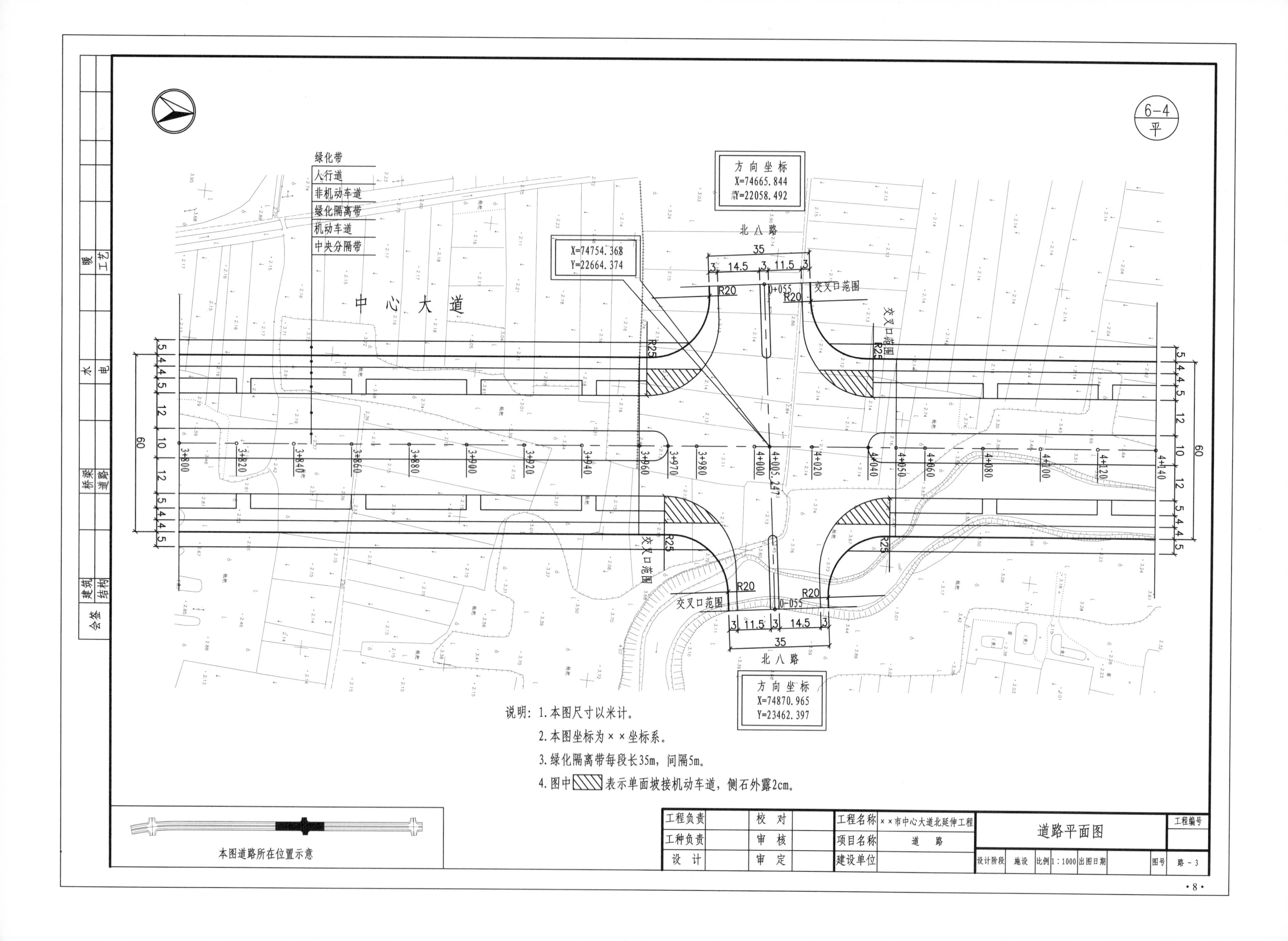

会签
建筑
结构
桥梁
道路
水
电
暖
工艺
6-4
平
绿化带
人行道
非机动车道
绿化隔离带
机动车道
中央分隔带
中心大道
方向坐标
X=74665.844
Y=22058.492
X=74754.368
Y=22664.374
北八路
35
3
14.5
3
11.5
3
R20
R25
0+055
0-055
交叉口范围
3+800
3+820
3+840
3+860
3+880
3+900
3+920
3+940
3+960
3+970
3+980
4+000
4+005.247
4+020
4+040
4+050
4+060
4+080
4+100
4+120
4+140
60
5
4
4
5
12
10
12
5
4
4
5
方向坐标
X=74870.965
Y=23462.397
说明：1. 本图尺寸以米计。
2. 本图坐标为××坐标系。
3. 绿化隔离带每段长35m，间隔5m。
4. 图中▨表示单面坡接机动车道，侧石外露2cm。
本图道路所在位置示意
工程负责
工种负责
设计
校对
审核
审定
工程名称
××市中心大道北延伸工程
项目名称
道路
建设单位
道路平面图
工程编号
设计阶段
施设
比例
1:1000
出图日期
图号
路-3

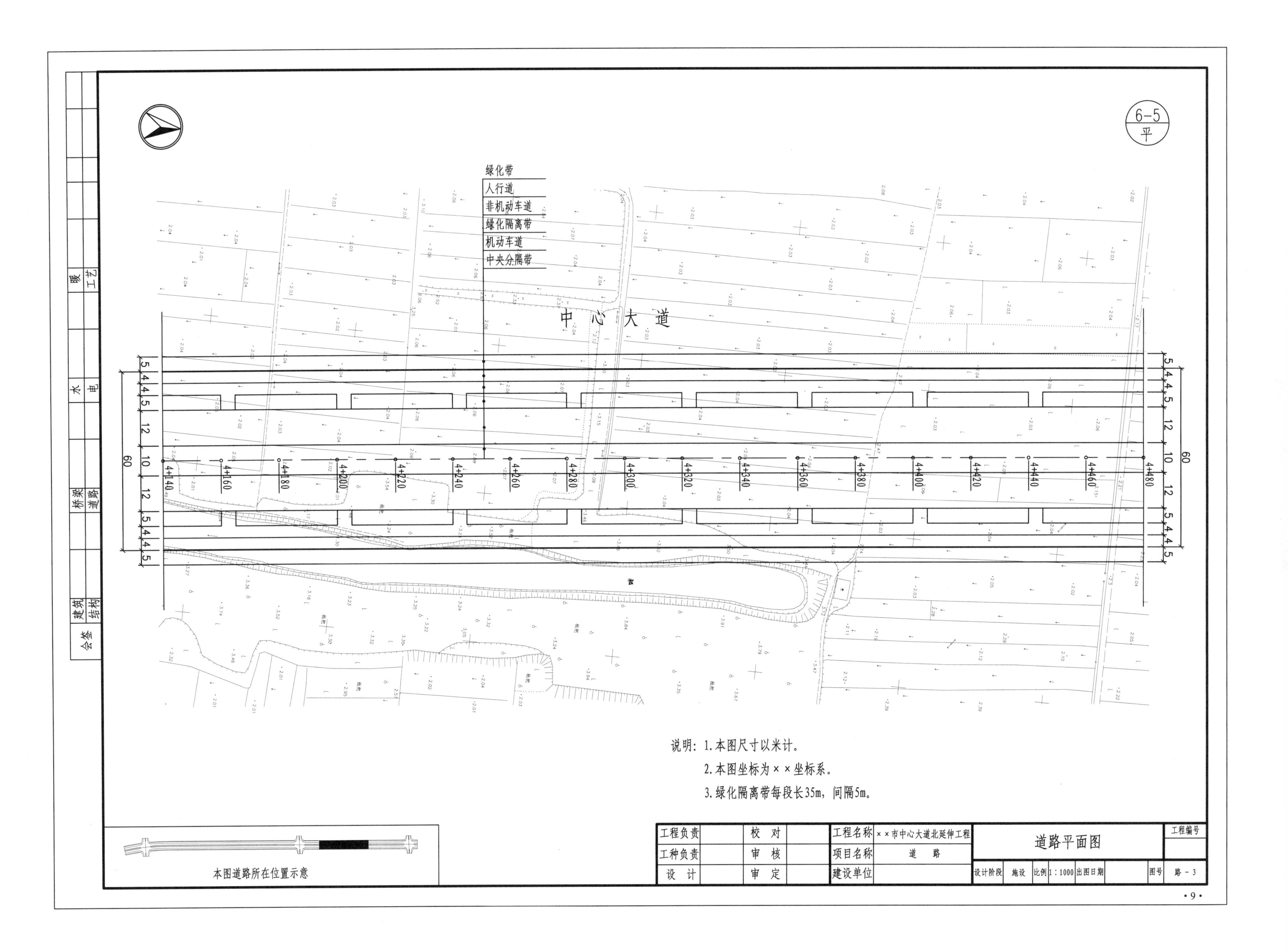

说明：1. 本图尺寸以米计。

2. 本图坐标为××坐标系。

3. 绿化隔离带每段长35m，间隔5m。

工程负责		校　对		工程名称	××市中心大道北延伸工程	道路平面图			工程编号
工种负责		审　核		项目名称	道　路				
设　计		审　定		建设单位		设计阶段 施设	比例 1:1000	出图日期	图号 路-3

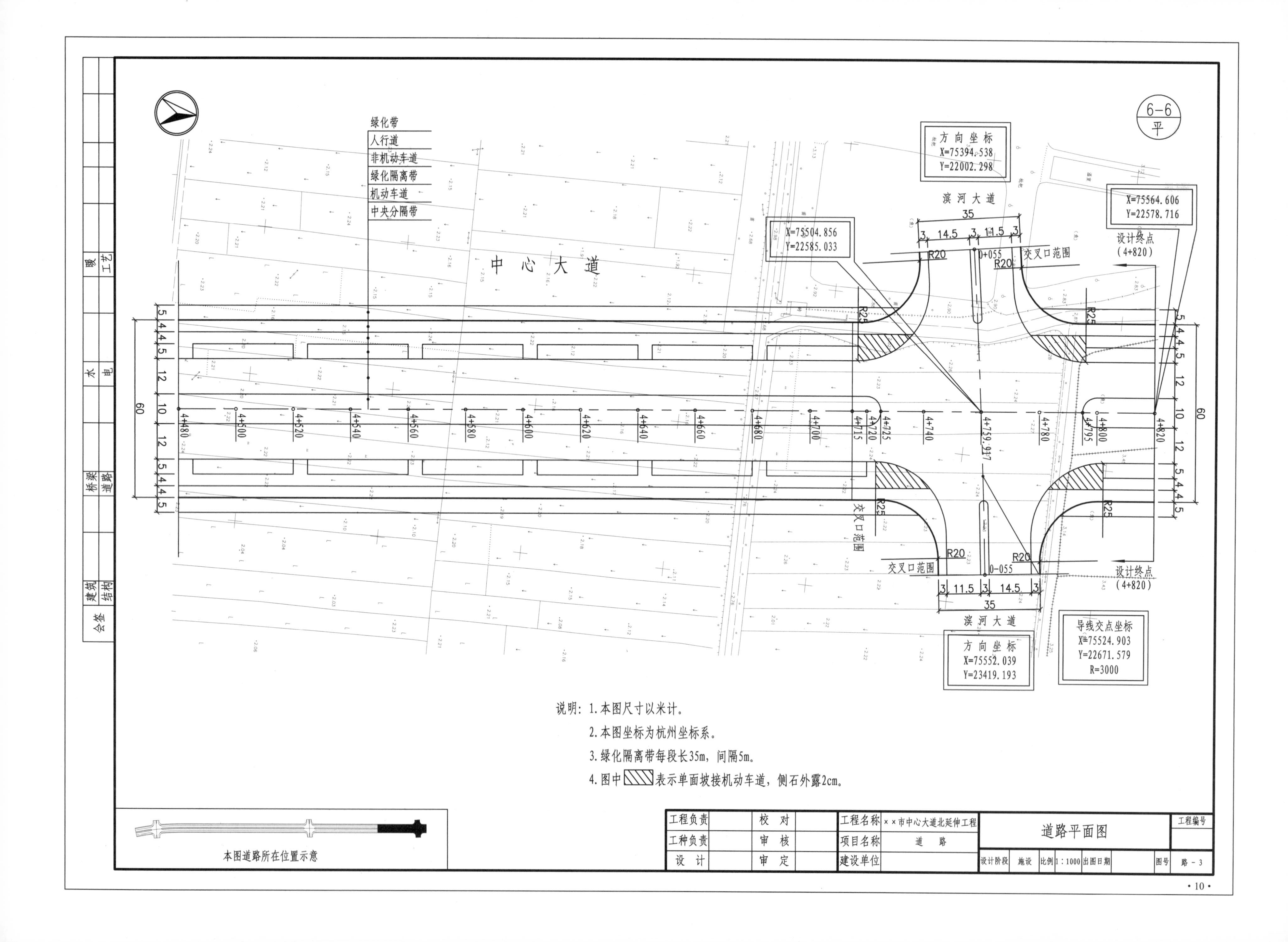
会签
建筑
结构
桥梁
道路
水
电
暖
工艺
6-6
平
绿化带
人行道
非机动车道
绿化隔离带
机动车道
中央分隔带
中心大道
滨河大道
方向坐标
X=75394.538
Y=22002.298
X=75504.856
Y=22585.033
X=75564.606
Y=22578.716
设计终点
(4+820)
交叉口范围
方向坐标
X=75552.039
Y=23419.193
导线交点坐标
X=75524.903
Y=22671.579
R=3000
4+759.917
说明：1. 本图尺寸以米计。
2. 本图坐标为杭州坐标系。
3. 绿化隔离带每段长35m，间隔5m。
4. 图中▨表示单面坡接机动车道，侧石外露2cm。
本图道路所在位置示意
工程负责
工种负责
设计
校对
审核
审定
工程名称
××市中心大道北延伸工程
项目名称
道路
建设单位
道路平面图
设计阶段
施设
比例
1:1000
出图日期
工程编号
图号
路-3

道路逐桩坐标表

点名	桩号	(北向)	(东向)
(QD)	2+793.951	73555.252	22822.864
	2+800	73561.015	22821.026
	2+820	73580.121	22815.114
	2+840	73599.305	22809.458
	2+860	73618.562	22804.058
	2+880	73637.889	22798.915
	2+900	73657.283	22794.030
	2+920	73676.741	22789.404
	2+940	73696.258	22785.038
	2+960	73715.832	22780.933
	2+980	73735.459	22777.089
	3+000	73755.135	22773.507
	3+020	73774.858	22770.187
	3+040	73794.623	22767.131
	3+060	73814.427	22764.339
	3+080	73834.266	22761.811
	3+100	73854.138	22759.548
(YZ)	3+102.118	73856.244	22759.323
	3+120	73874.027	22757.443
	3+140	73893.916	22755.341
	3+160	73913.805	22753.238
	3+180	73933.694	22751.135
	3+200	73953.583	22749.033
	3+220	73973.473	22746.930
	3+240	73993.362	22744.827
	3+260	74013.251	22742.725
	3+280	74033.140	22740.622
	3+300	74053.029	22738.519
	3+320	74072.918	22736.417
	3+340	74092.807	22734.314
	3+360	74112.697	22732.211
	3+380	74132.586	22730.109
	3+400	74152.475	22728.006
	3+420	74172.364	22725.903
	3+440	74192.253	22723.801
	3+460	74212.142	22721.698
	3+480	74232.032	22719.595
	3+500	74251.921	22717.493
	3+520	74271.810	22715.390
	3+540	74291.699	22713.287
	3+560	74311.588	22711.185
	3+580	74331.477	22709.082
	3+600	74351.367	22706.979

道路逐桩坐标表（续一）

点名	桩号	(北向)	(东向)
	3+620	74371.256	22704.877
	3+640	74391.145	22702.774
	3+660	74411.034	22700.671
	3+680	74430.923	22698.569
	3+700	74450.812	22696.466
	3+720	74470.702	22694.363
	3+740	74490.591	22692.261
	3+760	74510.480	22690.158
	3+780	74530.369	22688.055
	3+800	74550.258	22685.953
	3+820	74570.147	22683.850
	3+840	74590.037	22681.747
	3+860	74609.926	22679.645
	3+880	74629.815	22677.542
	3+900	74649.704	22675.439
	3+920	74669.593	22673.336
	3+940	74689.482	22671.234
	3+960	74709.372	22669.131
	3+980	74729.261	22667.028
	4+000	74749.150	22664.926
	4+020	74769.039	22662.823
	4+040	74788.928	22660.720
	4+060	74808.817	22658.618
	4+080	74828.706	22656.515
	4+100	74848.596	22654.412
	4+120	74868.485	22652.310
	4+140	74888.374	22650.207
	4+160	74908.263	22648.104
	4+180	74928.152	22646.002
	4+200	74948.041	22643.899
	4+220	74967.931	22641.796
	4+240	74987.820	22639.694
	4+260	75007.709	22637.591
	4+280	75027.598	22635.488
	4+300	75047.487	22633.386
	4+320	75067.376	22631.283
	4+340	75087.266	22629.180
	4+360	75107.155	22627.078
	4+380	75127.044	22624.975
	4+400	75146.933	22622.872
	4+420	75166.822	22620.770
	4+440	75186.711	22618.667
	4+460	75206.601	22616.564

道路逐桩坐标表（续二）

点名	桩号	(北向)	(东向)
	4+480	75226.490	22614.462
	4+500	75246.379	22612.359
	4+520	75266.268	22610.256
	4+540	75286.157	22608.154
	4+560	75306.046	22606.051
	4+580	75325.936	22603.948
	4+600	75345.825	22601.846
	4+620	75365.714	22599.743
	4+640	75385.603	22597.640
	4+660	75405.492	22595.538
	4+680	75425.381	22593.435
	4+700	75445.271	22591.332
	4+720	75465.160	22589.230
	4+740	75485.049	22587.127
	4+760	75504.938	22585.024
	4+780	75524.827	22582.922
	4+800	75544.716	22580.819
	4+820	75564.605	22578.716
	4+840	75584.495	22576.614
	4+860	75604.384	22574.511
	4+880	75624.273	22572.408
	4+900	75644.162	22570.305
	4+920	75664.051	22568.203
	4+940	75683.940	22566.100
	4+960	75703.830	22563.997
	4+980	75723.719	22561.895
	5+000	75743.608	22559.792
(ZD)	5+002.036	75745.633	22559.578

工程负责		校对		工程名称	××市中心大道北延伸工程	道路逐桩坐标表	工程编号
工种负责		审核		项目名称	道路		
设计		审定		建设单位		设计阶段 施设 比例 出图日期	图号 路－4

会签：建筑 结构 桥梁 道路 水 电 暖 工艺

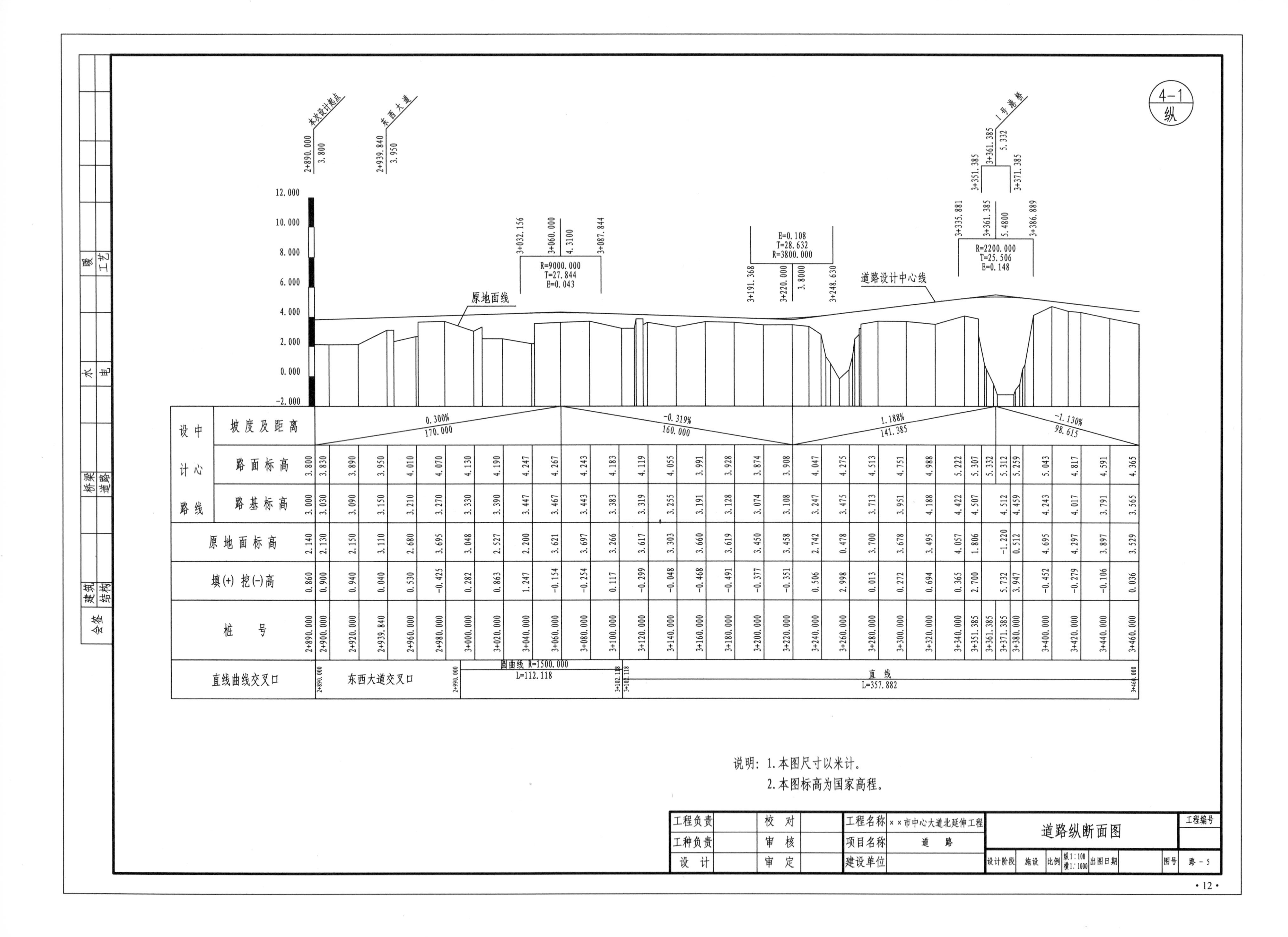

桩号	坡度及距离	路面标高	路基标高	原地面标高	填(+)挖(-)高	直线曲线交叉口
2+890.000	0.300% 170.000	3.800	3.000	2.140	0.860	2+890.000
2+900.000		3.830	3.030	2.130	0.900	东西大道交叉口
2+920.000		3.890	3.090	2.150	0.940	
2+939.840		3.950	3.150	3.110	0.040	
2+960.000		4.010	3.210	2.680	0.530	
2+980.000		4.070	3.270	3.695	-0.425	2+990.000
3+000.000		4.130	3.330	3.048	0.282	圆曲线 R=1500.000 L=112.118
3+020.000		4.190	3.390	2.527	0.863	
3+040.000		4.247	3.447	2.200	1.247	
3+060.000	-0.319% 160.000	4.267	3.467	3.621	-0.154	
3+080.000		4.243	3.443	3.697	-0.254	
3+100.000		4.183	3.383	3.266	0.117	3+102.118
3+120.000		4.119	3.319	3.617	-0.299	直线 L=357.882
3+140.000		4.055	3.255	3.303	-0.048	
3+160.000		3.991	3.191	3.660	-0.468	
3+180.000		3.928	3.128	3.619	-0.491	
3+200.000		3.874	3.074	3.450	-0.377	
3+220.000	1.188% 141.385	3.908	3.108	3.458	-0.351	
3+240.000		4.047	3.247	2.742	0.506	
3+260.000		4.275	3.475	0.478	2.998	
3+280.000		4.513	3.713	3.700	0.013	
3+300.000		4.751	3.951	3.678	0.272	
3+320.000		4.988	4.188	3.495	0.694	
3+340.000		5.222	4.422	4.057	0.365	
3+351.385		5.307	4.507	1.806	2.700	
3+361.385	-1.130% 98.615	5.332				
3+371.385		5.312	4.512	-1.220	5.732	
3+380.000		5.259	4.459	0.512	3.947	
3+400.000		5.043	4.243	4.695	-0.452	
3+420.000		4.817	4.017	4.297	-0.279	
3+440.000		4.591	3.791	3.897	-0.106	
3+460.000		4.365	3.565	3.529	0.036	3+460.000

说明：1. 本图尺寸以米计。

2. 本图标高为国家高程。

工程负责		校对		工程名称	××市中心大道北延伸工程	道路纵断面图	工程编号
工种负责		审核		项目名称	道路	设计阶段 施设 比例 纵1:100 横1:1000 出图日期	图号 路-5
设计		审定		建设单位			

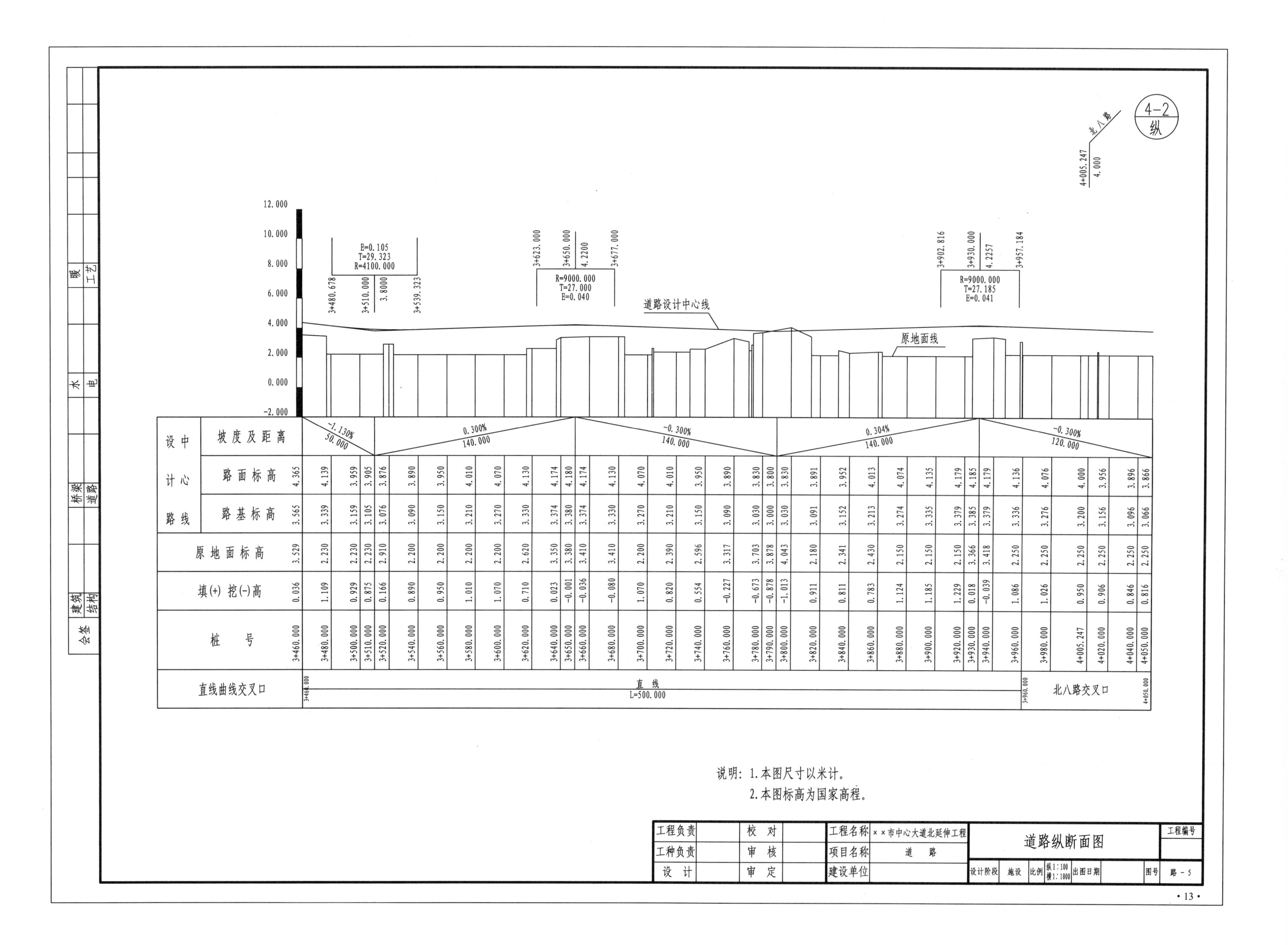

设计中心路线 坡度及距离	-1.130% 50.000	0.300% 140.000	-0.300% 140.000	0.304% 140.000	-0.300% 120.000

桩号	路面标高	路基标高	原地面标高	填(+)挖(-)高
3+460.000	4.365	3.565	3.529	0.036
3+480.000	4.139	3.339	2.230	1.109
3+500.000	3.959	3.159	2.230	0.929
3+510.000	3.905	3.105	2.230	0.875
3+520.000	3.876	3.076	2.910	0.166
3+540.000	3.890	3.090	2.200	0.890
3+560.000	3.950	3.150	2.200	0.950
3+580.000	4.010	3.210	2.200	1.010
3+600.000	4.070	3.270	2.200	1.070
3+620.000	4.130	3.330	2.620	0.710
3+640.000	4.174	3.374	3.350	0.023
3+650.000	4.180	3.380	3.380	-0.001
3+660.000	4.174	3.374	3.410	-0.036
3+680.000	4.130	3.330	3.410	-0.080
3+700.000	4.070	3.270	2.200	1.070
3+720.000	4.010	3.210	2.390	0.820
3+740.000	3.950	3.150	2.596	0.554
3+760.000	3.890	3.090	3.317	-0.227
3+780.000	3.830	3.030	3.703	-0.673
3+790.000	3.800	3.000	3.878	-0.878
3+800.000	3.830	3.030	4.043	-1.013
3+820.000	3.891	3.091	2.180	0.911
3+840.000	3.952	3.152	2.341	0.811
3+860.000	4.013	3.213	2.430	0.783
3+880.000	4.074	3.274	2.150	1.124
3+900.000	4.135	3.335	2.150	1.185
3+920.000	4.179	3.379	2.150	1.229
3+930.000	4.185	3.385	3.366	0.018
3+940.000	4.179	3.379	3.418	-0.039
3+960.000	4.136	3.336	2.250	1.086
3+980.000	4.076	3.276	2.250	1.026
4+005.247	4.000	3.200	2.250	0.950
4+020.000	3.956	3.156	2.250	0.906
4+040.000	3.896	3.096	2.250	0.846
4+050.000	3.866	3.066	2.250	0.816

直线曲线交叉口	3+460.000 直线 L=500.000 3+960.000	北八路交叉口 4+050.000

说明：1. 本图尺寸以米计。
2. 本图标高为国家高程。

工程负责		校对		工程名称	××市中心大道北延伸工程	道路纵断面图	工程编号
工种负责		审核		项目名称	道路	设计阶段 施设 比例 纵1:100 横1:1000 出图日期	图号 路-5
设计		审定		建设单位			

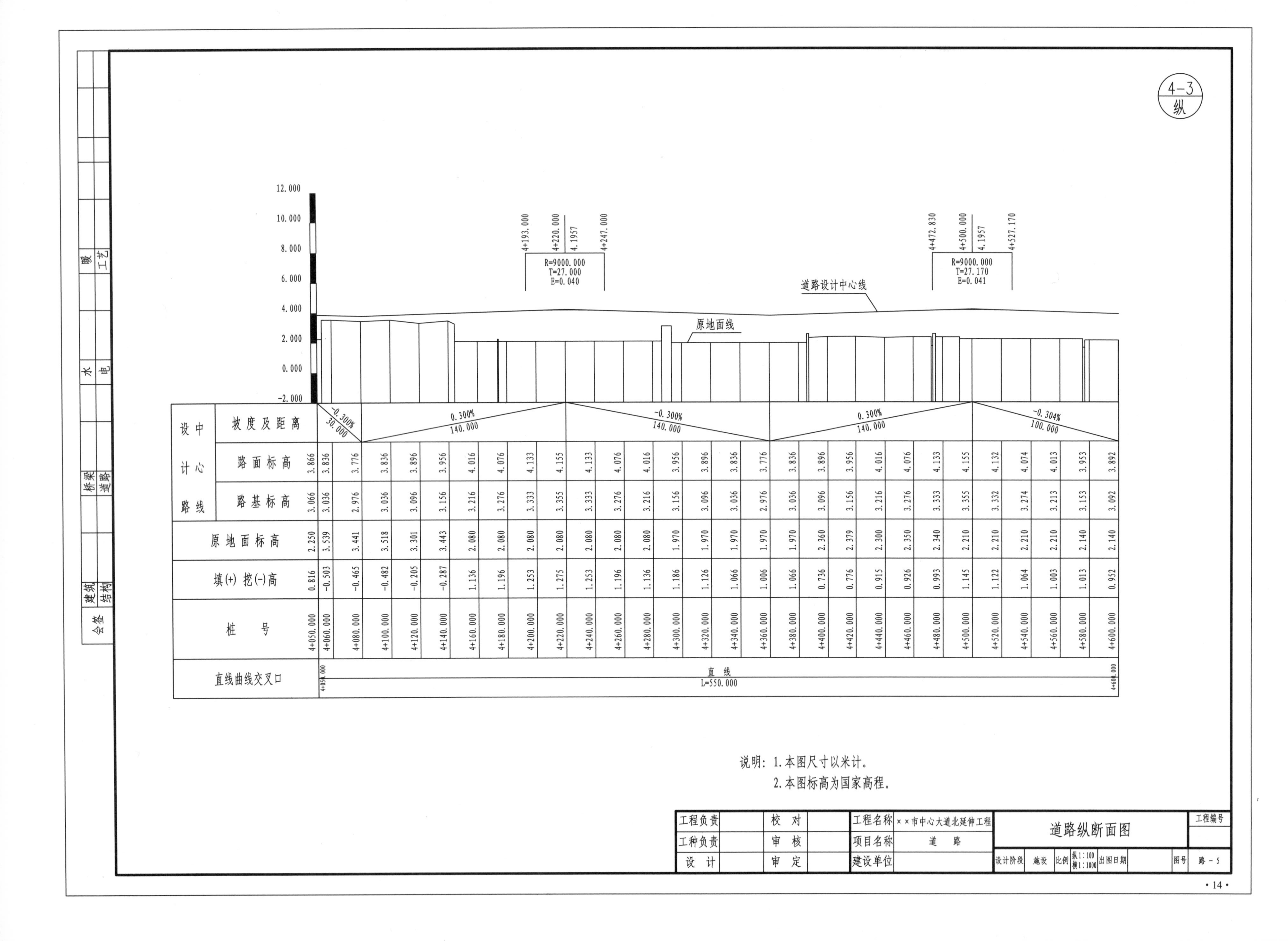

设计中心路线 坡度及距离	-0.300% 30.000	0.300% 140.000	-0.300% 140.000	0.300% 140.000	-0.304% 100.000

桩号	填(+)挖(-)高	原地面标高	路基标高	路面标高
4+050.000	0.816	2.250	3.066	3.866
4+060.000	-0.503	3.539	3.036	3.836
4+080.000	-0.465	3.441	2.976	3.776
4+100.000	-0.482	3.518	3.036	3.836
4+120.000	-0.205	3.301	3.096	3.896
4+140.000	-0.287	3.443	3.156	3.956
4+160.000	1.136	2.080	3.216	4.016
4+180.000	1.196	2.080	3.276	4.076
4+200.000	1.253	2.080	3.333	4.133
4+220.000	1.275	2.080	3.355	4.155
4+240.000	1.253	2.080	3.333	4.133
4+260.000	1.196	2.080	3.276	4.076
4+280.000	1.136	2.080	3.216	4.016
4+300.000	1.186	1.970	3.156	3.956
4+320.000	1.126	1.970	3.096	3.896
4+340.000	1.066	1.970	3.036	3.836
4+360.000	1.006	1.970	2.976	3.776
4+380.000	1.066	1.970	3.036	3.836
4+400.000	0.736	2.360	3.096	3.896
4+420.000	0.776	2.379	3.156	3.956
4+440.000	0.915	2.300	3.216	4.016
4+460.000	0.926	2.350	3.276	4.076
4+480.000	0.993	2.340	3.333	4.133
4+500.000	1.145	2.210	3.355	4.155
4+520.000	1.122	2.210	3.332	4.132
4+540.000	1.064	2.210	3.274	4.074
4+560.000	1.003	2.210	3.213	4.013
4+580.000	1.013	2.140	3.153	3.953
4+600.000	0.952	2.140	3.092	3.892

直线曲线交叉口：4+050.000　直线　L=550.000　4+600.000

说明：1.本图尺寸以米计。
2.本图标高为国家高程。

工程负责		校对		工程名称	××市中心大道北延伸工程
工种负责		审核		项目名称	道路
设计		审定		建设单位	

道路纵断面图

工程编号　设计阶段：施设　比例：纵1:100 横1:1000　出图日期　图号：路-5

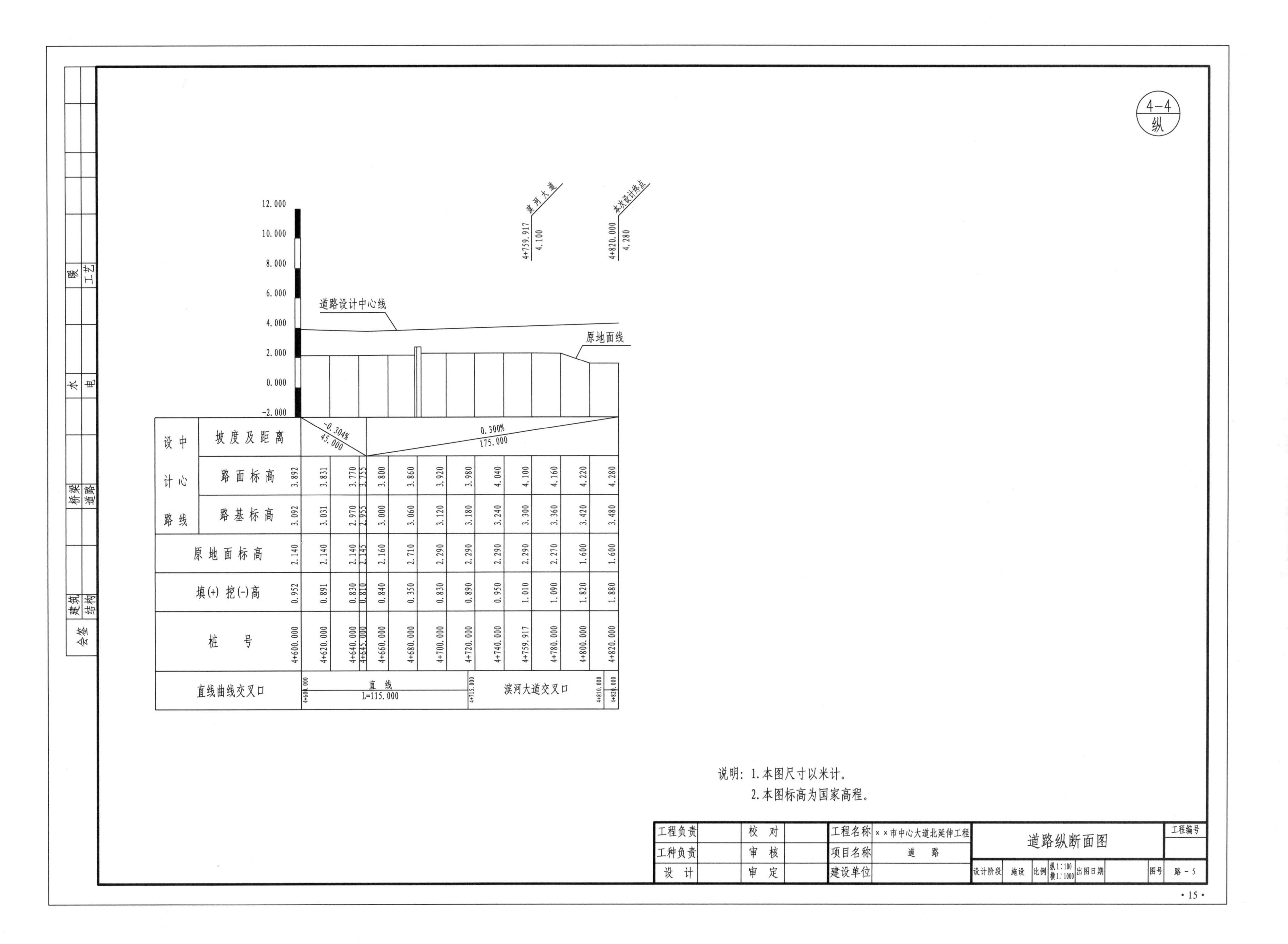

桩号	4+600.000	4+620.000	4+640.000	4+645.000	4+660.000	4+680.000	4+700.000	4+720.000	4+740.000	4+759.917	4+780.000	4+800.000	4+820.000
设计中心路线 坡度及距离	-0.304% 45.000				0.300% 175.000								
设计中心路线 路面标高	3.892	3.831	3.770	3.755	3.800	3.860	3.920	3.980	4.040	4.100	4.160	4.220	4.280
设计中心路线 路基标高	3.092	3.031	2.970	2.955	3.000	3.060	3.120	3.180	3.240	3.300	3.360	3.420	3.480
原地面标高	2.140	2.140	2.140	2.145	2.160	2.710	2.290	2.290	2.290	2.290	2.270	1.600	1.600
填(+)挖(-)高	0.952	0.891	0.830	0.810	0.840	0.350	0.830	0.890	0.950	1.010	1.090	1.820	1.880
直线曲线交叉口	4+600.000 直线 L=115.000						4+715.000 滨河大道交叉口				4+810.000		4+820.000

说明：1. 本图尺寸以米计。

2. 本图标高为国家高程。

工程负责		校　对		工程名称	××市中心大道北延伸工程	道路纵断面图	工程编号
工种负责		审　核		项目名称	道　路		
设　计		审　定		建设单位		设计阶段 施设 比例 纵1:100 横1:1000 出图日期	图号 路－5

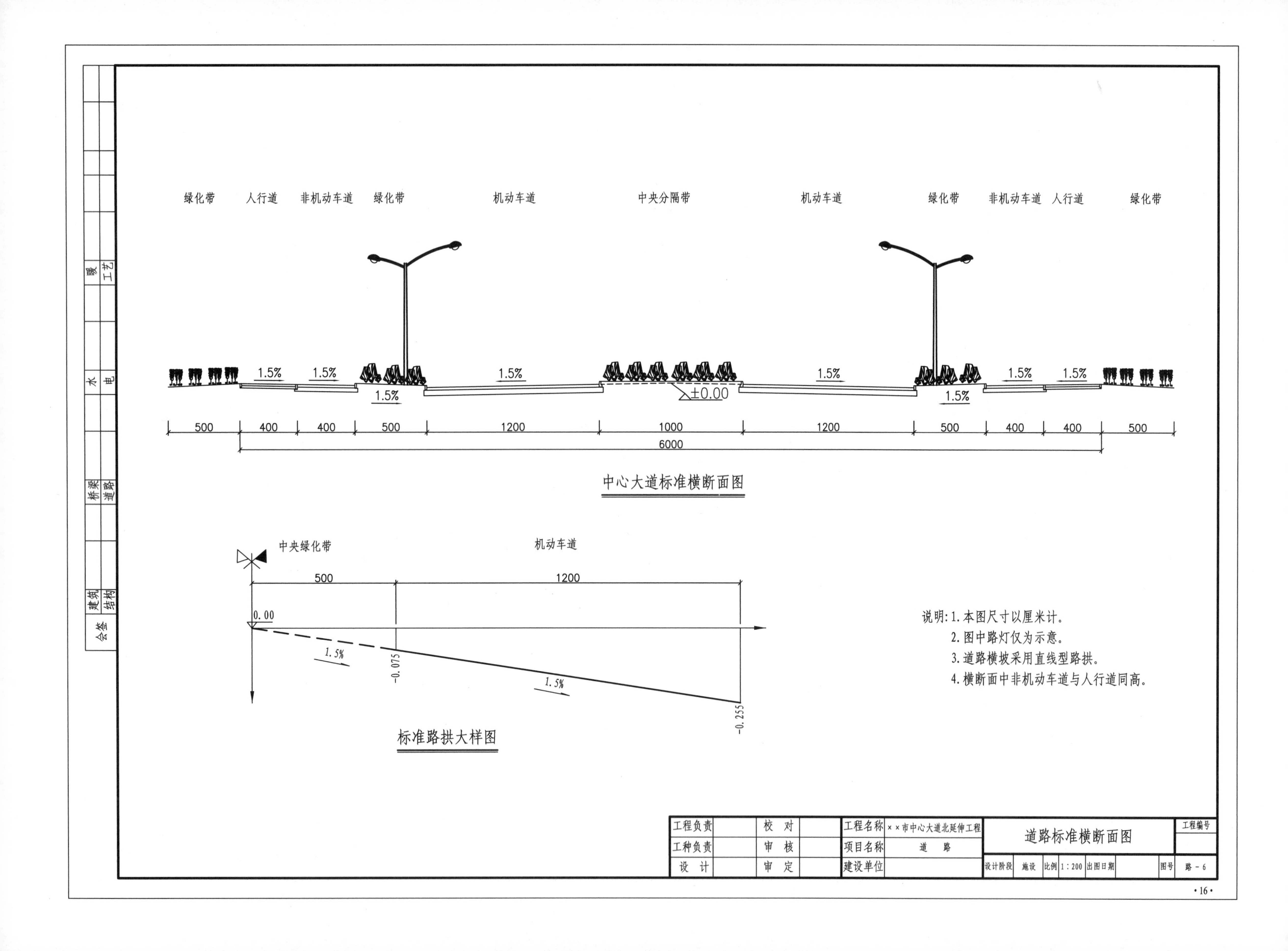

绿化带
人行道
非机动车道
绿化带
机动车道
中央分隔带
机动车道
绿化带
非机动车道
人行道
绿化带
1.5%
±0.00
500
400
400
500
1200
1000
1200
500
400
400
500
6000
中心大道标准横断面图
中央绿化带
机动车道
500
1200
0.00
1.5%
-0.075
1.5%
-0.255
标准路拱大样图
说明:1.本图尺寸以厘米计。
2.图中路灯仅为示意。
3.道路横坡采用直线型路拱。
4.横断面中非机动车道与人行道同高。
会签
建筑
结构
桥梁
道路
水
电
暖
工艺
工程负责
工种负责
设 计
校 对
审 核
审 定
工程名称
××市中心大道北延伸工程
项目名称
道 路
建设单位
道路标准横断面图
设计阶段
施设
比例
1:200
出图日期
工程编号
图号
路-6

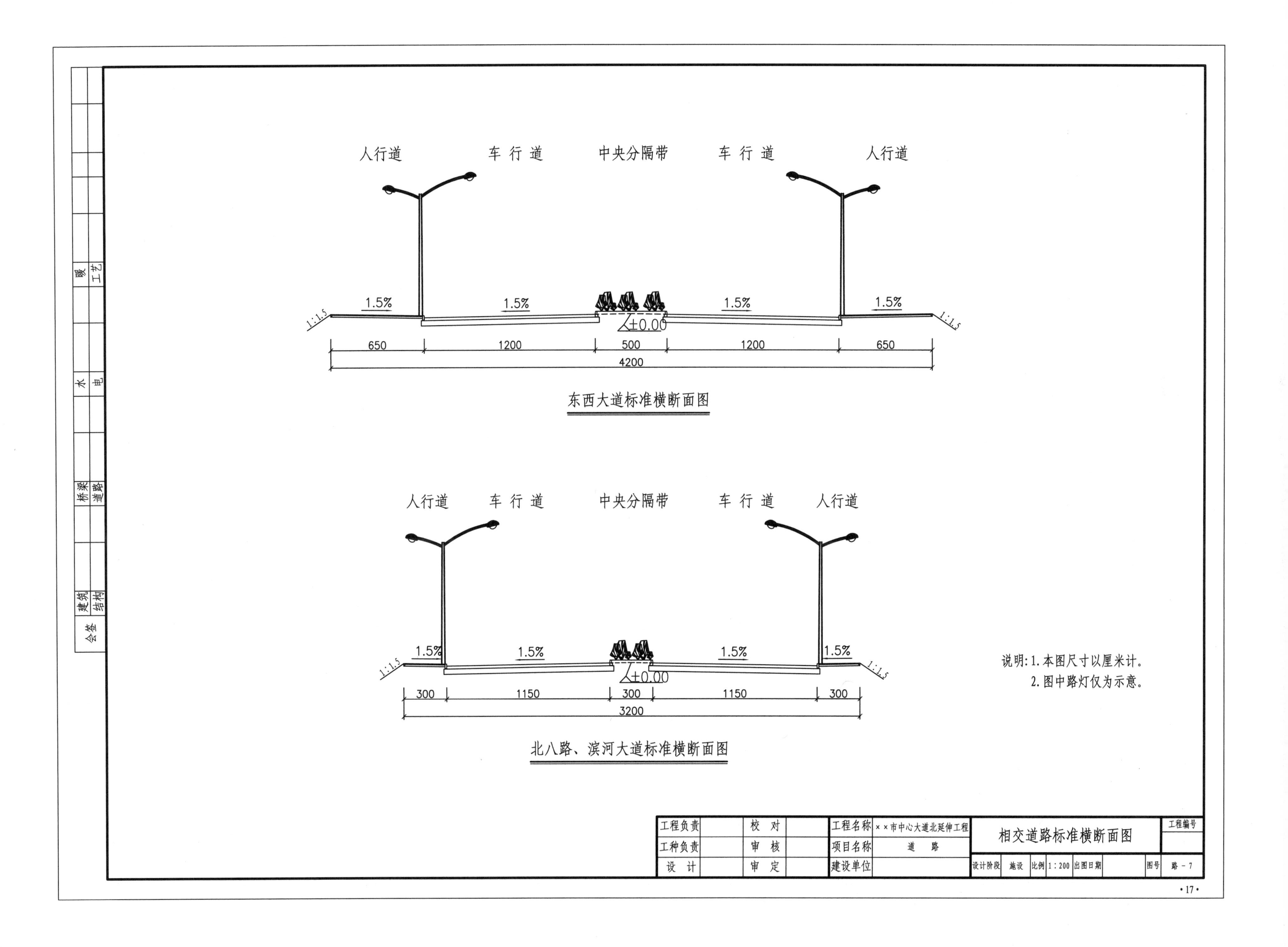

人行道
车 行 道
中央分隔带
车 行 道
人行道
1.5%
1.5%
1.5%
1.5%
1:1.5
1:1.5
±0.00
650
1200
500
1200
650
4200
东西大道标准横断面图
人行道
车 行 道
中央分隔带
车 行 道
人行道
1.5%
1.5%
1.5%
1.5%
1:1.5
1:1.5
±0.00
300
1150
300
1150
300
3200
北八路、滨河大道标准横断面图
说明:1. 本图尺寸以厘米计。
2. 图中路灯仅为示意。
会签
建筑
结构
桥梁
道路
水
电
暖
工艺
工程负责
工种负责
设 计
校 对
审 核
审 定
工程名称
××市中心大道北延伸工程
项目名称
道 路
建设单位
相交道路标准横断面图
工程编号
设计阶段
施设
比例
1:200
出图日期
图号
路－7

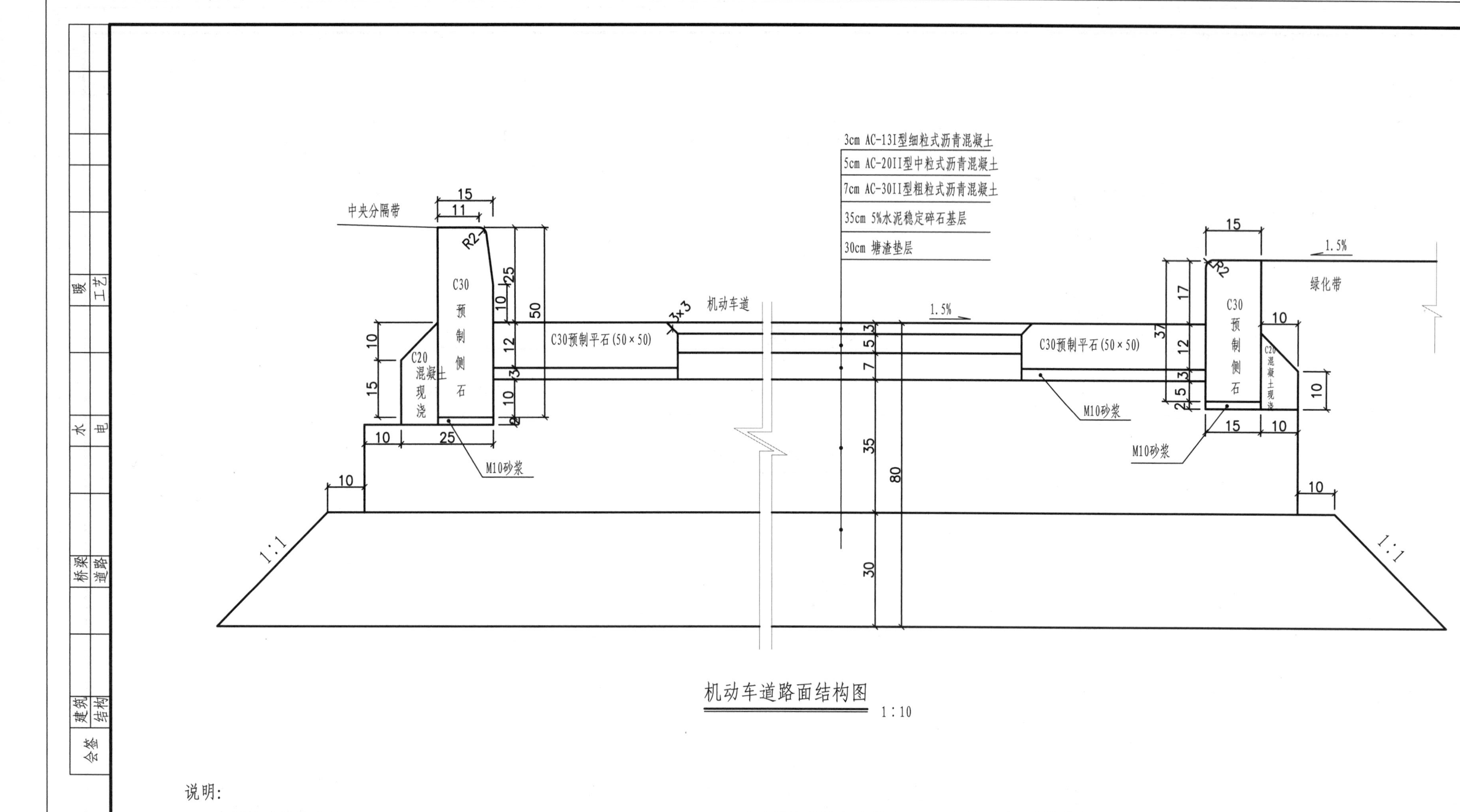

机动车道路面结构图

1:10

说明:

1. 本图尺寸以厘米计。
2. 沥青混凝土路面顶面允许弯沉值为0.048cm，基层顶面允许弯沉值为0.064cm。
3. 沥青路面浇筑时，应先扫除顶面浮灰，洒透层油，保证碾压终了温度不低于70℃，沥青混凝土配合比按规范标准进行，严禁雨天施工。
4. 水泥稳定碎石7天（6天湿养、1天水养）抗压强度不小于3.0MPa。
5. 土基模量必须大于等于25MPa，垫层顶面回弹模量大于35MPa。
6. 垫层塘渣最大粒径不超过8cm。
7. 道路位于杂填土处时需全部挖除，填以塘渣，每层压实厚度不大于30cm。
8. 车行道路拱为直线型。

工程负责		校　对		工程名称	××市中心大道北延伸工程	机动车道路面结构图	工程编号
工种负责		审　核		项目名称	道　路		
设　计		审　定		建设单位		设计阶段 施设 比例 1:10 出图日期	图号 路－8

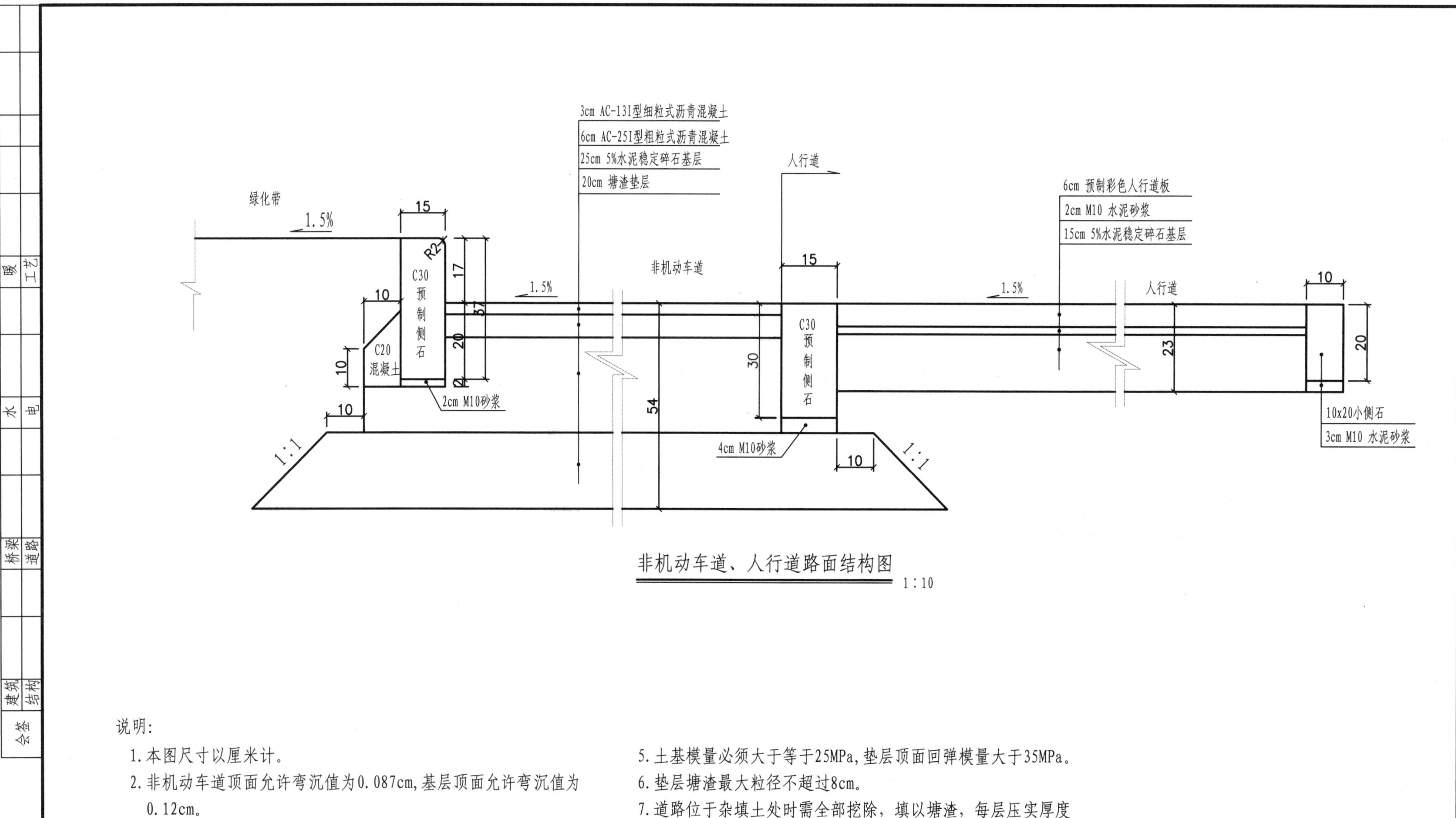

非机动车道、人行道路面结构图 1:10

说明:

1. 本图尺寸以厘米计。
2. 非机动车道顶面允许弯沉值为0.087cm,基层顶面允许弯沉值为0.12cm。
3. 沥青路面浇筑时，应先扫除顶面浮灰，洒透层油，保证碾压终了温度不低于70℃，沥青混凝土配合比按规范标准进行，严禁雨天施工。
4. 水泥稳定碎石7天（6天湿养、1天水养）抗压强度不小于3.0MPa。
5. 土基模量必须大于等于25MPa,垫层顶面回弹模量大于35MPa。
6. 垫层塘渣最大粒径不超过8cm。
7. 道路位于杂填土处时需全部挖除，填以塘渣，每层压实厚度不大于30cm。
8. 车行道路拱为直线型。
9. 牛腿式出入口处人行道基层厚度为30cm。

工程负责		校 对		工程名称	××市中心大道北延伸工程
工种负责		审 核		项目名称	道 路
设 计		审 定		建设单位	

非机动车道，人行道路面结构图

工程编号							
设计阶段	施设	比例	1:10	出图日期		图号	路－9

会签：建筑 结构 桥梁 道路 水 电 暖 工艺

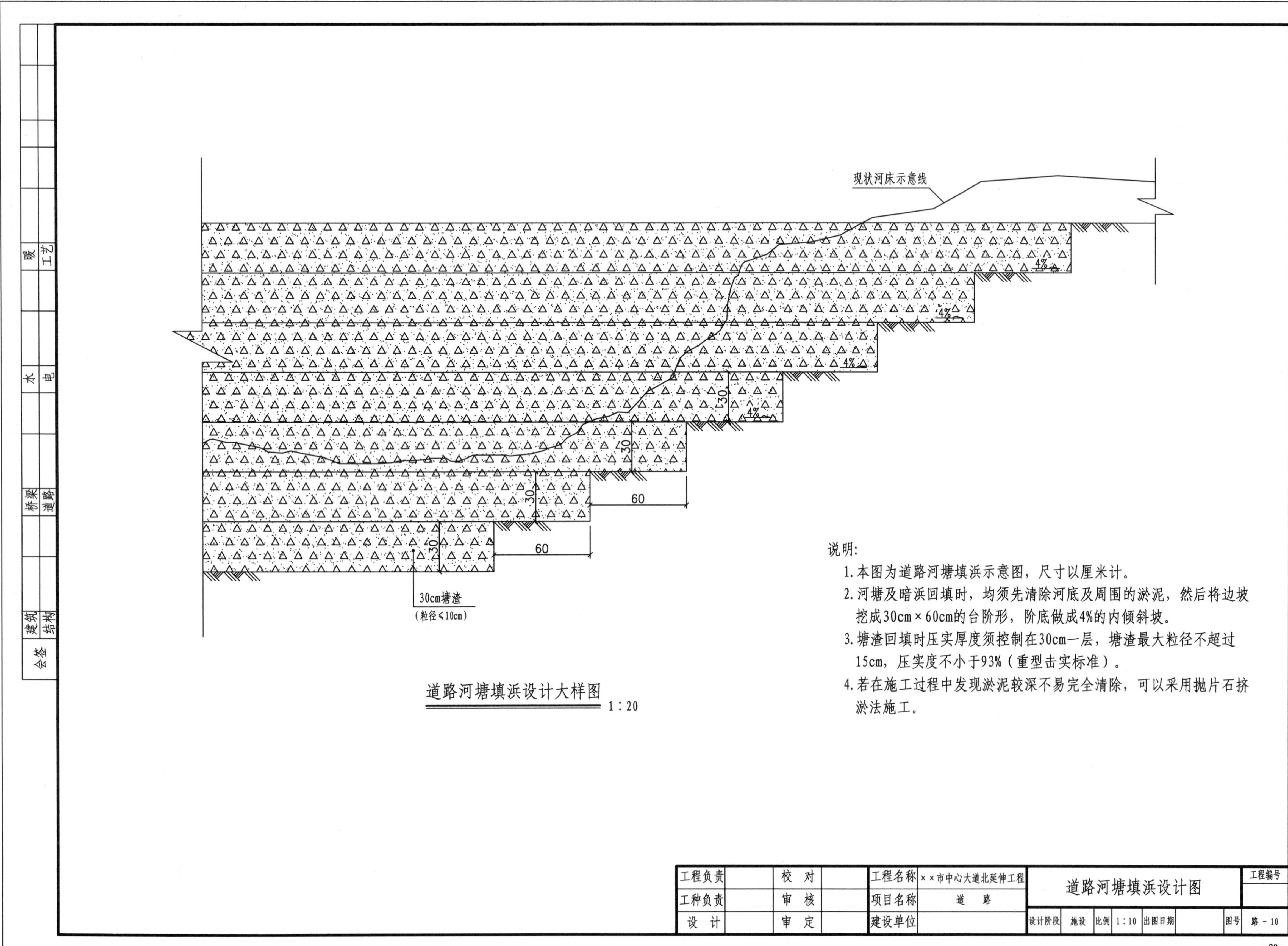

道路河塘填浜设计大样图 1∶20

说明:

1. 本图为道路河塘填浜示意图，尺寸以厘米计。
2. 河塘及暗浜回填时，均须先清除河底及周围的淤泥，然后将边坡挖成30cm×60cm的台阶形，阶底做成4%的内倾斜坡。
3. 塘渣回填时压实厚度须控制在30cm一层，塘渣最大粒径不超过15cm，压实度不小于93%（重型击实标准）。
4. 若在施工过程中发现淤泥较深不易完全清除，可以采用抛片石挤淤法施工。

工程负责		校　对		工程名称	××市中心大道北延伸工程	道路河塘填浜设计图						工程编号	
工种负责		审　核		项目名称	道　路								
设　计		审　定		建设单位		设计阶段	施设	比例	1∶10	出图日期		图号	路－10

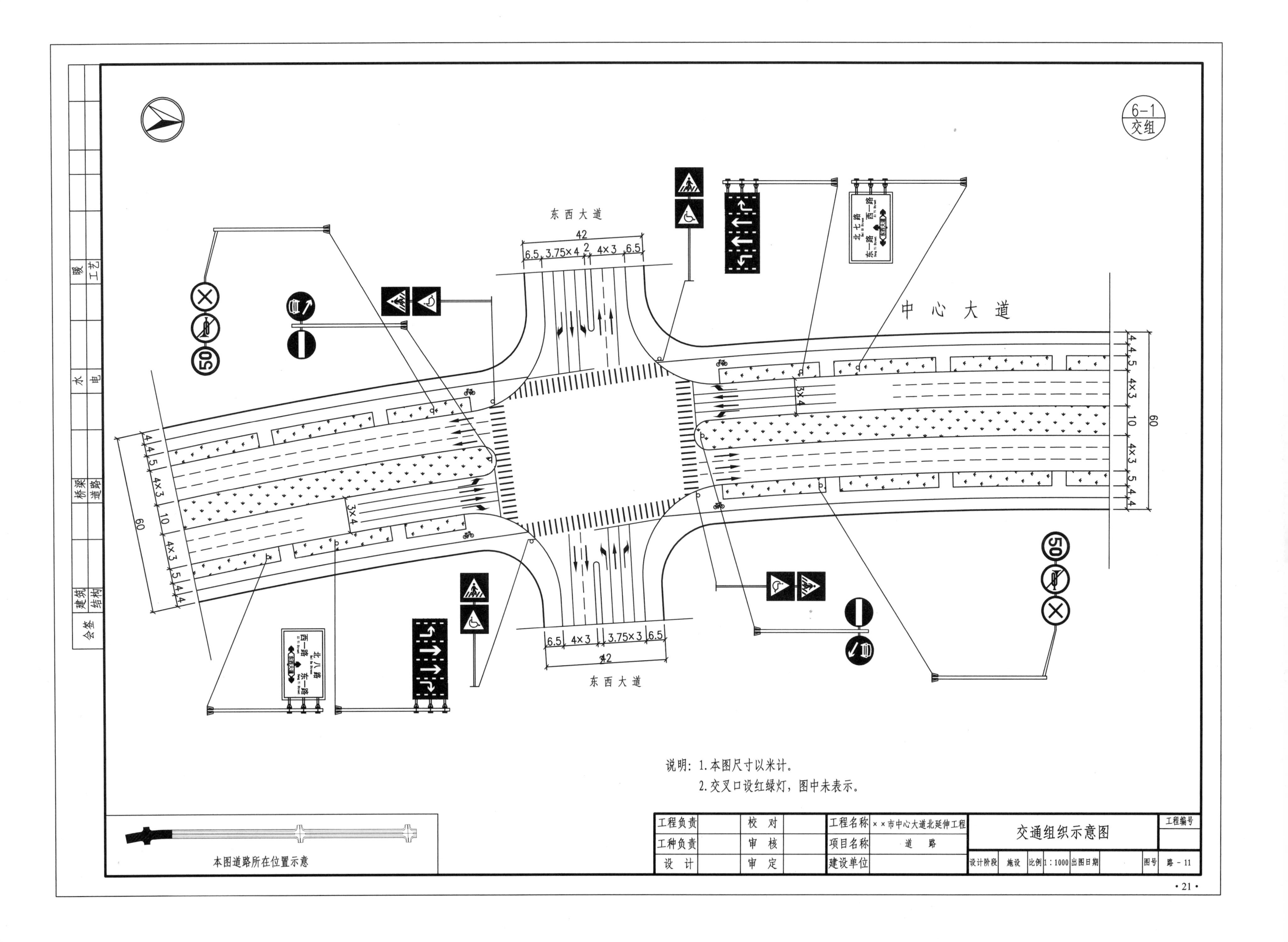
6-1
交组
东西大道
42
6.5
3.75×4
2
4×3
中心大道
60
3×4
10
5
4
50
北八路
西一路
东一路
东西大道
说明：1.本图尺寸以米计。
2.交叉口设红绿灯，图中未表示。
本图道路所在位置示意
工程负责
工种负责
设计
校对
审核
审定
工程名称
××市中心大道北延伸工程
项目名称
道路
建设单位
交通组织示意图
工程编号
设计阶段
施设
比例
1：1000
出图日期
图号
路－11
会签
建筑
结构
桥梁
道路
水
电
暖
工艺

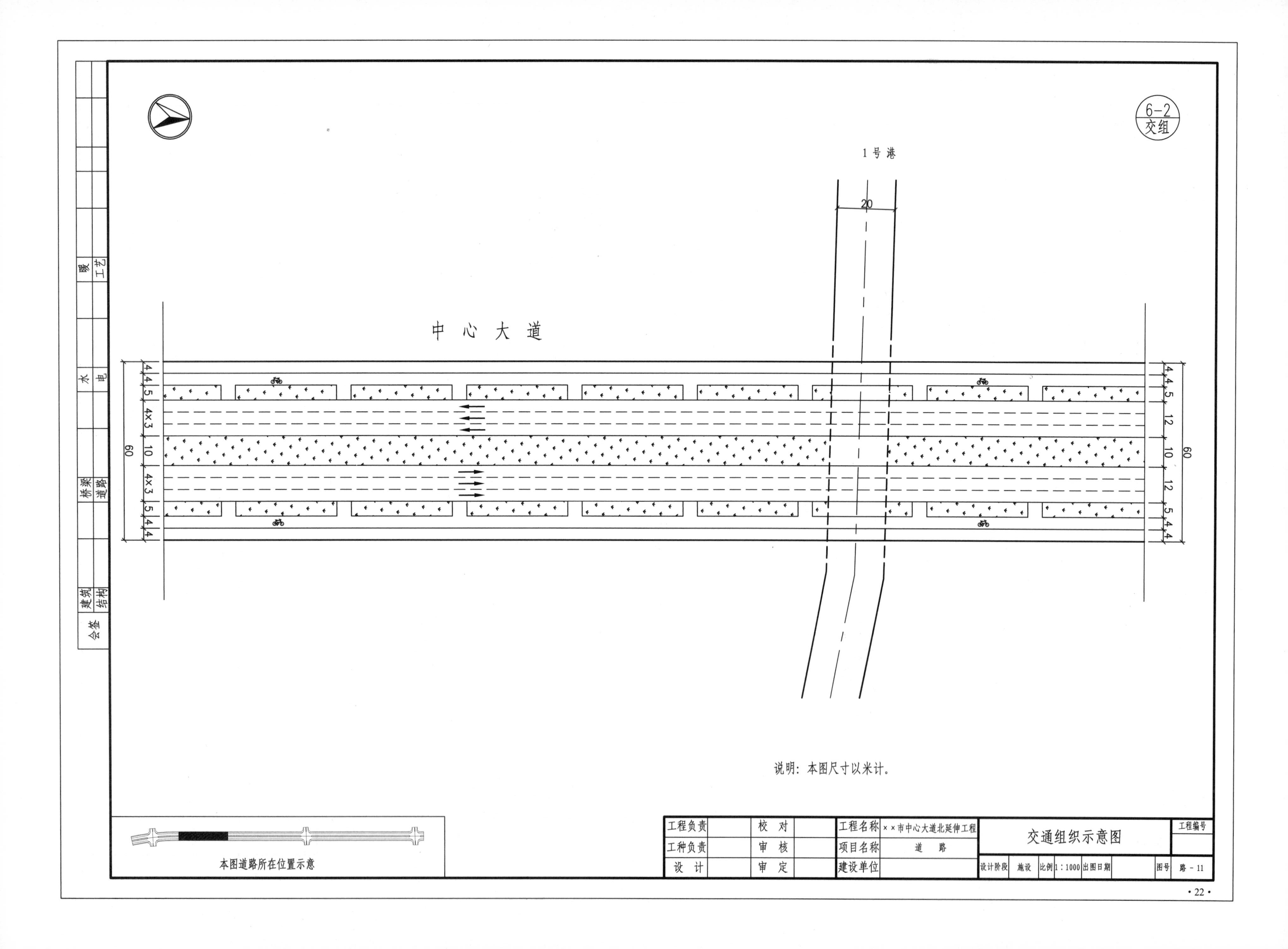

6-2
交组
1号港
20
中心大道
4
4
5
4×3
10
4×3
5
4
4
60
12
10
12
说明：本图尺寸以米计。
会签
建筑
结构
桥梁
道路
水
电
暖
工艺
本图道路所在位置示意
工程负责
工种负责
设计
校对
审核
审定
工程名称
××市中心大道北延伸工程
项目名称
道路
建设单位
交通组织示意图
工程编号
设计阶段
施设
比例
1:1000
出图日期
图号
路-11

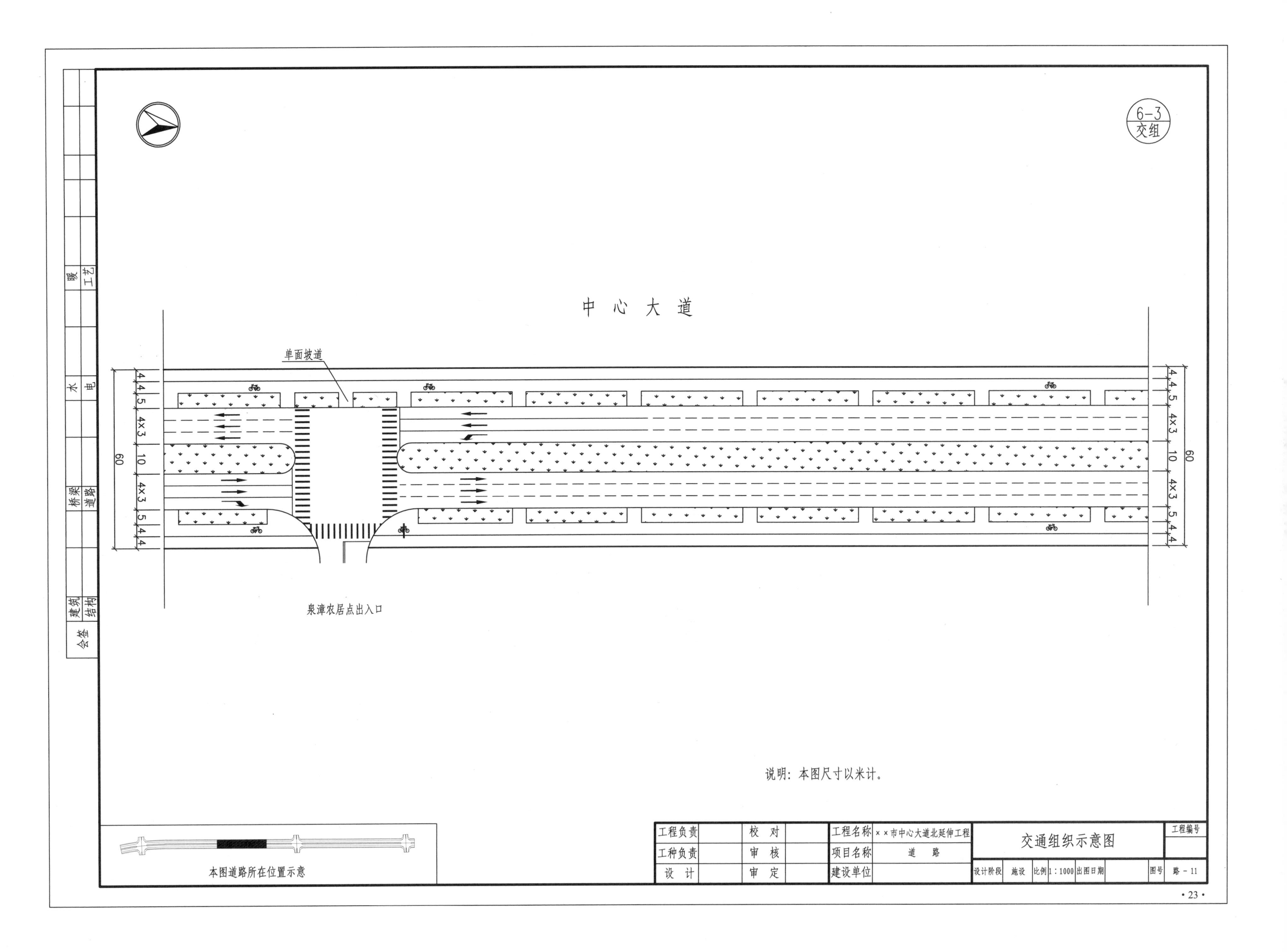
6-3
交组
中心大道
单面坡道
泉漳农居点出入口
4 4 5 4×3 10 4×3 5 4 4
60
说明：本图尺寸以米计。
本图道路所在位置示意
工程负责
工种负责
设 计
校 对
审 核
审 定
工程名称 ××市中心大道北延伸工程
项目名称 道 路
建设单位
交通组织示意图
工程编号
设计阶段 施设 比例 1：1000 出图日期
图号 路－11
会签
建筑
结构
桥梁
道路
水
电
暖
工艺

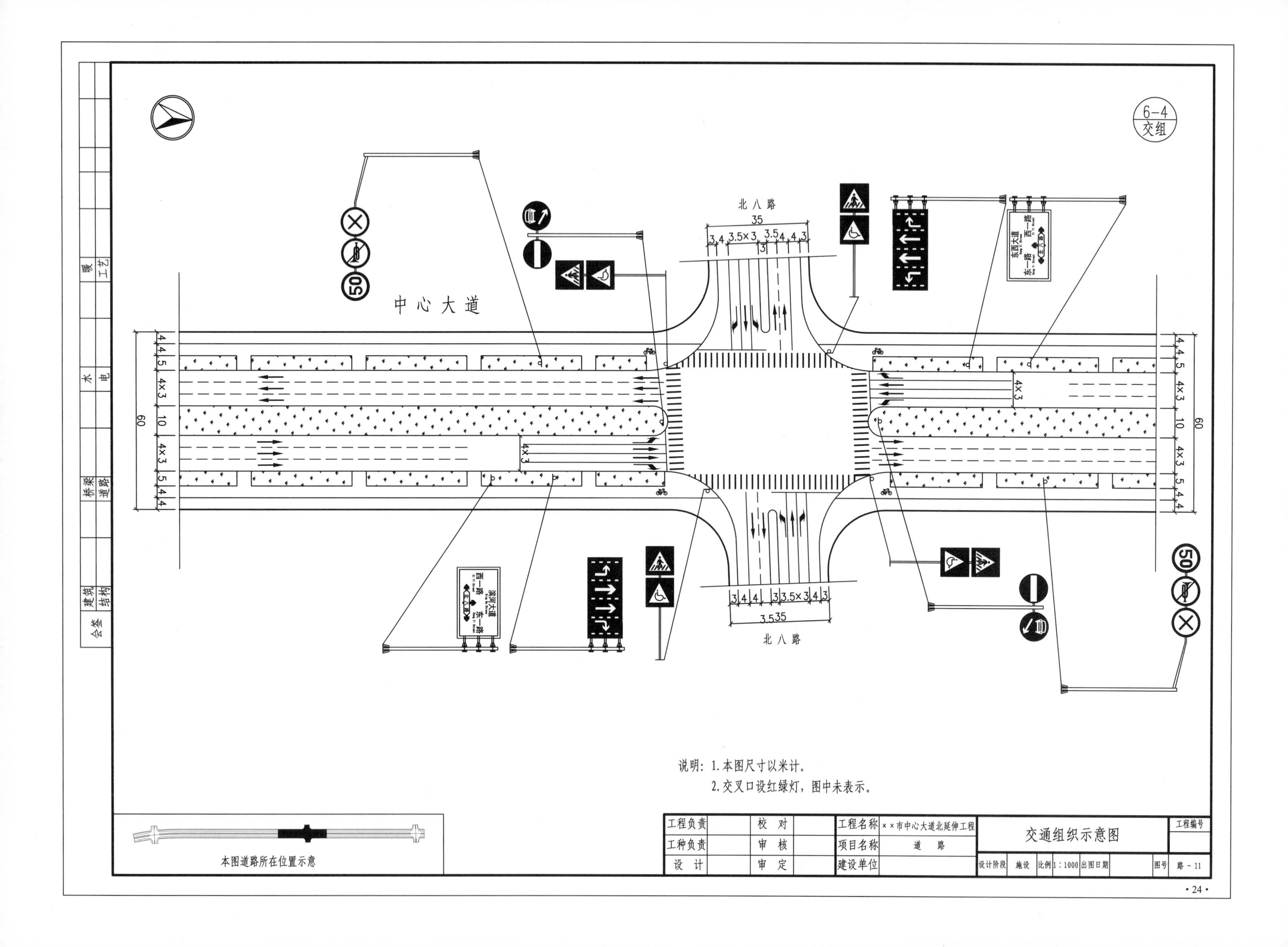
会签
建筑
结构
桥梁
道路
水
电
暖
工艺
6-4
交组
中心大道
北八路
35
3.5×3
3.535
4×3
10
60
东西大道
东一路
西一路
滨河大道
说明：1.本图尺寸以米计。
2.交叉口设红绿灯，图中未表示。
本图道路所在位置示意
工程负责
工种负责
设计
校对
审核
审定
工程名称
××市中心大道北延伸工程
项目名称
道路
建设单位
交通组织示意图
工程编号
设计阶段
施设
比例
1：1000
出图日期
图号
路-11

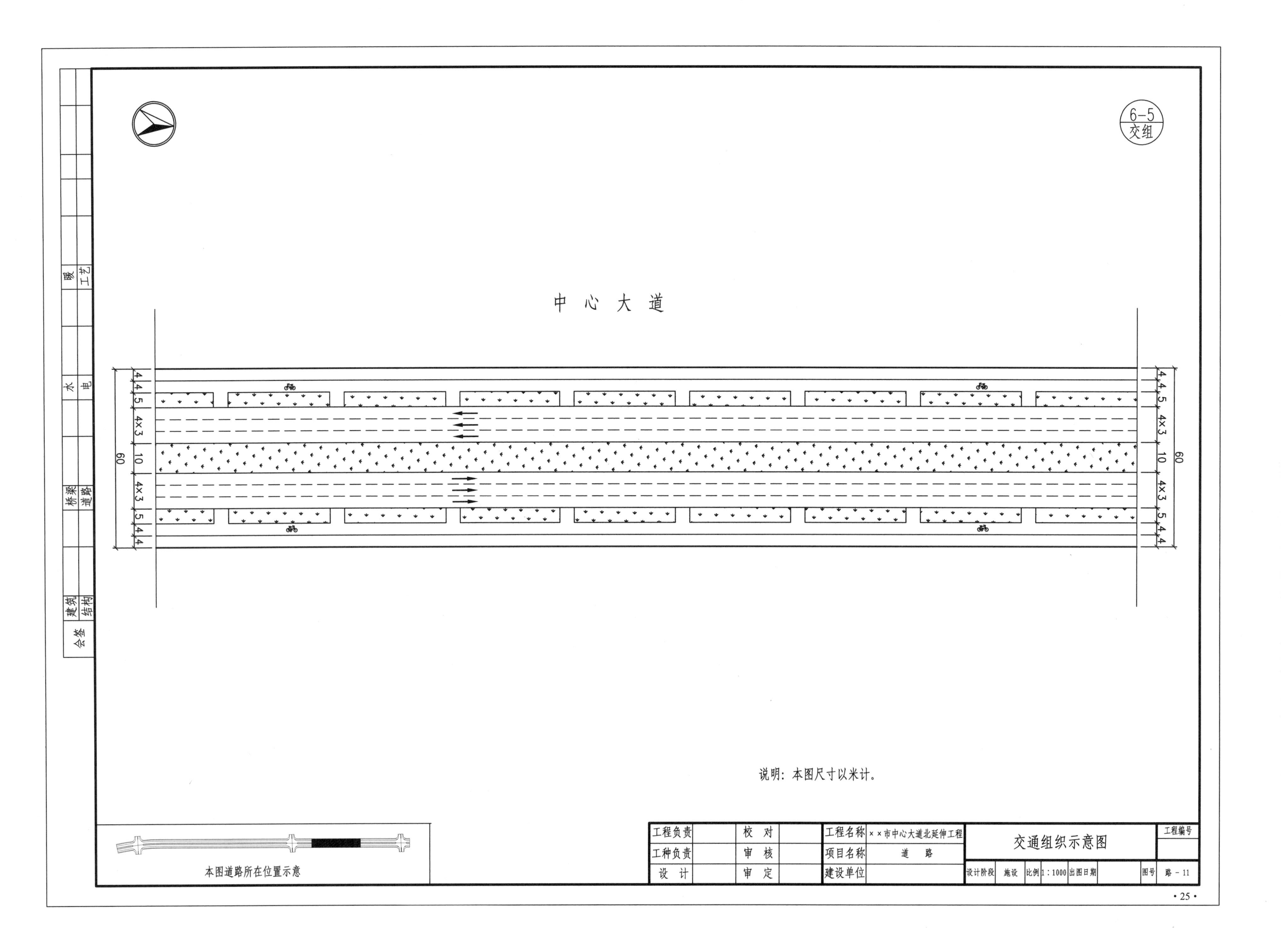
6-5
交组
中心大道
4 4 5 4×3 10 4×3 5 4 4
60
说明：本图尺寸以米计。
本图道路所在位置示意
工程负责
工种负责
设 计
校 对
审 核
审 定
工程名称 ××市中心大道北延伸工程
项目名称 道 路
建设单位
交通组织示意图
工程编号
设计阶段 施设 比例 1∶1000 出图日期
图号 路－11
会签 建筑 结构 桥梁 道路 水 电 暖 工艺

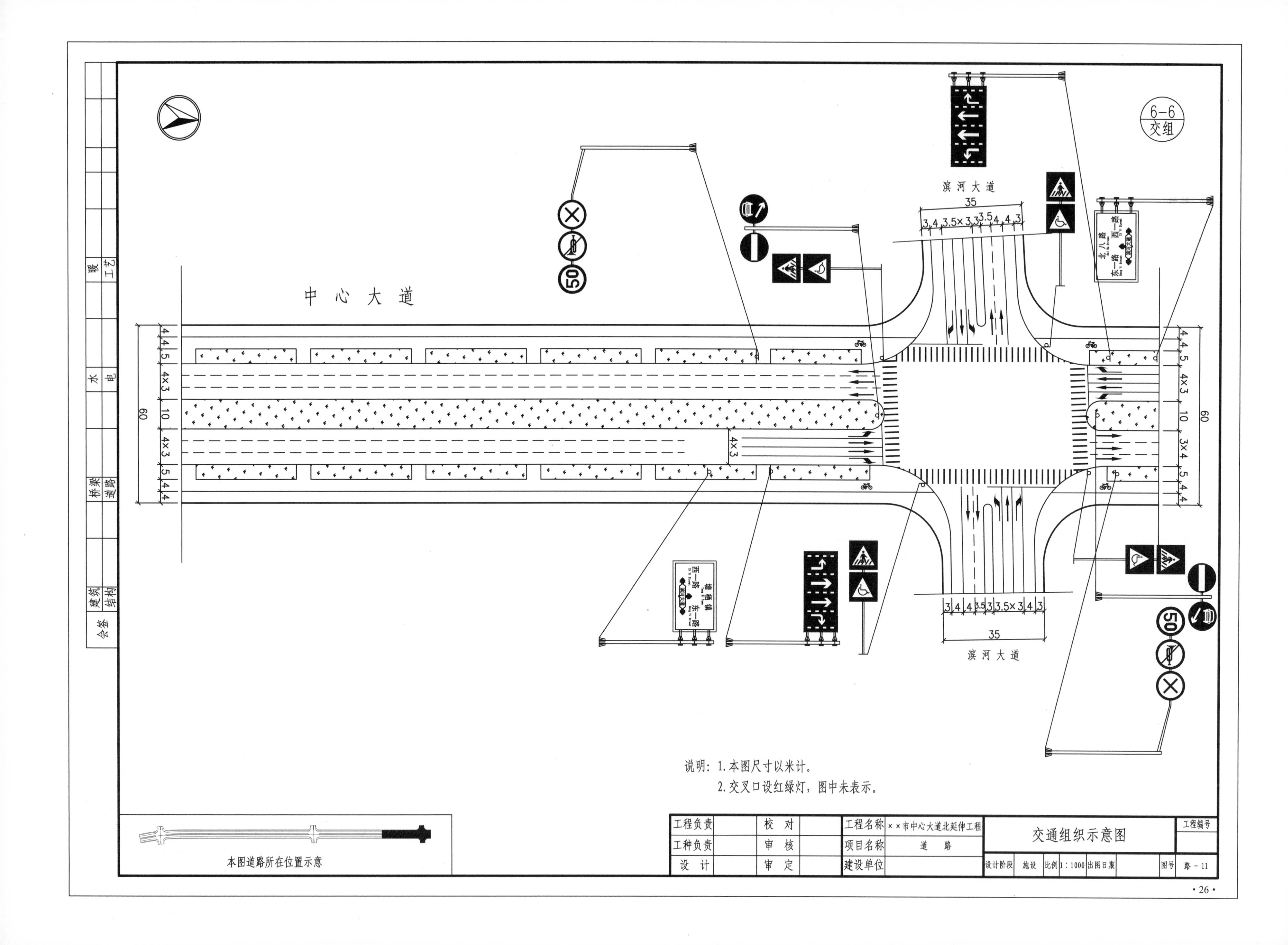
会签
建筑
结构
桥梁
道路
水
电
暖
工艺
中心大道
滨河大道
60
35
6-6
交组
北八路
东一路
西一路
50
说明：1. 本图尺寸以米计。
2. 交叉口设红绿灯，图中未表示。
本图道路所在位置示意
工程负责
工种负责
设计
校对
审核
审定
工程名称
××市中心大道北延伸工程
项目名称
道路
建设单位
交通组织示意图
工程编号
设计阶段
施设
比例
1：1000
出图日期
图号
路－11

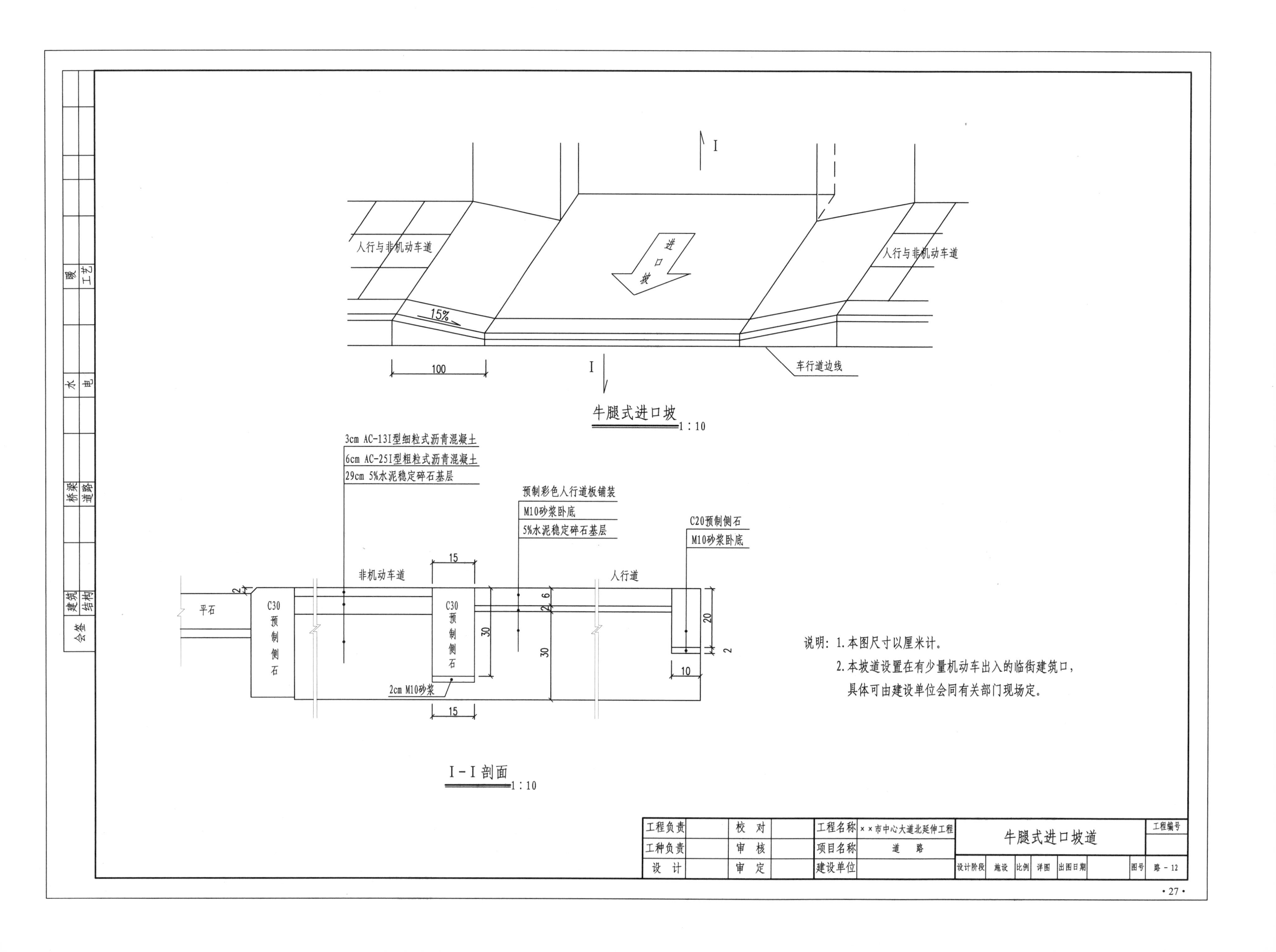

说明：1. 本图尺寸以厘米计。
2. 本坡道设置在有少量机动车出入的临街建筑口，具体可由建设单位会同有关部门现场定。

工程负责		校　对		工程名称	××市中心大道北延伸工程	牛腿式进口坡道	工程编号
工种负责		审　核		项目名称	道　路		
设　计		审　定		建设单位		设计阶段 施设 比例 详图 出图日期	图号 路－12

会签	建筑	结构	桥梁	道路	水	电	暖	工艺

会签	建筑			桥梁			水			暖				
	结构			道路			电			工艺				

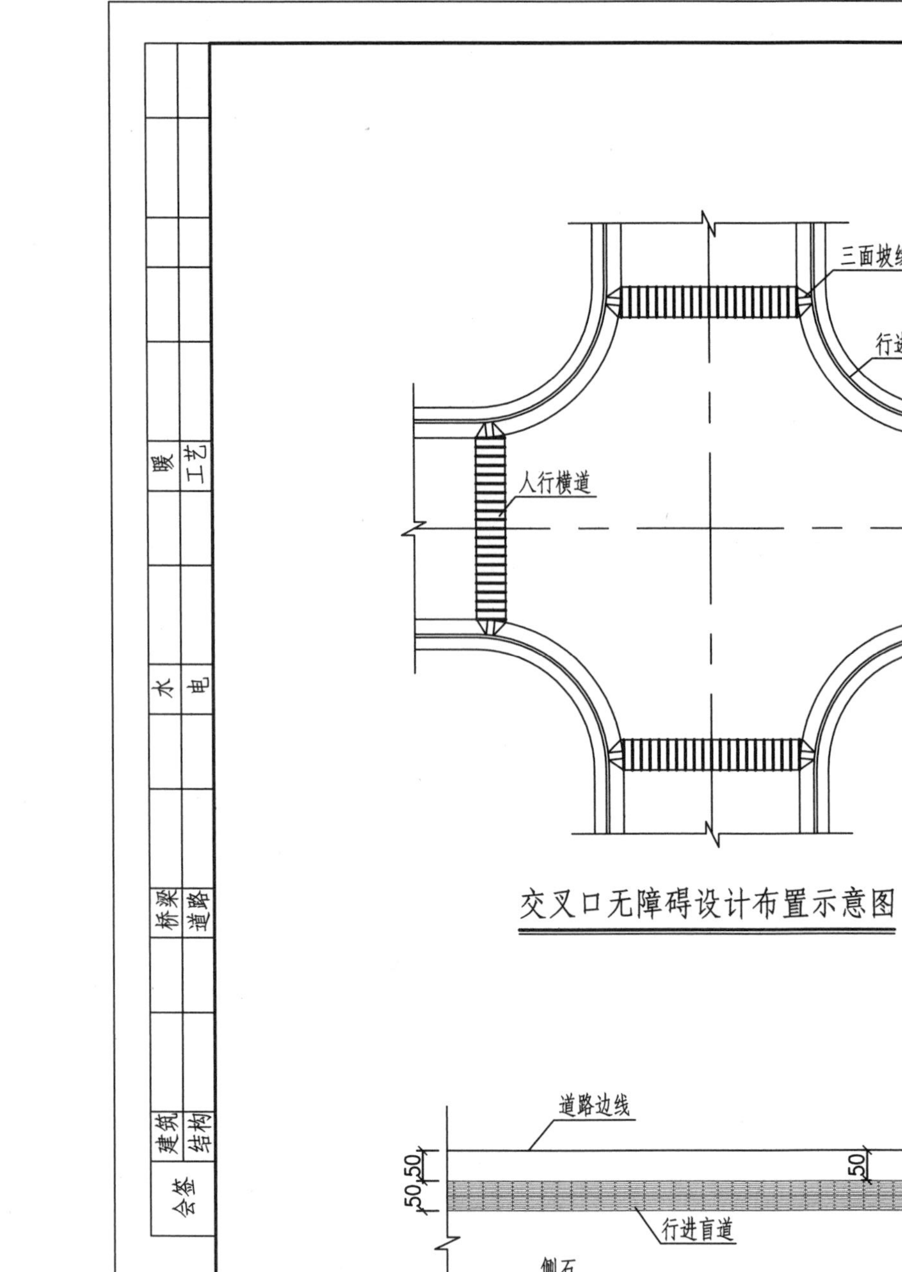

交叉口无障碍设计布置示意图

街坊路口盲道设计图 1 : 100

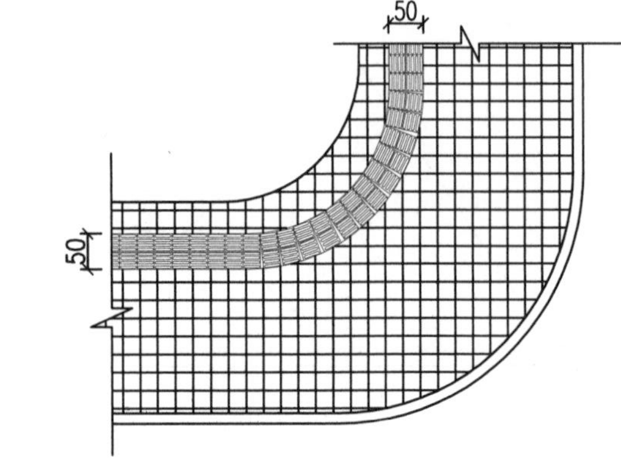

弧线型盲道示意图 1 : 100

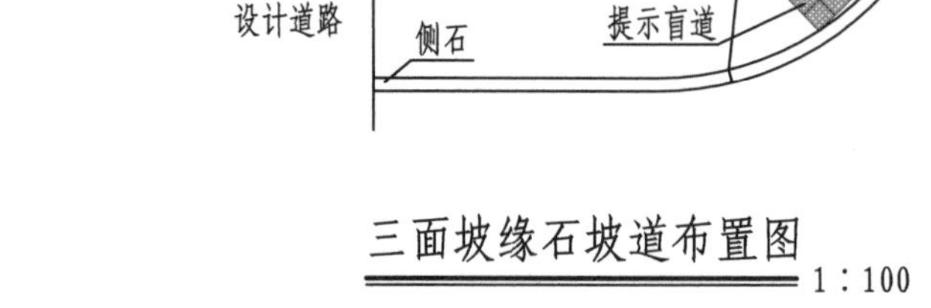

三面坡缘石坡道布置图 1 : 100

说　明： 1. 本图尺寸以厘米计。

2. 盲道的制作除按本图尺寸进行外，还须满足规范《无障碍设计规范》（GB 50763-2012）的要求。

3. 对于道路平曲线和路口加宽段的人行道，要使盲道走向基本同道路一致；用三角形砌缝将盲道铺为曲线，或将盲道转动所需角度后继续呈直线前进，不可将盲道反复弯折，而导致无法使用。

4. 提示盲道和行进盲道在路口的布置方式和位置可根据实际情况作调整。

工程负责		校　对		工程名称	××市中心大道北延伸工程	交叉口无障碍设计图						工程编号
工种负责		审　核		项目名称	道　路							
设　计		审　定		建设单位		设计阶段	施设	比例	详图	出图日期	图号	路－13

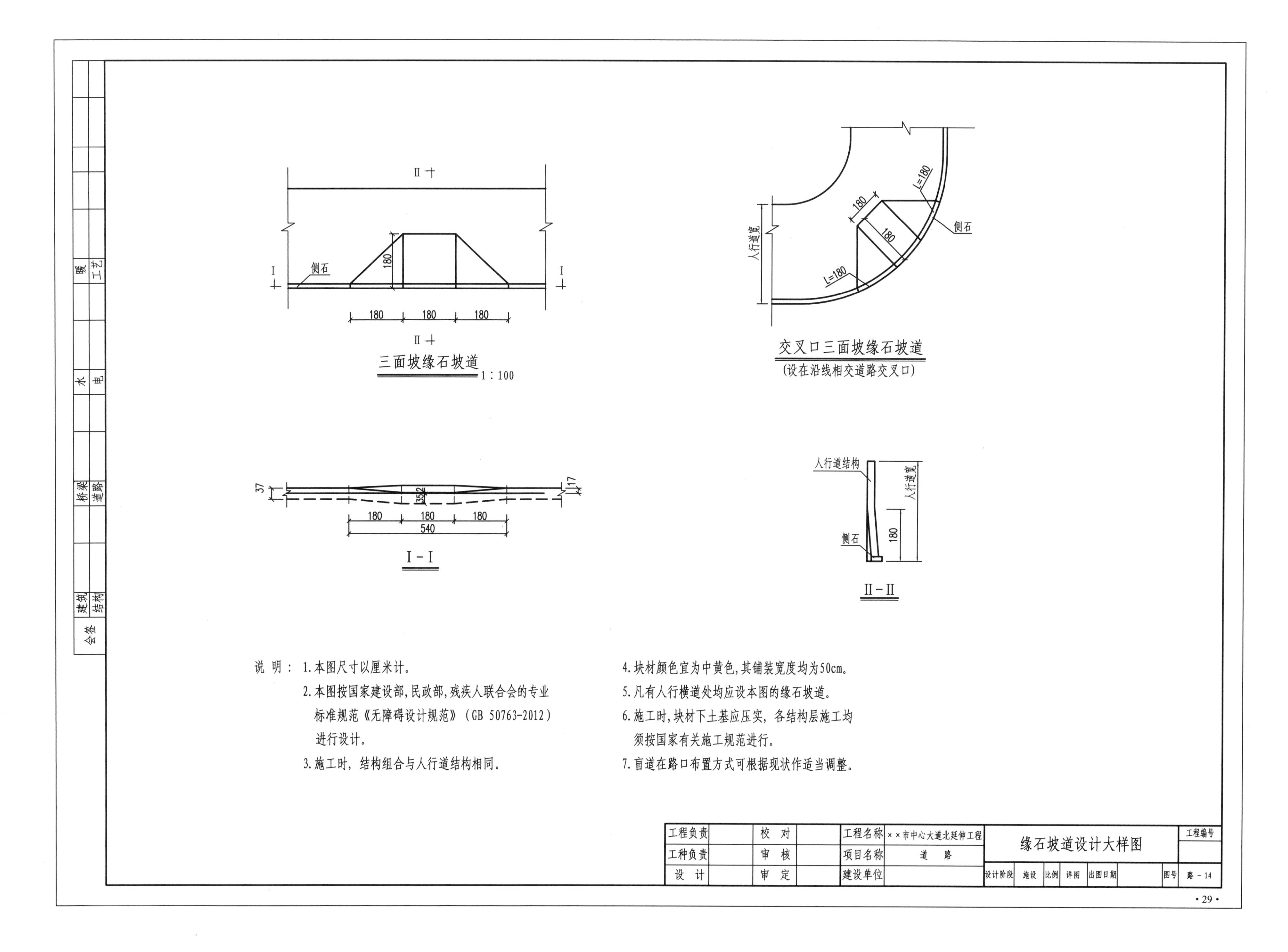

三面坡缘石坡道

交叉口三面坡缘石坡道

(设在沿线相交道路交叉口)

Ⅰ－Ⅰ

Ⅱ－Ⅱ

说 明： 1.本图尺寸以厘米计。

2.本图按国家建设部,民政部,残疾人联合会的专业标准规范《无障碍设计规范》(GB 50763-2012)进行设计。

3.施工时，结构组合与人行道结构相同。

4.块材颜色宜为中黄色,其铺装宽度均为50cm。

5.凡有人行横道处均应设本图的缘石坡道。

6.施工时,块材下土基应压实，各结构层施工均须按国家有关施工规范进行。

7.盲道在路口布置方式可根据现状作适当调整。

工程负责		校　对		工程名称	××市中心大道北延伸工程	缘石坡道设计大样图	工程编号
工种负责		审　核		项目名称	道　路		
设　计		审　定		建设单位		设计阶段 施设 比例 详图 出图日期	图号 路－14

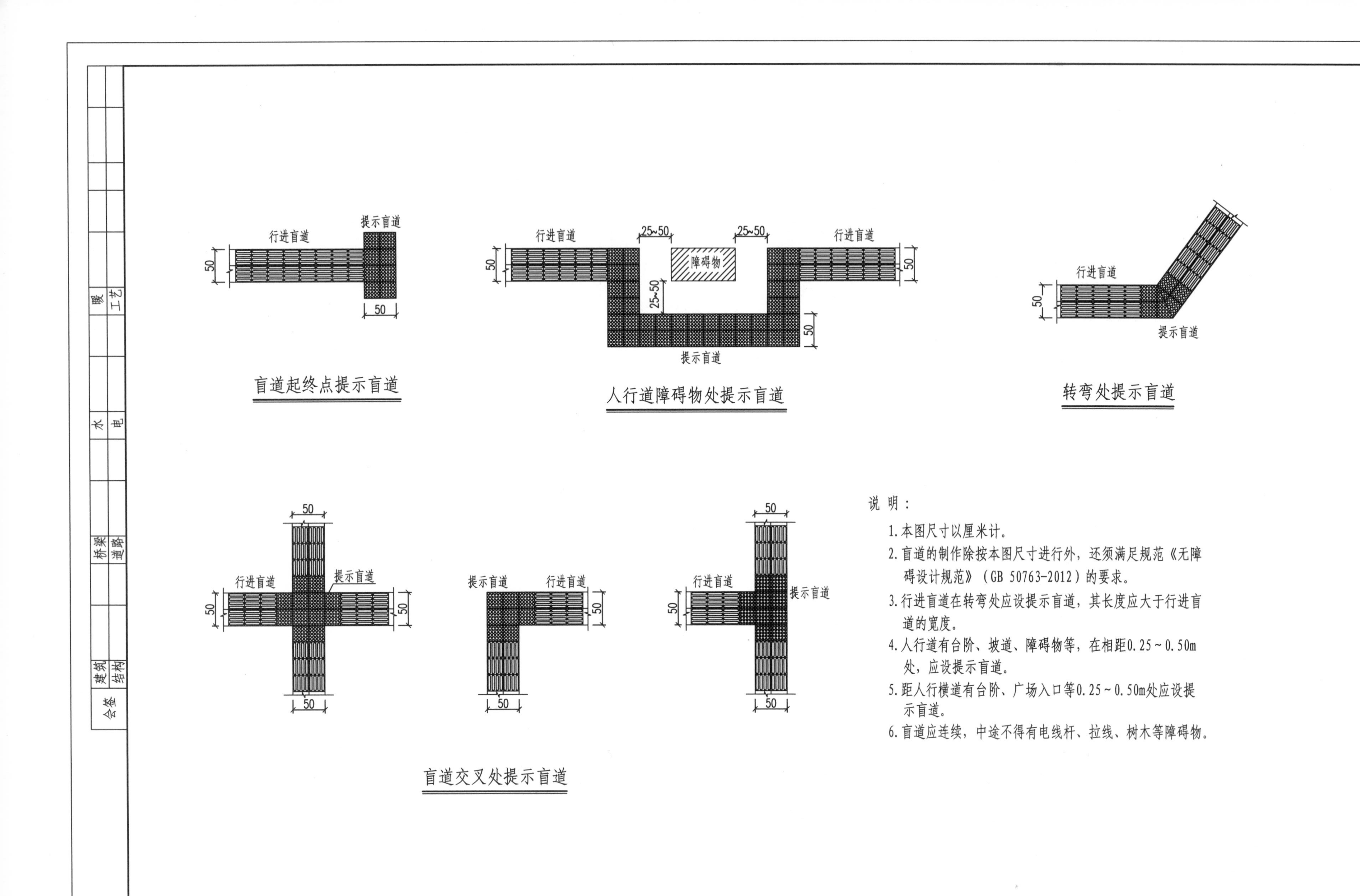

说 明：

1. 本图尺寸以厘米计。
2. 盲道的制作除按本图尺寸进行外，还须满足规范《无障碍设计规范》（GB 50763-2012）的要求。
3. 行进盲道在转弯处应设提示盲道，其长度应大于行进盲道的宽度。
4. 人行道有台阶、坡道、障碍物等，在相距0.25～0.50m处，应设提示盲道。
5. 距人行横道有台阶、广场入口等0.25～0.50m处应设提示盲道。
6. 盲道应连续，中途不得有电线杆、拉线、树木等障碍物。

会签	建筑		桥梁		水		暖	
	结构		道路		电		工艺	

工程负责		校 对		工程名称	××市中心大道北延伸工程	提示盲道设置大样图	工程编号
工种负责		审 核		项目名称	道 路		
设 计		审 定		建设单位		设计阶段 施设 比例 详图 出图日期	图号 路－15

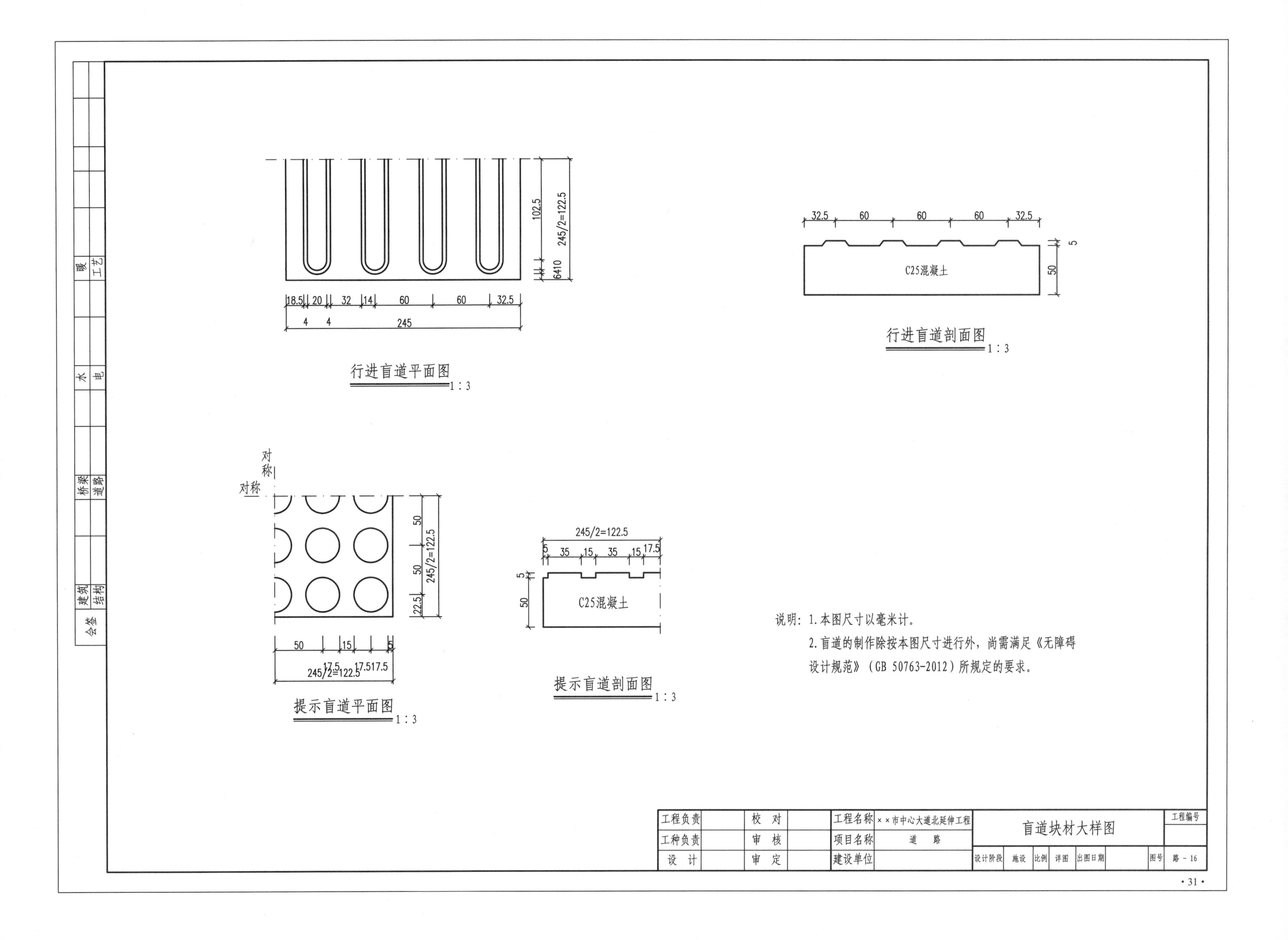

说明：1.本图尺寸以毫米计。

2.盲道的制作除按本图尺寸进行外，尚需满足《无障碍设计规范》（GB 50763-2012）所规定的要求。

工程负责		校对		工程名称	××市中心大道北延伸工程	盲道块材大样图						工程编号
工种负责		审核		项目名称	道路							
设计		审定		建设单位		设计阶段	施设	比例	详图	出图日期	图号	路－16

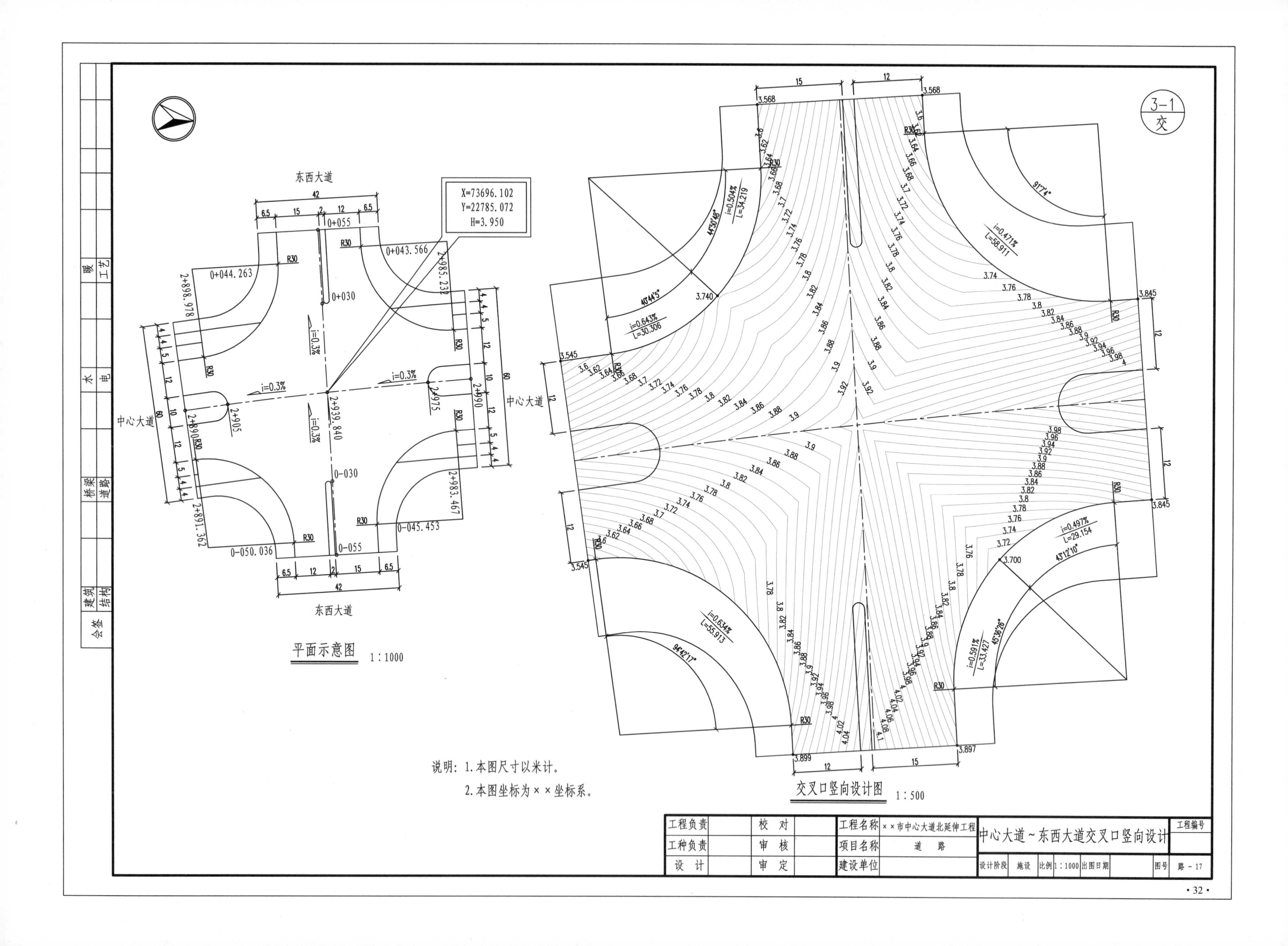

说明：1. 本图尺寸以米计。

2. 本图坐标为××坐标系。

工程负责		校 对		工程名称	××市中心大道北延伸工程	中心大道～东西大道交叉口竖向设计	工程编号
工种负责		审 核		项目名称	道 路		
设 计		审 定		建设单位		设计阶段 施设 比例 1:1000 出图日期	图号 路－17

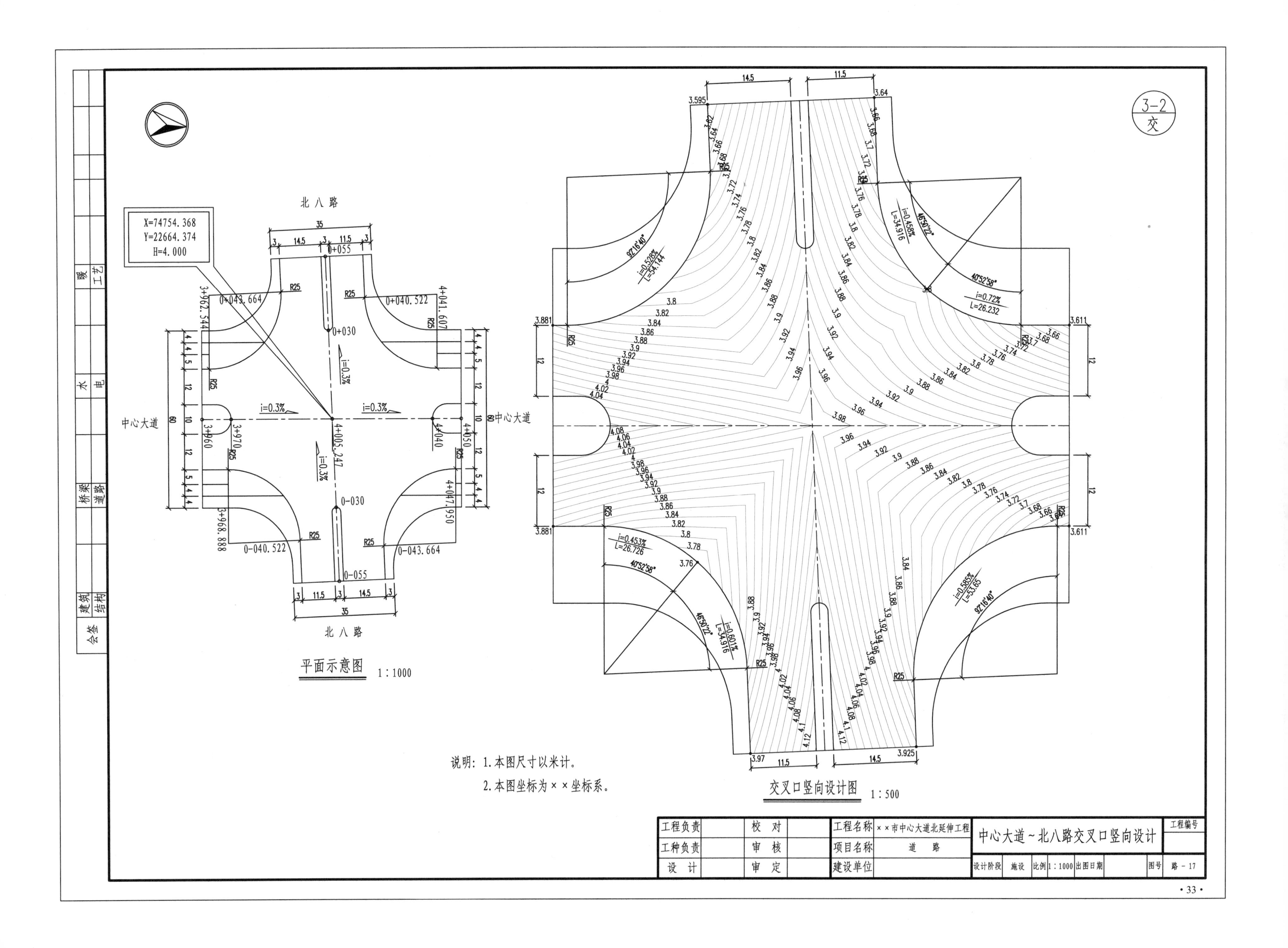
3-2
交
北八路
X=74754.368
Y=22664.374
H=4.000
中心大道
4+005.247
i=0.3%
3+962.544
0+043.664
0+040.522
4+041.607
0+030
0+055
3+960
3+970
4+040
4+050
0-030
0-055
3+968.888
0-040.522
0-043.664
4+047.950
R25
平面示意图 1:1000
3.595
3.64
3.881
3.611
3.97
3.925
i=0.528%
L=54.144
97°16′40″
i=0.458%
L=34.916
45°50′22″
40°52′58″
i=0.72%
L=26.232
i=0.453%
L=26.726
i=0.601%
i=0.585%
L=53.65
交叉口竖向设计图 1:500
说明：1.本图尺寸以米计。
2.本图坐标为××坐标系。
工程负责
工种负责
设　计
校　对
审　核
审　定
工程名称
××市中心大道北延伸工程
项目名称
道　路
建设单位
中心大道～北八路交叉口竖向设计
工程编号
设计阶段
施设
比例
1:1000
出图日期
图号
路－17
会签
建筑
结构
桥梁
道路
水
电
暖
工艺

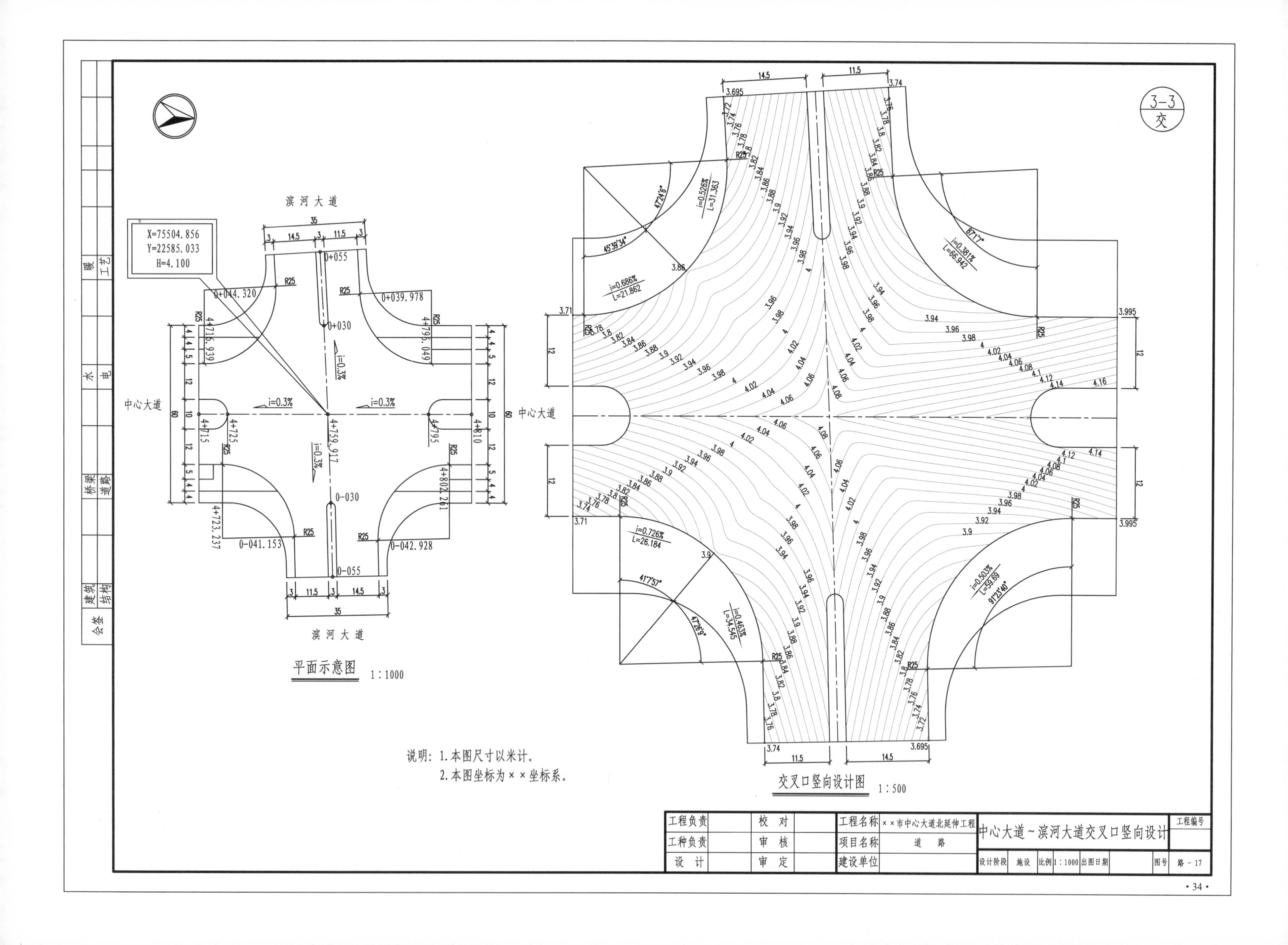

会签
建筑
结构
桥梁
道路
水
电
暖
工艺
3-3
交
滨河大道
中心大道
X=75504.856
Y=22585.033
H=4.100
0+044.320
0+039.978
4+716.939
4+795.049
4+802.261
4+723.237
0-041.153
0-042.928
0+055
0+030
0-030
0-055
4+715
4+725
4+759.917
4+795
4+810
i=0.3%
R25
35
60
平面示意图 1:1000
说明：1.本图尺寸以米计。
2.本图坐标为××坐标系。
i=0.686%
L=21.862
i=0.526%
L=31.363
i=0.381%
L=66.942
i=0.726%
L=26.184
i=0.463%
L=34.545
i=0.503%
L=59.69
45°39′34″
47°24′6″
87°1′7″
41°7′57″
47°26′9″
91°23′40″
3.695
3.74
3.71
3.995
14.5
11.5
12
交叉口竖向设计图 1:500
工程负责
工种负责
设 计
校 对
审 核
审 定
工程名称 ××市中心大道北延伸工程
项目名称 道 路
建设单位
中心大道～滨河大道交叉口竖向设计
工程编号
设计阶段 施设 比例 1:1000 出图日期
图号 路－17

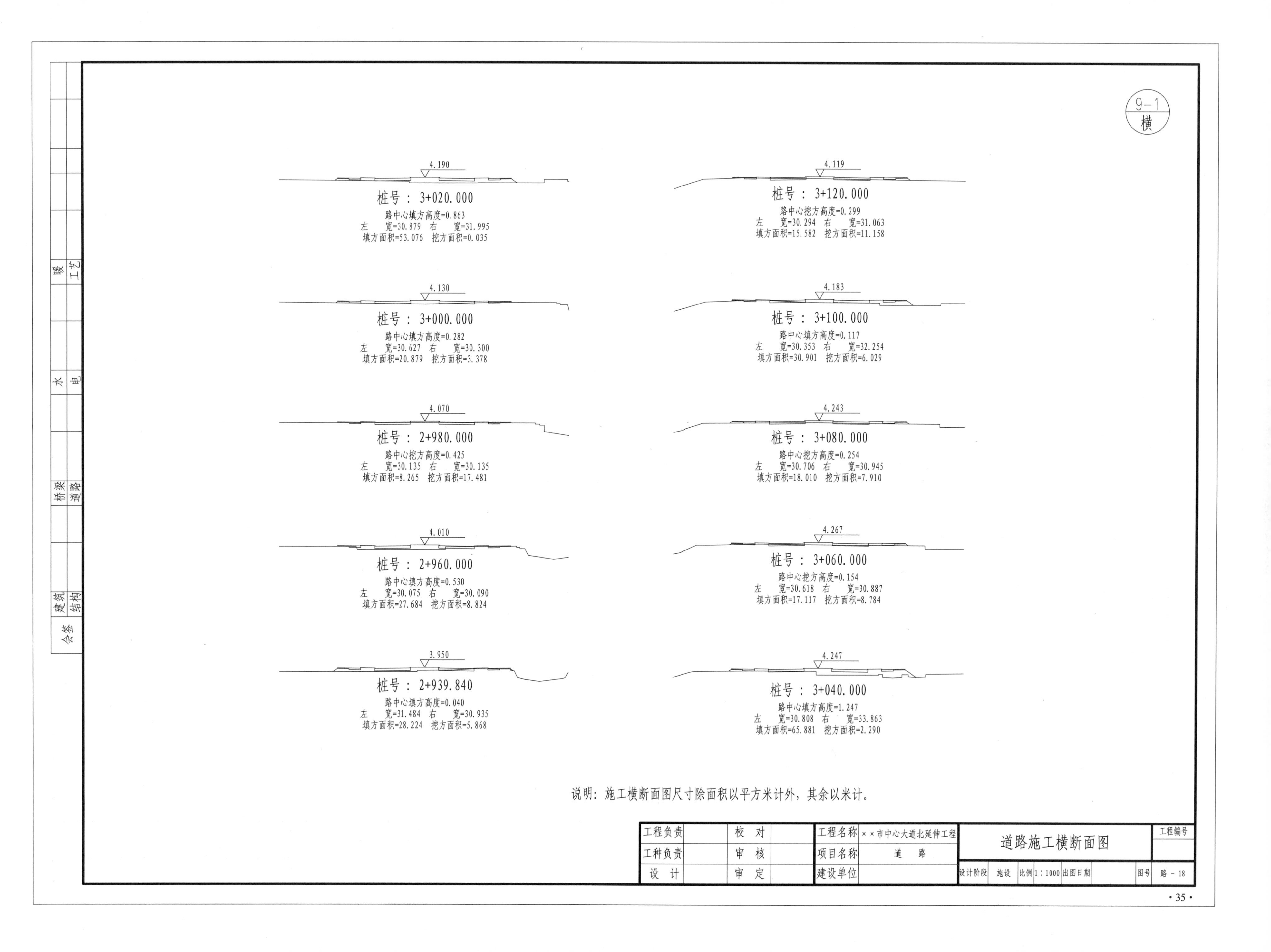
9-1
横
4.190
桩号：3+020.000
路中心填方高度=0.863
左 宽=30.879 右 宽=31.995
填方面积=53.076 挖方面积=0.035
4.130
桩号：3+000.000
路中心填方高度=0.282
左 宽=30.627 右 宽=30.300
填方面积=20.879 挖方面积=3.378
4.070
桩号：2+980.000
路中心挖方高度=0.425
左 宽=30.135 右 宽=30.135
填方面积=8.265 挖方面积=17.481
4.010
桩号：2+960.000
路中心填方高度=0.530
左 宽=30.075 右 宽=30.090
填方面积=27.684 挖方面积=8.824
3.950
桩号：2+939.840
路中心填方高度=0.040
左 宽=31.484 右 宽=30.935
填方面积=28.224 挖方面积=5.868
4.119
桩号：3+120.000
路中心挖方高度=0.299
左 宽=30.294 右 宽=31.063
填方面积=15.582 挖方面积=11.158
4.183
桩号：3+100.000
路中心填方高度=0.117
左 宽=30.353 右 宽=32.254
填方面积=30.901 挖方面积=6.029
4.243
桩号：3+080.000
路中心挖方高度=0.254
左 宽=30.706 右 宽=30.945
填方面积=18.010 挖方面积=7.910
4.267
桩号：3+060.000
路中心挖方高度=0.154
左 宽=30.618 右 宽=30.887
填方面积=17.117 挖方面积=8.784
4.247
桩号：3+040.000
路中心填方高度=1.247
左 宽=30.808 右 宽=33.863
填方面积=65.881 挖方面积=2.290
说明：施工横断面图尺寸除面积以平方米计外，其余以米计。
工程负责
工种负责
设 计
校 对
审 核
审 定
工程名称 ××市中心大道北延伸工程
项目名称 道 路
建设单位
道路施工横断面图
工程编号
设计阶段 施设 比例 1：1000 出图日期 图号 路－18
暖 工艺
水 电
桥梁 道路
建筑 结构
会签

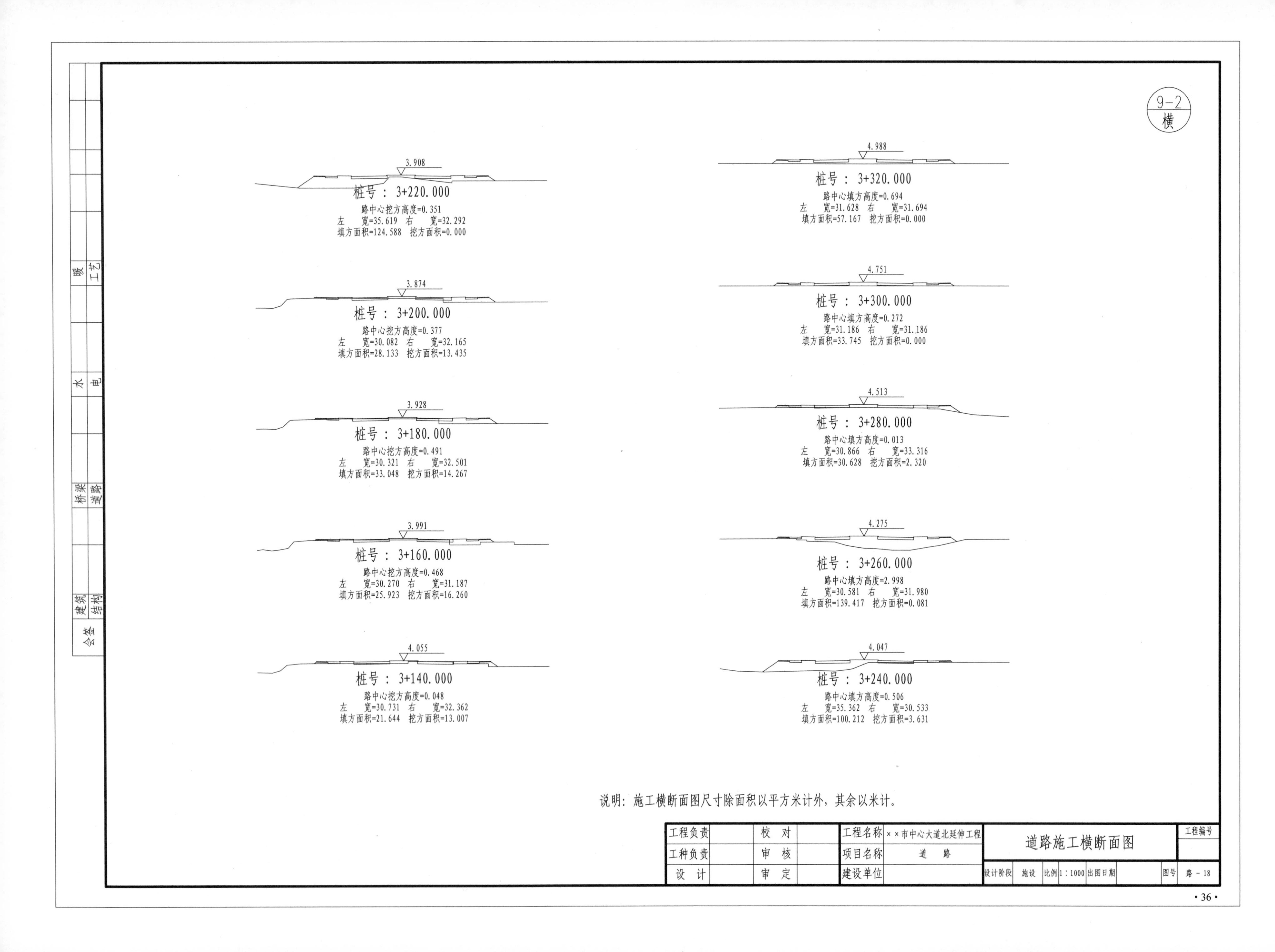
会签
建筑
结构
桥梁
道路
水
电
暖
工艺
9-2
横
3.908
桩号：3+220.000
路中心挖方高度=0.351
左 宽=35.619 右 宽=32.292
填方面积=124.588 挖方面积=0.000
3.874
桩号：3+200.000
路中心挖方高度=0.377
左 宽=30.082 右 宽=32.165
填方面积=28.133 挖方面积=13.435
3.928
桩号：3+180.000
路中心挖方高度=0.491
左 宽=30.321 右 宽=32.501
填方面积=33.048 挖方面积=14.267
3.991
桩号：3+160.000
路中心挖方高度=0.468
左 宽=30.270 右 宽=31.187
填方面积=25.923 挖方面积=16.260
4.055
桩号：3+140.000
路中心挖方高度=0.048
左 宽=30.731 右 宽=32.362
填方面积=21.644 挖方面积=13.007
4.988
桩号：3+320.000
路中心填方高度=0.694
左 宽=31.628 右 宽=31.694
填方面积=57.167 挖方面积=0.000
4.751
桩号：3+300.000
路中心填方高度=0.272
左 宽=31.186 右 宽=31.186
填方面积=33.745 挖方面积=0.000
4.513
桩号：3+280.000
路中心填方高度=0.013
左 宽=30.866 右 宽=33.316
填方面积=30.628 挖方面积=2.320
4.275
桩号：3+260.000
路中心填方高度=2.998
左 宽=30.581 右 宽=31.980
填方面积=139.417 挖方面积=0.081
4.047
桩号：3+240.000
路中心填方高度=0.506
左 宽=35.362 右 宽=30.533
填方面积=100.212 挖方面积=3.631
说明：施工横断面图尺寸除面积以平方米计外，其余以米计。
工程负责
校 对
工程名称
××市中心大道北延伸工程
道路施工横断面图
工程编号
工种负责
审 核
项目名称
道 路
设 计
审 定
建设单位
设计阶段
施设
比例
1：1000
出图日期
图号
路-18

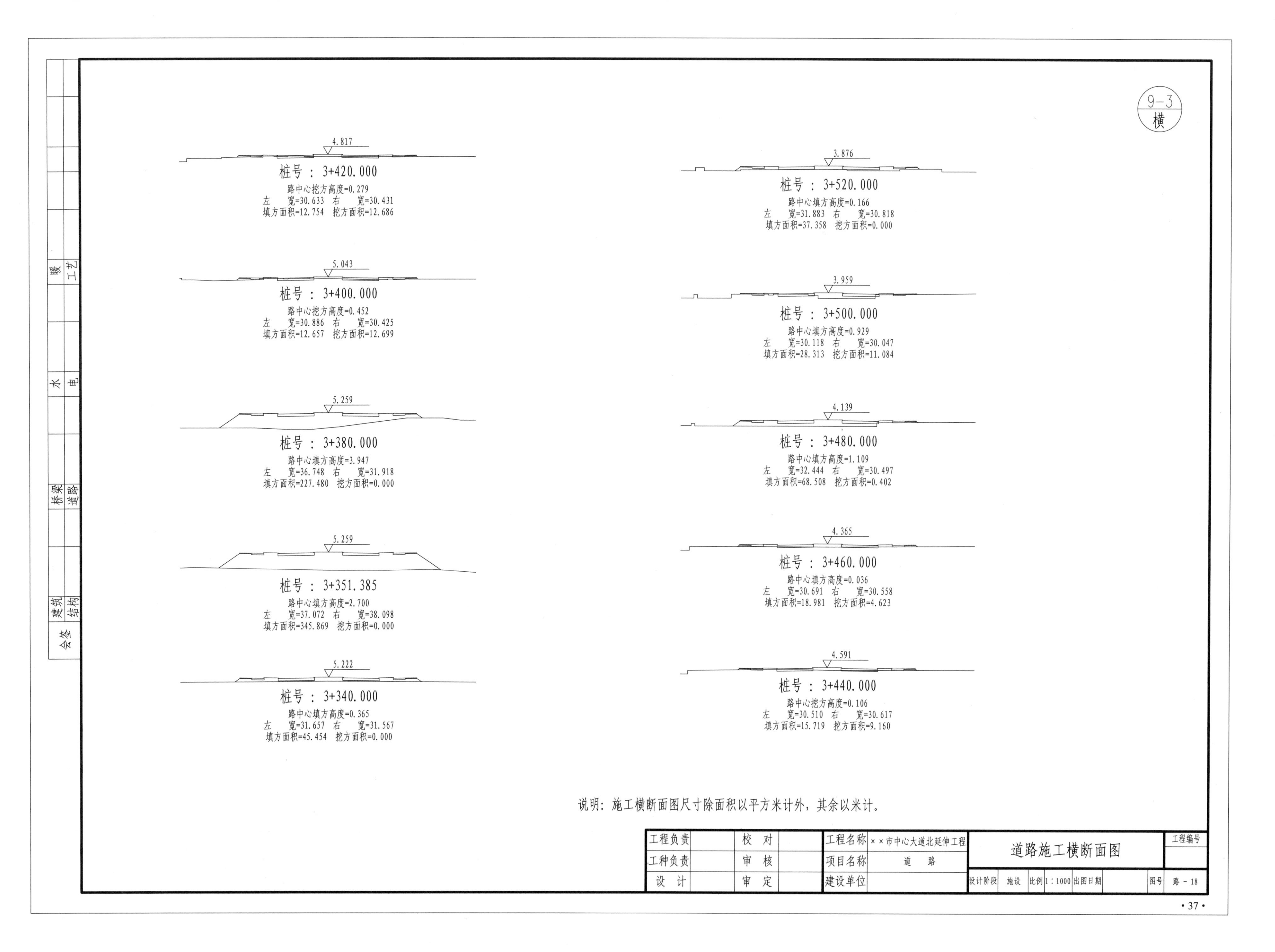

说明：施工横断面图尺寸除面积以平方米计外，其余以米计。

工程负责		校 对		工程名称	××市中心大道北延伸工程	道路施工横断面图	工程编号
工种负责		审 核		项目名称	道 路		
设 计		审 定		建设单位		设计阶段 施设 比例 1:1000 出图日期	图号 路-18

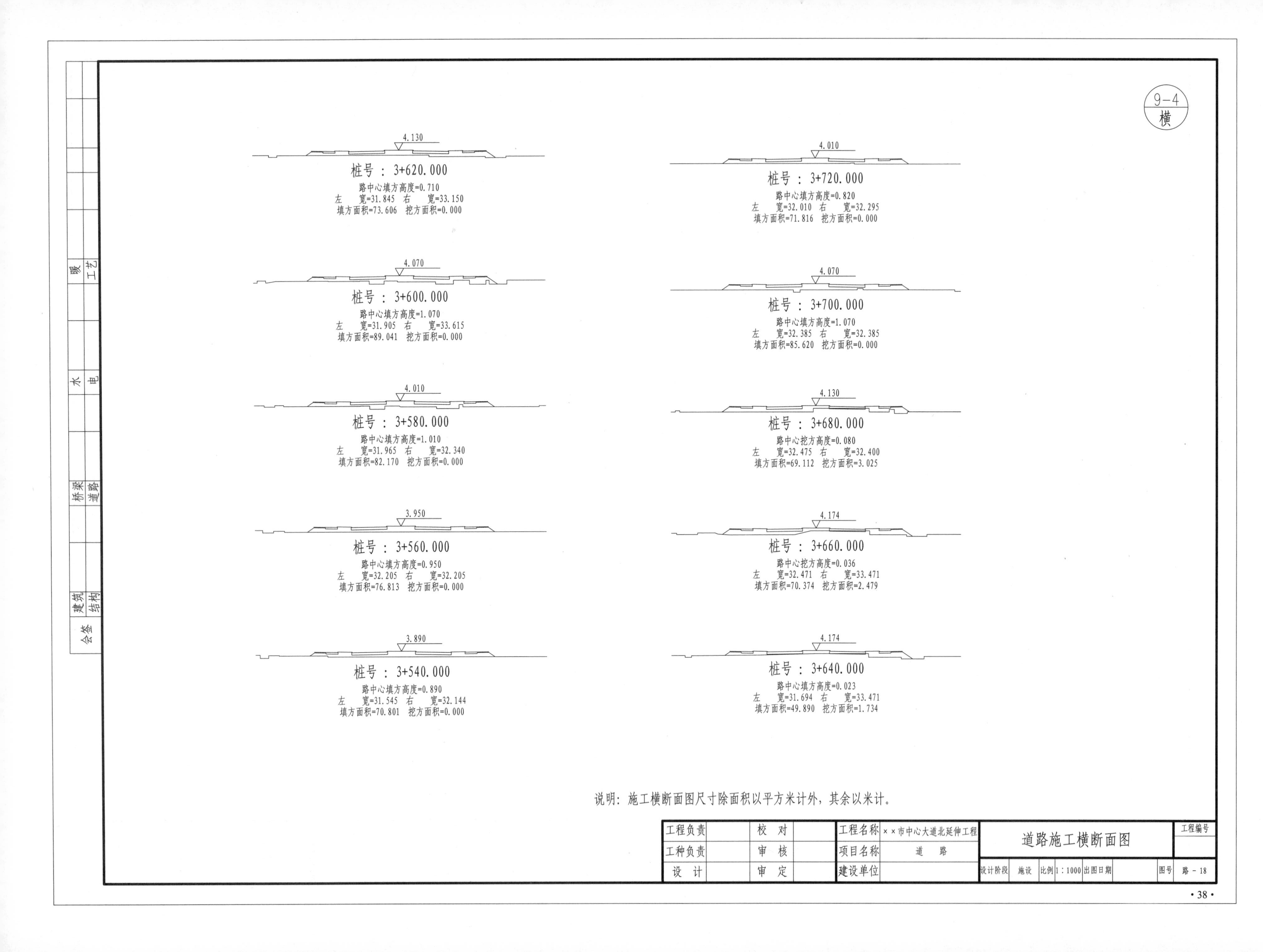

会签
建筑
结构
桥梁
道路
水
电
暖
工艺
9-4
横
4.130
桩号 ： 3+620.000
路中心填方高度=0.710
左 宽=31.845 右 宽=33.150
填方面积=73.606 挖方面积=0.000
4.010
桩号 ： 3+720.000
路中心填方高度=0.820
左 宽=32.010 右 宽=32.295
填方面积=71.816 挖方面积=0.000
4.070
桩号 ： 3+600.000
路中心填方高度=1.070
左 宽=31.905 右 宽=33.615
填方面积=89.041 挖方面积=0.000
4.070
桩号 ： 3+700.000
路中心填方高度=1.070
左 宽=32.385 右 宽=32.385
填方面积=85.620 挖方面积=0.000
4.010
桩号 ： 3+580.000
路中心填方高度=1.010
左 宽=31.965 右 宽=32.340
填方面积=82.170 挖方面积=0.000
4.130
桩号 ： 3+680.000
路中心挖方高度=0.080
左 宽=32.475 右 宽=32.400
填方面积=69.112 挖方面积=3.025
3.950
桩号 ： 3+560.000
路中心填方高度=0.950
左 宽=32.205 右 宽=32.205
填方面积=76.813 挖方面积=0.000
4.174
桩号 ： 3+660.000
路中心挖方高度=0.036
左 宽=32.471 右 宽=33.471
填方面积=70.374 挖方面积=2.479
3.890
桩号 ： 3+540.000
路中心填方高度=0.890
左 宽=31.545 右 宽=32.144
填方面积=70.801 挖方面积=0.000
4.174
桩号 ： 3+640.000
路中心填方高度=0.023
左 宽=31.694 右 宽=33.471
填方面积=49.890 挖方面积=1.734
说明：施工横断面图尺寸除面积以平方米计外，其余以米计。
工程负责
校 对
工程名称
× × 市中心大道北延伸工程
道路施工横断面图
工程编号
工种负责
审 核
项目名称
道 路
设 计
审 定
建设单位
设计阶段
施设
比例
1 : 1000
出图日期
图号
路 - 18

9-5 横

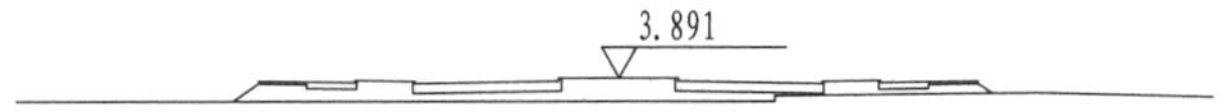

3.891

桩号 ： 3+820.000

路中心填方高度=0.911
左　宽=32.147　右　宽=31.157
填方面积=63.758　挖方面积=0.000

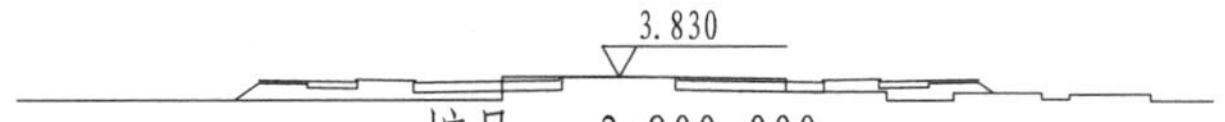

3.830

桩号 ： 3+800.000

路中心挖方高度=1.013
左　宽=32.056　右　宽=31.276
填方面积=36.259　挖方面积=15.565

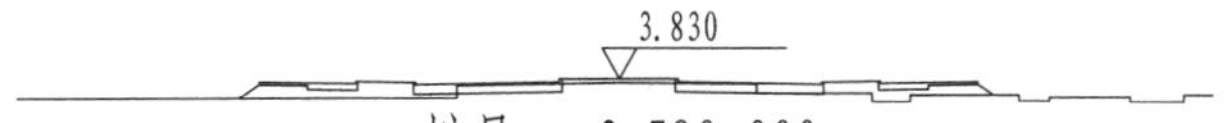

3.830

桩号 ： 3+780.000

路中心挖方高度=0.673
左　宽=31.702　右　宽=31.275
填方面积=30.583　挖方面积=10.907

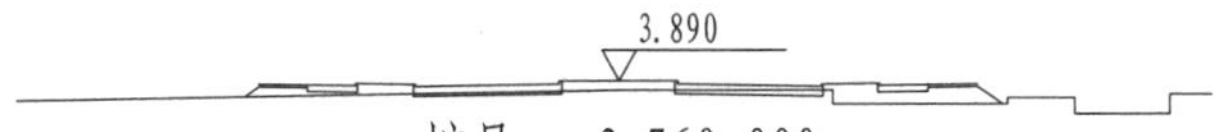

3.890

桩号 ： 3+760.000

路中心挖方高度=0.227
左　宽=31.203　右　宽=32.115
填方面积=33.274　挖方面积=7.553

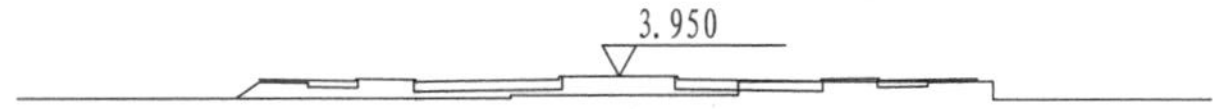

3.950

桩号 ： 3+740.000

路中心填方高度=0.554
左　宽=31.980　右　宽=30.000
填方面积=41.994　挖方面积=6.986

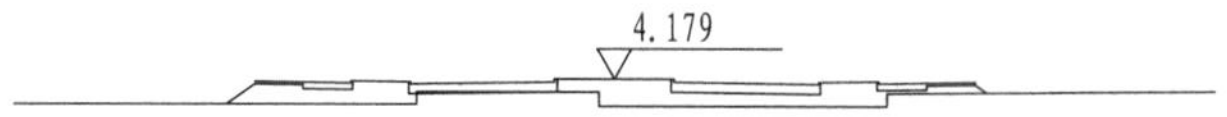

4.179

桩号 ： 3+920.000

路中心填方高度=1.229
左　宽=32.398　右　宽=30.958
填方面积=66.225　挖方面积=0.901

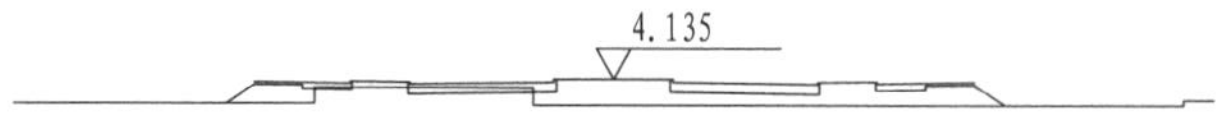

4.135

桩号 ： 3+900.000

路中心填方高度=1.185
左　宽=32.332　右　宽=32.557
填方面积=69.460　挖方面积=5.103

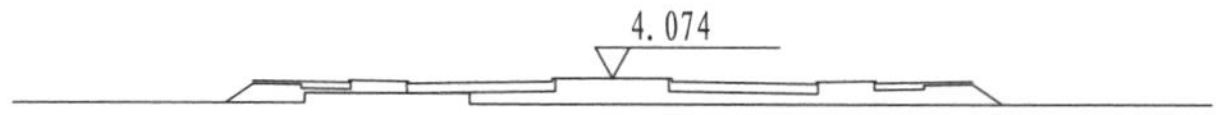

4.074

桩号 ： 3+880.000

路中心填方高度=1.124
左　宽=32.316　右　宽=32.466
填方面积=75.107　挖方面积=0.017

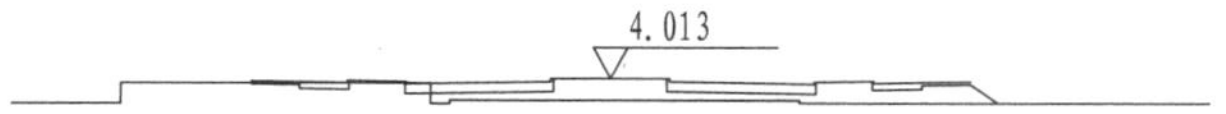

4.013

桩号 ： 3+860.000

路中心填方高度=0.783
左　宽=30.077　右　宽=32.269
填方面积=52.169　挖方面积=4.405

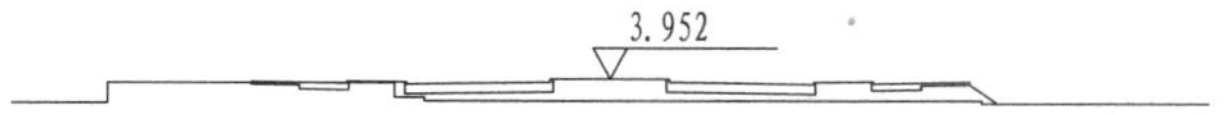

3.952

桩号 ： 3+840.000

路中心填方高度=0.811
左　宽=30.138　右　宽=32.283
填方面积=50.620　挖方面积=2.986

说明：施工横断面图尺寸除面积以平方米计外，其余以米计。

工程负责		校　对		工程名称	××市中心大道北延伸工程	道路施工横断面图	工程编号
工种负责		审　核		项目名称	道　路		
设　计		审　定		建设单位		设计阶段 施设 比例 1：1000 出图日期	图号 路 - 18

会签	建筑	结构	桥梁	道路	水	电	暖	工艺

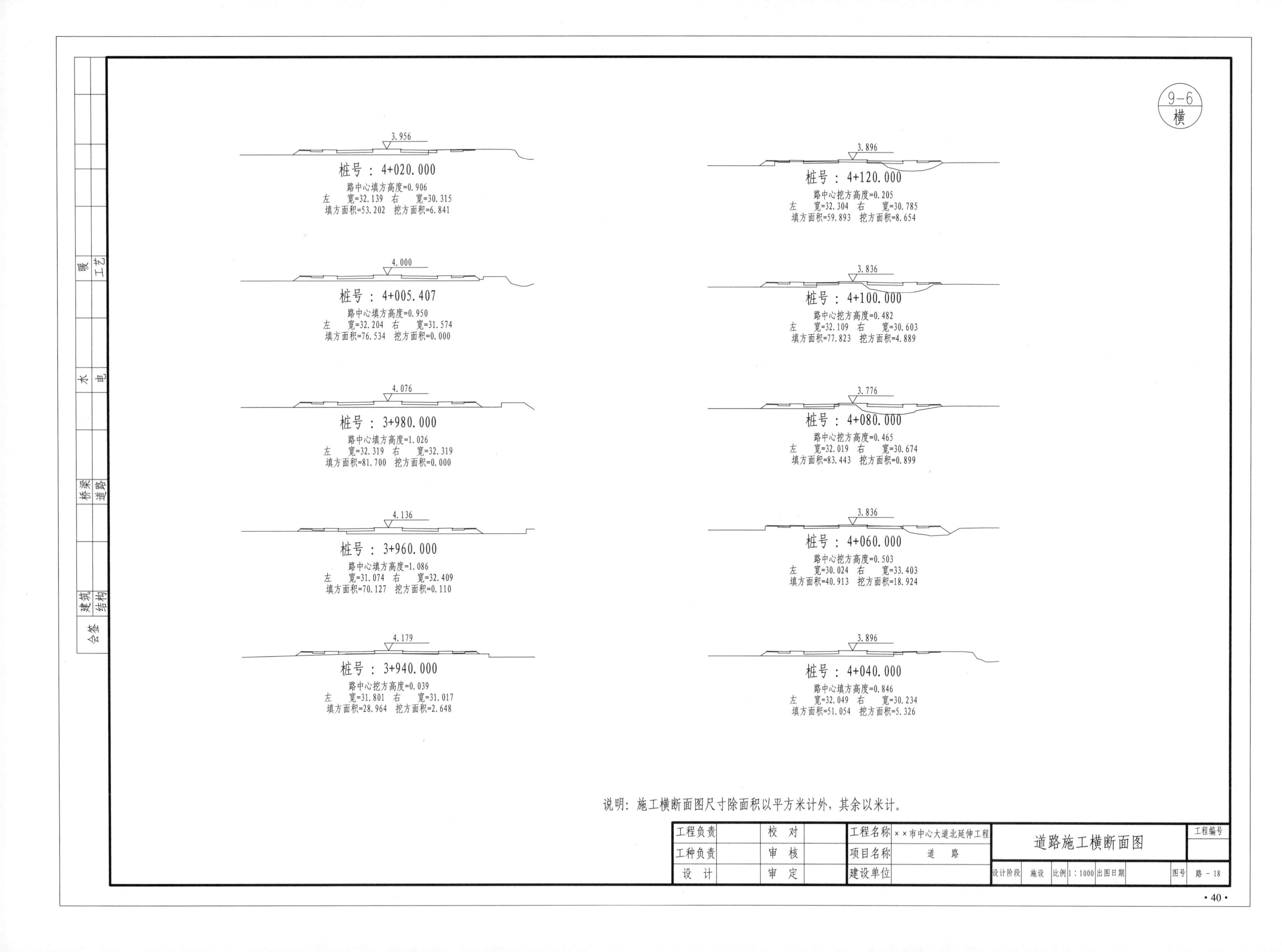
9-6
横
3.956
桩号 ： 4+020.000
路中心填方高度=0.906
左 宽=32.139 右 宽=30.315
填方面积=53.202 挖方面积=6.841
4.000
桩号 ： 4+005.407
路中心填方高度=0.950
左 宽=32.204 右 宽=31.574
填方面积=76.534 挖方面积=0.000
4.076
桩号 ： 3+980.000
路中心填方高度=1.026
左 宽=32.319 右 宽=32.319
填方面积=81.700 挖方面积=0.000
4.136
桩号 ： 3+960.000
路中心填方高度=1.086
左 宽=31.074 右 宽=32.409
填方面积=70.127 挖方面积=0.110
4.179
桩号 ： 3+940.000
路中心挖方高度=0.039
左 宽=31.801 右 宽=31.017
填方面积=28.964 挖方面积=2.648
3.896
桩号 ： 4+120.000
路中心挖方高度=0.205
左 宽=32.304 右 宽=30.785
填方面积=59.893 挖方面积=8.654
3.836
桩号 ： 4+100.000
路中心挖方高度=0.482
左 宽=32.109 右 宽=30.603
填方面积=77.823 挖方面积=4.889
3.776
桩号 ： 4+080.000
路中心挖方高度=0.465
左 宽=32.019 右 宽=30.674
填方面积=83.443 挖方面积=0.899
3.836
桩号 ： 4+060.000
路中心挖方高度=0.503
左 宽=30.024 右 宽=33.403
填方面积=40.913 挖方面积=18.924
3.896
桩号 ： 4+040.000
路中心填方高度=0.846
左 宽=32.049 右 宽=30.234
填方面积=51.054 挖方面积=5.326
会签 建筑 结构 桥梁 道路 水 电 暖 工艺
说明：施工横断面图尺寸除面积以平方米计外，其余以米计。
工程负责 校 对 工程名称 ××市中心大道北延伸工程
工种负责 审 核 项目名称 道 路
设 计 审 定 建设单位
道路施工横断面图
工程编号
设计阶段 施设 比例 1：1000 出图日期 图号 路 - 18

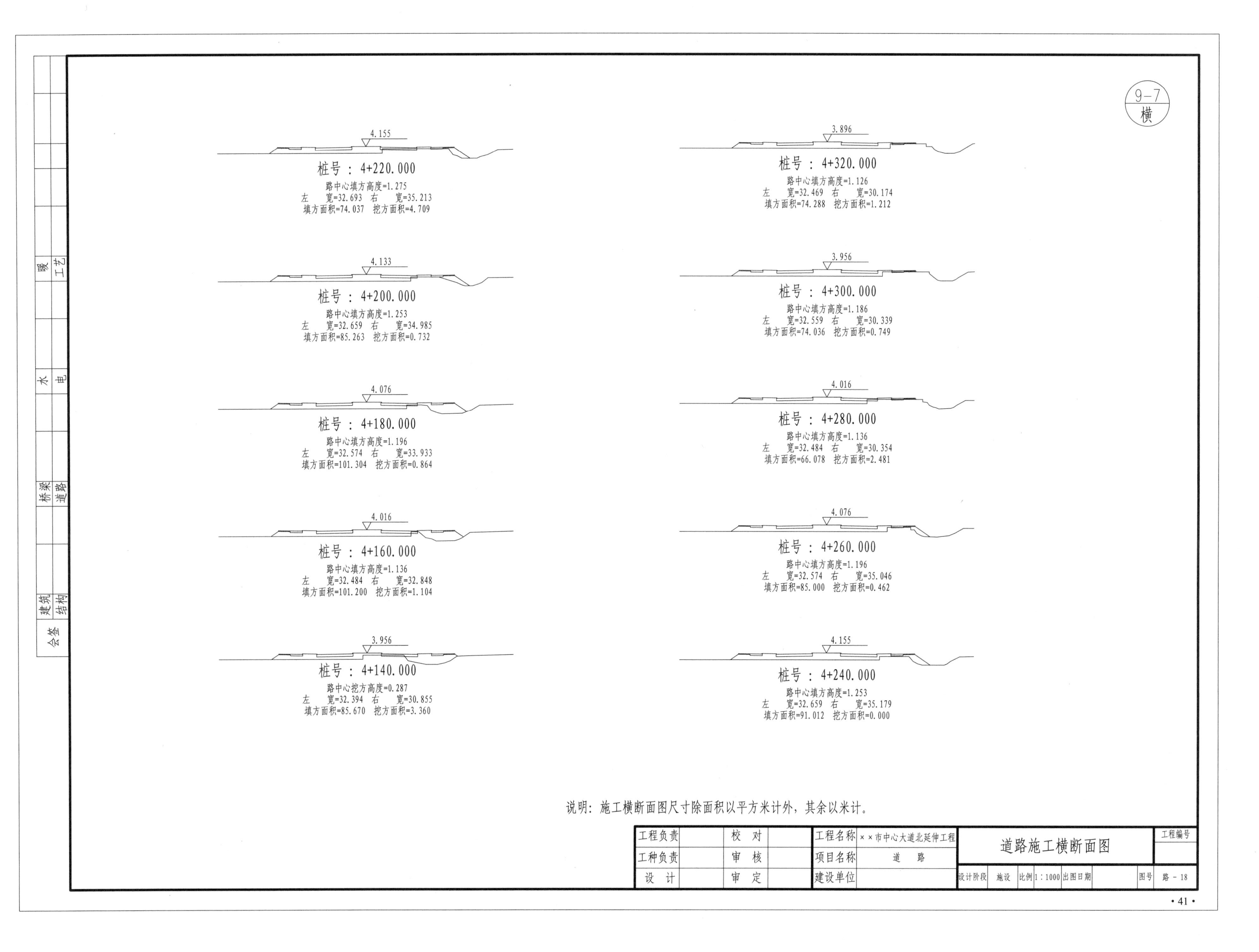
9-7
横
4.155
桩号：4+220.000
路中心填方高度=1.275
左 宽=32.693 右 宽=35.213
填方面积=74.037 挖方面积=4.709
4.133
桩号：4+200.000
路中心填方高度=1.253
左 宽=32.659 右 宽=34.985
填方面积=85.263 挖方面积=0.732
4.076
桩号：4+180.000
路中心填方高度=1.196
左 宽=32.574 右 宽=33.933
填方面积=101.304 挖方面积=0.864
4.016
桩号：4+160.000
路中心填方高度=1.136
左 宽=32.484 右 宽=32.848
填方面积=101.200 挖方面积=1.104
3.956
桩号：4+140.000
路中心挖方高度=0.287
左 宽=32.394 右 宽=30.855
填方面积=85.670 挖方面积=3.360
3.896
桩号：4+320.000
路中心填方高度=1.126
左 宽=32.469 右 宽=30.174
填方面积=74.288 挖方面积=1.212
3.956
桩号：4+300.000
路中心填方高度=1.186
左 宽=32.559 右 宽=30.339
填方面积=74.036 挖方面积=0.749
4.016
桩号：4+280.000
路中心填方高度=1.136
左 宽=32.484 右 宽=30.354
填方面积=66.078 挖方面积=2.481
4.076
桩号：4+260.000
路中心填方高度=1.196
左 宽=32.574 右 宽=35.046
填方面积=85.000 挖方面积=0.462
4.155
桩号：4+240.000
路中心填方高度=1.253
左 宽=32.659 右 宽=35.179
填方面积=91.012 挖方面积=0.000
会签
建筑
结构
桥梁
道路
水
电
暖
工艺
说明：施工横断面图尺寸除面积以平方米计外，其余以米计。
工程负责
工种负责
设 计
校 对
审 核
审 定
工程名称 ××市中心大道北延伸工程
项目名称 道 路
建设单位
道路施工横断面图
工程编号
设计阶段 施设 比例 1:1000 出图日期 图号 路-18

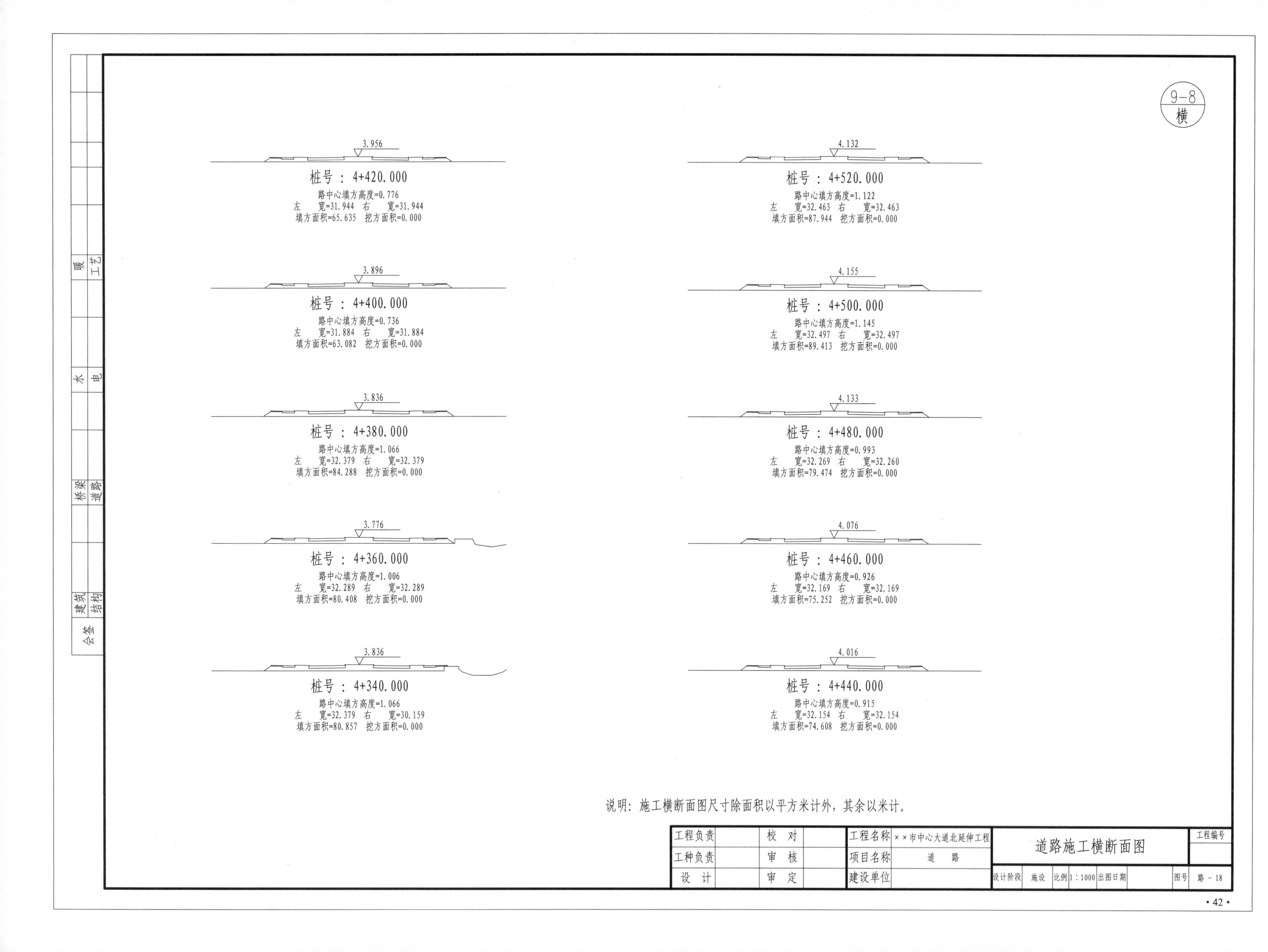

会签	建筑		桥梁		水		暖	
	结构		道路		电		工艺	

说明：施工横断面图尺寸除面积以平方米计外，其余以米计。

工程负责		校 对		工程名称	××市中心大道北延伸工程	道路施工横断面图	工程编号
工种负责		审 核		项目名称	道 路		
设 计		审 定		建设单位		设计阶段 施设 比例 1：1000 出图日期	图号 路－18

9—9 横

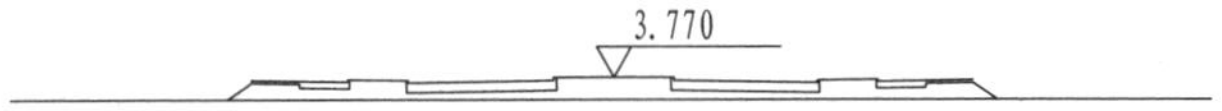

3.770

桩号 ： 4+640.000

路中心填方高度=0.830
左　宽=32.026　右　宽=32.026
填方面积=69.134　挖方面积=0.000

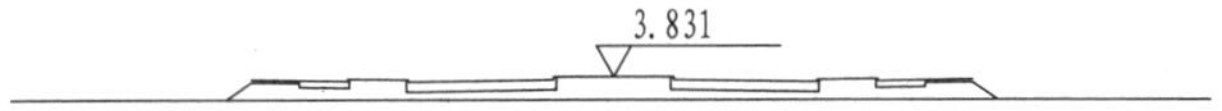

3.831

桩号 ： 4+620.000

路中心填方高度=0.891
左　宽=32.117　右　宽=32.117
填方面积=73.031　挖方面积=0.000

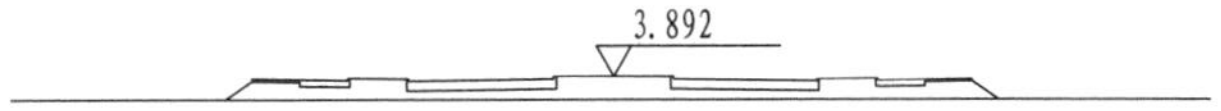

3.892

桩号 ： 4+600.000

路中心填方高度=0.952
左　宽=32.208　右　宽=32.208
填方面积=76.939　挖方面积=0.000

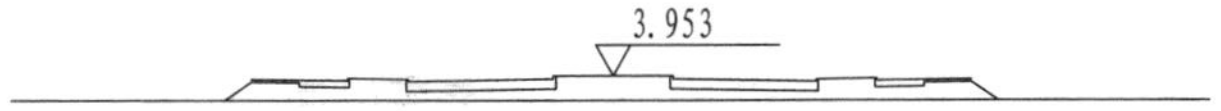

3.953

桩号 ： 4+580.000

路中心填方高度=1.013
左　宽=32.231　右　宽=32.231
填方面积=79.401　挖方面积=0.000

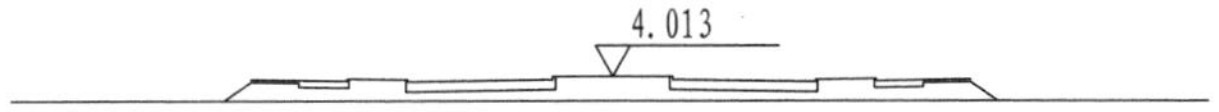

4.013

桩号 ： 4+560.000

路中心填方高度=1.003
左　宽=32.285　右　宽=32.285
填方面积=80.261　挖方面积=0.000

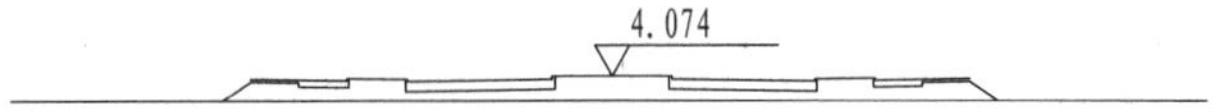

4.074

桩号 ： 4+540.000

路中心填方高度=1.064
左　宽=32.376　右　宽=32.376
填方面积=84.190　挖方面积=0.000

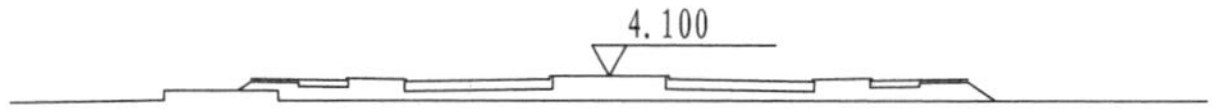

4.100

桩号 ： 4+759.917

路中心填方高度=1.010
左　宽=31.080　右　宽=32.295
填方面积=77.494　挖方面积=0.000

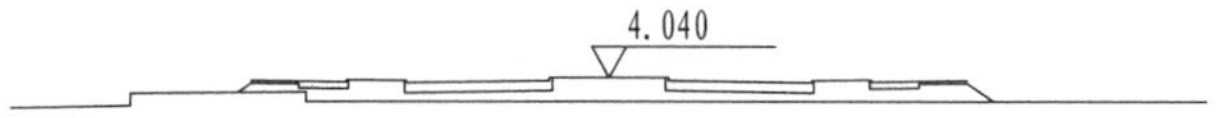

4.040

桩号 ： 4+740.000

路中心填方高度=0.950
左　宽=31.127　右　宽=32.205
填方面积=72.140　挖方面积=0.000

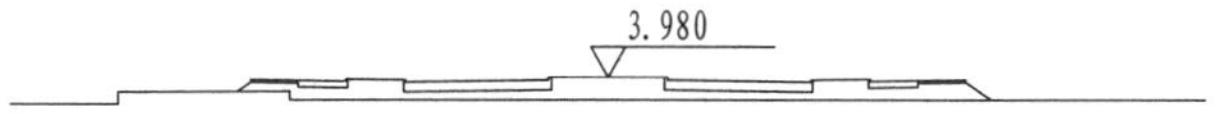

3.980

桩号 ： 4+720.000

路中心填方高度=0.890
左　宽=31.108　右　宽=32.115
填方面积=69.735　挖方面积=0.000

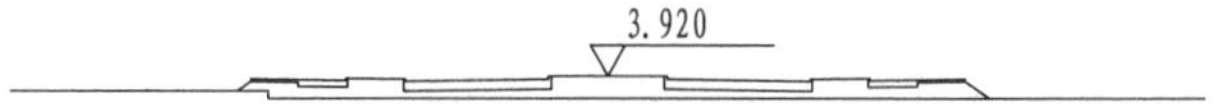

3.920

桩号 ： 4+700.000

路中心填方高度=0.830
左　宽=31.110　右　宽=32.025
填方面积=67.342　挖方面积=0.000

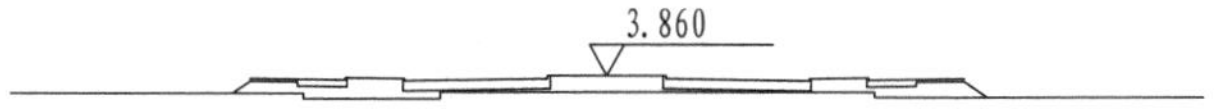

3.860

桩号 ： 4+680.000

路中心填方高度=0.350
左　宽=31.470　右　宽=31.935
填方面积=49.557　挖方面积=0.000

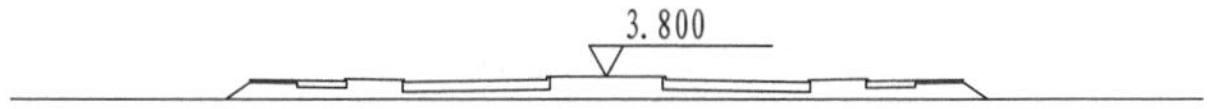

3.800

桩号 ： 4+660.000

路中心填方高度=0.840
左　宽=32.040　右　宽=32.040
填方面积=69.762　挖方面积=0.000

说明：施工横断面图尺寸除面积以平方米计外，其余以米计。

会签	建筑	结构	桥梁	道路	水	电	暖	工艺

工程负责		校　对		工程名称	××市中心大道北延伸工程	道路施工横断面图	工程编号
工种负责		审　核		项目名称	道　路		
设　计		审　定		建设单位		设计阶段 施设 比例 1:1000 出图日期	图号 路－18

会签	建筑		桥梁		水		暖	
	结构		道路		电		工艺	

道路工程土方表

桩号	距离/m	面积/m² 填	面积/m² 挖	土方/m³ 填	土方/m³ 挖	累计土方/m³ 填	累计土方/m³ 挖
2+939.840	20.160	28.224	5.868	563.555	148.093	563.555	148.093
2+960.000	20.000	27.684	8.824	359.495	263.049	923.050	411.143
2+980.000	20.000	8.265	17.481	291.440	208.591	1214.491	619.734
3+000.000	20.000	20.879	3.378	739.551	34.132	1954.042	653.866
3+020.000	20.000	53.076	0.035	1189.573	23.254	3143.615	677.120
3+040.000	20.000	65.881	2.290	829.977	110.738	3973.592	787.858
3+060.000	20.000	17.117	8.784	351.264	166.939	4324.856	954.797
3+080.000	20.000	18.010	7.910	489.109	139.393	4813.965	1094.190
3+100.000	20.000	30.901	6.029	464.836	171.868	5278.801	1266.058
3+120.000	20.000	15.582	11.158	372.260	241.644	5651.061	1507.702
3+140.000	20.000	21.644	13.007	475.670	292.662	6126.731	1800.365
3+160.000	20.000	25.923	16.260	589.708	305.268	6716.440	2105.633
3+180.000	20.000	33.048	14.267	611.800	277.022	7328.240	2382.655
3+200.000	20.000	28.133	13.435	1527.202	134.350	8855.442	2517.005
3+220.000	20.000	124.588	0.000	2248.002	36.311	11103.445	2553.316
3+240.000	20.000	100.212	3.631	2396.294	37.117	13499.738	2590.433
3+260.000	20.000	139.417	0.081	1700.453	24.005	15200.192	2614.437
3+280.000	20.000	30.628	2.320	643.737	23.198	15843.929	2637.635
3+300.000	20.000	33.745	0.000	909.119	0.000	16753.047	2637.635
3+320.000	20.000	57.167	0.000	1026.211	0.000	17779.258	2637.635
3+340.000	20.000	45.454	0.000	3913.234	0.000	21692.492	2637.635
3+360.000	20.000	345.869	0.000	5733.488	0.000	27425.980	2637.635
3+380.000	20.000	227.480	0.000	2401.369	126.991	29827.349	2764.627
3+400.000	20.000	12.657	12.699	254.110	253.848	30081.459	3018.475
3+420.000	20.000	12.754	12.686	284.734	218.455	30366.193	3236.930
3+440.000	20.000	15.719	9.160	347.001	137.829	30713.193	3374.759
3+460.000	20.000	18.981	4.623	874.881	50.249	31588.075	3425.008
3+480.000	20.000	68.508	0.402	968.210	114.859	32556.285	3539.867
3+500.000	20.000	28.313	11.084	656.711	110.841	33212.996	3650.708
3+520.000	20.000	37.358	0.000	1081.589	0.000	34294.585	3650.708
3+540.000	20.000	70.801	0.000	1476.146	0.000	35770.731	3650.708
3+560.000	20.000	76.813	0.000	1589.829	0.000	37360.561	3650.708
3+580.000	20.000	82.170	0.000	1712.106	0.000	39072.666	3650.708
3+600.000	20.000	89.041	0.000	1626.465	0.000	40699.131	3650.708
3+620.000	20.000	73.606	0.000	1234.955	17.344	41934.086	3668.052
3+640.000	20.000	49.890	1.734	1202.635	42.130	43136.721	3710.182
3+660.000	20.000	70.374	2.479	1394.857	55.036	44531.578	3765.218
3+680.000	20.000	69.112	3.025	1547.322	30.250	46078.900	3795.468
3+700.000	20.000	85.620	0.000	1574.358	0.000	47653.259	3795.468
3+720.000	20.000	71.816	0.000	1138.102	69.857	48791.361	3865.325
3+740.000	20.000	41.994	6.986	752.685	145.385	49544.046	4010.710
3+760.000	20.000	33.274	7.553	638.570	184.603	50182.615	4195.313
3+780.000	20.000	30.583	10.907	668.421	264.722	50851.036	4460.035
3+800.000	20.000	36.259	15.565	1000.172	155.648	51851.208	4615.684
3+820.000	20.000	63.758	0.000	1143.784	29.863	52994.992	4645.547
3+840.000	20.000	50.620	2.986	1027.891	73.918	54022.883	4719.465
3+860.000	20.000	52.169	4.405	1272.760	44.229	55295.644	4763.694
3+880.000	20.000	75.107	0.017	1445.669	51.206	56741.313	4814.900
3+900.000		69.460	5.103				

说明：1. 本图为道路工程土方量，仅供参考。

2. 本土方表不包括清淤，挖耕植土及60m红线外路口的土方。

工程负责		校　对		工程名称	××市中心大道北延伸工程	道路工程土方表					工程编号
工种负责		审　核		项目名称	道　路						
设　计		审　定		建设单位		设计阶段	施设	比例	出图日期	图号	路 - 19

道路工程土方表(续)

桩号	距离/m	面积/m²		土方/m³		累计土方/m³	
		填	挖	填	挖	填	挖
3+900.000		69.460	5.103				
3+920.000	20.000	66.225	0.901	1356.847	60.046	58098.160	4874.946
3+940.000	20.000	28.964	2.648	951.889	35.497	59050.048	4910.443
3+960.000	20.000	70.127	0.110	990.908	27.583	60040.956	4938.026
3+980.000	20.000	81.700	0.000	1518.272	1.100	61559.229	4939.126
4+005.407	25.407	76.534	0.000	2010.134	0.000	63569.363	4939.126
4+020.000	14.593	53.202	6.841	946.623	49.918	64515.986	4989.044
4+040.000	20.000	51.054	5.326	1042.567	121.678	65558.552	5110.722
4+060.000	20.000	40.913	18.924	919.676	242.507	66478.228	5353.228
4+080.000	20.000	83.443	0.899	1243.566	198.231	67721.794	5551.459
4+100.000	20.000	77.823	4.889	1612.663	57.881	69334.457	5609.340
4+120.000	20.000	60.301	8.654	1381.240	135.433	70715.696	5744.774
4+140.000	20.000	85.670	3.360	1459.712	120.138	72175.408	5864.912
4+160.000	20.000	100.927	1.269	1865.973	46.290	74041.381	5911.201
4+180.000	20.000	101.304	0.864	2022.308	21.328	76063.689	5932.529
4+200.000	20.000	84.955	0.835	1862.584	16.985	77926.273	5949.514
4+220.000	20.000	73.679	4.795	1586.339	56.299	79512.612	6005.813
4+240.000	20.000	90.676	0.000	1643.555	47.949	81156.167	6053.763
4+260.000	20.000	85.240	0.462	1759.165	4.625	82915.333	6058.387
4+280.000	20.000	66.078	2.481	1513.179	29.432	84428.512	6087.819
4+300.000	20.000	74.036	0.749	1401.134	32.294	85829.646	6120.113
4+320.000	20.000	73.829	1.212	1478.648	19.607	87308.294	6139.721
4+340.000	20.000	80.413	0.000	1542.420	12.120	88850.714	6151.841
4+360.000	20.000	80.408	0.000	1608.209	0.000	90458.923	6151.841
4+380.000	20.000	84.288	0.000	1646.964	0.000	92105.887	6151.841
4+400.000	20.000	63.082	0.000	1473.699	0.000	93579.586	6151.841
4+420.000	20.000	65.635	0.000	1287.165	0.000	94866.751	6151.841
4+440.000	20.000	74.608	0.000	1402.432	0.000	96269.183	6151.841
4+460.000	20.000	75.252	0.000	1498.600	0.000	97767.783	6151.841
4+480.000	20.000	79.474	0.000	1547.257	0.000	99315.040	6151.841
4+500.000	20.000	89.413	0.000	1688.867	0.000	101003.907	6151.841
4+520.000	20.000	87.944	0.000	1773.570	0.000	102777.477	6151.841
4+540.000	20.000	84.190	0.000	1721.345	0.000	104498.822	6151.841
4+560.000	20.000	80.261	0.000	1644.516	0.000	106143.337	6151.841
4+580.000	20.000	79.401	0.000	1596.623	0.000	107739.961	6151.841
4+600.000	20.000	76.939	0.000	1563.400	0.000	109303.361	6151.841
4+620.000	20.000	73.031	0.000	1499.699	0.000	110803.060	6151.841
4+640.000	20.000	69.134	0.000	1421.646	0.000	112224.706	6151.841
4+660.000	20.000	69.762	0.000	1388.960	0.000	113613.666	6151.841
4+680.000	20.000	49.551	0.000	1193.129	0.000	114806.795	6151.841
4+700.000	20.000	67.159	0.000	1167.093	0.000	115973.888	6151.841
4+720.000	20.000	69.528	0.000	1366.863	0.000	117340.750	6151.841
4+740.000	20.000	72.140	0.000	1416.670	0.000	118757.421	6151.841
4+759.917	19.917	77.494	0.000	1490.124	0.000	120247.545	6151.841

说明：1. 本图为道路工程土方量，仅供参考。

2. 本土方表不包括清淤，挖耕植土及60m红线外路口的土方。

工程负责		校 对		工程名称	××市中心大道北延伸工程	道路工程土方表	工程编号
工种负责		审 核		项目名称	道 路		
设 计		审 定		建设单位		设计阶段 施设 比例 出图日期	图号 路－19

会签：建筑 结构 桥梁 道路 水 电 暖 工艺

项目二　桥梁工程施工图纸

桥梁工程施工图说明

一、 设计依据

1.有关建设单位的设计委托合同。

2.“关于北七路，北六路，中心大道北段和东二路初步设计会议纪要”。

3.桥位1：1000测量带状地形图，××市勘测设计研究院。

4.中心大道“岩土工程勘察报告”（详细勘察），××市勘测设计研究院。

5.《城市桥梁设计准则》 (CJJ 11-2001)

6.《城市道路工程设计规范》 (CJJ 37-2012)

7.《公路工程技术标准》 (JT(B)1-2003)

8.《公路桥梁抗震设计细则》 (JTG/T B02-01-2008)

9.《公路桥涵设计通用规范》 (JTG D60-2004)

10.《公路钢筋混凝土及预应力混凝土桥涵设计规范》 (JTG D62-2004)

11.《公路桥涵地基与基础设计规范》 (JTG D63-2007)

12.《公路污工桥涵设计规范》 (JTG D61-2005)

13.《公路桥涵施工技术规范》 (JTG/T F50-2011)

14.《城市桥梁工程施工与质量验收规范》 (CJJ 2-2008)

二、 技术标准

1.设计荷载 ：城-A级，人群荷载4.0kN/m²。

2.1号港规划：河底标高-0.84m(1985国家高程系，下均同)，河道规划宽度20m，50年一遇洪水位3.51m，梁底标高大于4.01m。河道无通航要求。

3.桥梁宽度：60m＝2×(0.25m栏杆+3.75m人行道+4.0m非机车道+5.0m绿化带+12.0m机动车道)+10m中央分隔带。

4.桥梁坡度： 纵坡，向南1.188%，向北1.130%。 横坡，双向1.50%。

5.设计平均温度：17.5℃，最高温度+40℃，最低温度-5℃。

6.地震基本烈度：桥位在××市区域内，地震基本烈度为六度，抗震设防按七度考虑，结构采取适当的构造措施。

三、 过桥管线

1.桥梁西侧人行道下过小于10kV电力管。绿带下过1根D600mm上水管。

2.桥梁东侧人行道下过各种通信管。绿带下过2根D300mm预留管。

3.过桥的电力与通讯管要求采用外套PVC管过桥，上水管等要求能自承重过桥。

四、 桥位工程地质

1.具体详桥位有关岩土工程勘察报告(详勘)。

2.施工过程应有相应的桥位地质勘察报告，基础施工前，对照地质情况，编制可靠的施工方案。

3.施工时，根据实际地质情况，如与地质勘察报告相差较大，应及时向勘察和设计提供资料或反映情况，以便妥善处理，确保工程质量。

4.根据桥位各钻孔揭露：桥位地质条件，自上而下主要是：

a.层号⑥灰色粉质粘土夹粉土。

b.层号⑧3灰色粘质粉土夹砂层。

c.层号⑨2中细砂。

d.层号⑩1灰色粘土。

e.层号⑫1粉细砂：层面标高-37.44～-40.20m，持力层。

f.层号⑫3圆砾：层面标高-49.45～-51.9m。

g.层号⑫4含砾中细砂。

h.层号⑮1全风化流纹岩。

i.层号⑮2强风化流纹岩。

5.勘测期间地下水位在标高0.40～2.55m之间。

工程负责		校 对		工程名称	××市中心大道北延伸工程	桥梁工程施工图说明	工程编号
工种负责		审 核		项目名称	桥 梁		
设 计		审 定		建设单位		设计阶段 施设 比例 出图日期	图号 桥-1

会签：建筑 结构 桥梁 道路 水 电 暖 工艺

会签	建筑		桥梁		水		暖	
	结构		道路		电		工艺	

五、 桥梁设计

1. 桥梁中心桩号3+361.385，桥面中心标高5.332m，斜交1.8005度。
2. 桥面纵坡：南1.188%，北1.130%；　横坡：均为 1.5%；桥梁总宽度2×25.50m。
3. 河道驳坎采用重力式浆砌块石挡墙，基底位于砂质粉土夹粉砂层，河底采用块石灌浆铺砌。
4. 桥梁上部结构：a. 跨径20.0m预制预应力钢筋混凝土空心板梁，梁高90cm。
   b. 两桥台位置各设一条型钢伸缩缝。
   c. 桥上人行道侧采用温岭青石栏杆，人行道为花岗岩贴面，另一侧为防撞栏杆。
   d. 栏杆底座的外露部分，要求斩假石。
   e. 桥上按要求设置各种管线，预留管位。
5. 桥梁下部结构：a. 桥台采用钻孔桩基础，持力层要求为圆砾层。
   b. 下部结构：桥台采用重力式。
   c. 桥梁均采用板式橡胶支座或四氟橡胶支座。
6. 上部结构采用的主要工程材料有：
   a. 空心板混凝土C40，桥面铺装S6防水混凝土C40和沥青混凝土。
   b. 钢材：　I级钢筋（Φ）　抗压设计强度：f_y'=195MPa
   　　　　　　　　　　　　抗拉设计强度：f_y=195MPa
   　　　　　　　　　　　　弹性模量：　E=2.1×10^5 MPa
   　　　　II级钢筋（Φ）抗压设计强度：f_y'=280MPa
   　　　　　　　　　　　　抗拉设计强度：f_y=280MPa
   　　　　　　　　　　　　弹性模量：　E=2.0×10^5 MPa
   　　　　预应力钢绞线（Φ^j15.24）（ASTMA416-90a）270k级低松弛钢绞线
   　　　　　　　　　　　　标准设计强度：f_{py}=1860MPa
   　　　　　　　　　　　　弹性模量：　E=1.95×10^5 MPa
7. 下部结构采用的主要工程材料有：
   a. 桥台部分：钻孔桩C25混凝土，承台为C25混凝土，台身C20混凝土，台帽为C25混凝土。
   b. 钢筋：普通钢筋采用I级钢筋，II级钢筋。

六、 施工注意事项

1. 桥梁结构各主要部位施工方案，必须经过有关部门的会审后，才能进行施工，特别要求做好钻孔桩，驳坎和桥台基础，梁板预制的施工方案，做好井点降水和基坑稳定围护工作，确保施工质量与施工安全。
2. 桥梁结构施工必须严格按照有关规范规定的要求执行，施工工艺和质量检查标准，除本设计中有特殊要求外，必须按照“市政桥梁工程质量检验评定标准”有关规定办理，从严控制。
3. 施工中的各种材料，成品及半成品的质量均应进行检验，并按规定进行抽样试验。
4. 桥梁施工要求按“施工钻孔桩、承台、驳坎、施工台身、河底铺砌、台后回填土至标高2.0m、台帽、架设梁板、穿管线、回填台后土、桥面系和栏杆等”顺序施工，要求先深后浅施工。
5. 施工中为防止混凝土开裂和碰损混凝土，混凝土强度应达到施工规范的有关要求后方可拆模，外露部分混凝土表面要求光滑平整。
6. 混凝土的养护，要求保温，保湿，防晒，尽量减少收缩，温差的影响，特别要注意雨季和夏天高温季节混凝土的保护养护。
7. 施工误差应按规范要求严格控制，施工过程中要求重视施工观测和控制，以便控制施工各部位的质量。
8. 施工时注意预埋件的埋设，特别是梁板上，台帽和下道工序中所需的预埋件，要求见有关图纸。
9. 驳坎与桥台后面回填土：必须按图中要求施工。
10. 基坑大开挖时，要切实注意流砂和边坡的稳定性，并做好基坑降水工作。
11. 施工时应根据不同区段的特点选择合适的机械设备和成孔工艺，采取必要的护孔措施，避免塌孔，沉渣过厚，以确保成桩质量。
12. 钻孔桩施工质量和承载力检测，小应变抽检桩。必要时采用其他方式检查，具体见图中要求。
13. 严格按设计要求控制钻孔灌注桩的桩底沉淀土厚度，按规范从严控制钻孔桩的竖向偏差。
14. 钻孔桩混凝土必须一次浇灌完成，混凝土搅拌，输送和灌注方法应进行充分认真研究，确保桩基施工质量。
15. 钻孔灌注桩完成后24小时内，其相邻的任何桩位不得进行开挖或钻孔作业，以免影响桩基混凝土的凝固。
16. 钻孔内的任何操作，不得损坏成孔的孔壁，钻孔后应进行二次清孔，特别要求混凝土灌注以前清孔一次。
17. 钻孔桩混凝土的灌注应连续进行，不得中断，并应同时量测孔内混凝土的高程，监视和调整导管的位置。
18. 钢筋的绑扎和焊接应符合有关规范，当钢筋与预应力束干扰时应先保证预应力束位置，钢筋视实际情况作（移位，绕过）适当调整，需要截断时应另行加筋处理。
19. 当预应力锚头与普通钢筋有冲突时，张拉截面处如需截断钢筋，在张拉结束后须等强度焊回去。
20. 施工时如发生钢筋位置冲突，可按图要求适当调整其位置，但应保证钢筋的净保护层厚度。
21. 梁板张拉，脱模与支架拆除时，要求观测梁板的变形与有无裂缝情况。
22. 设计中所需锚具均要求配套供应，包括锚垫板、锚杯、夹片、螺旋筋等。
23. 为保证桥面混凝土与空心板顶面有效结合，梁板顶面须拉毛并用自来水冲洗干净。
24. 图中未尽事宜，桥梁施工时，应严格按照施工规范及有关的质量检验标准进行施工。

工程负责		校　对		工程名称	××市中心大道北延伸工程	桥梁工程施工图说明				工程编号	
工种负责		审　核		项目名称	桥　梁						
设　计		审　定		建设单位		设计阶段	施设	比例	出图日期	图号	桥－1

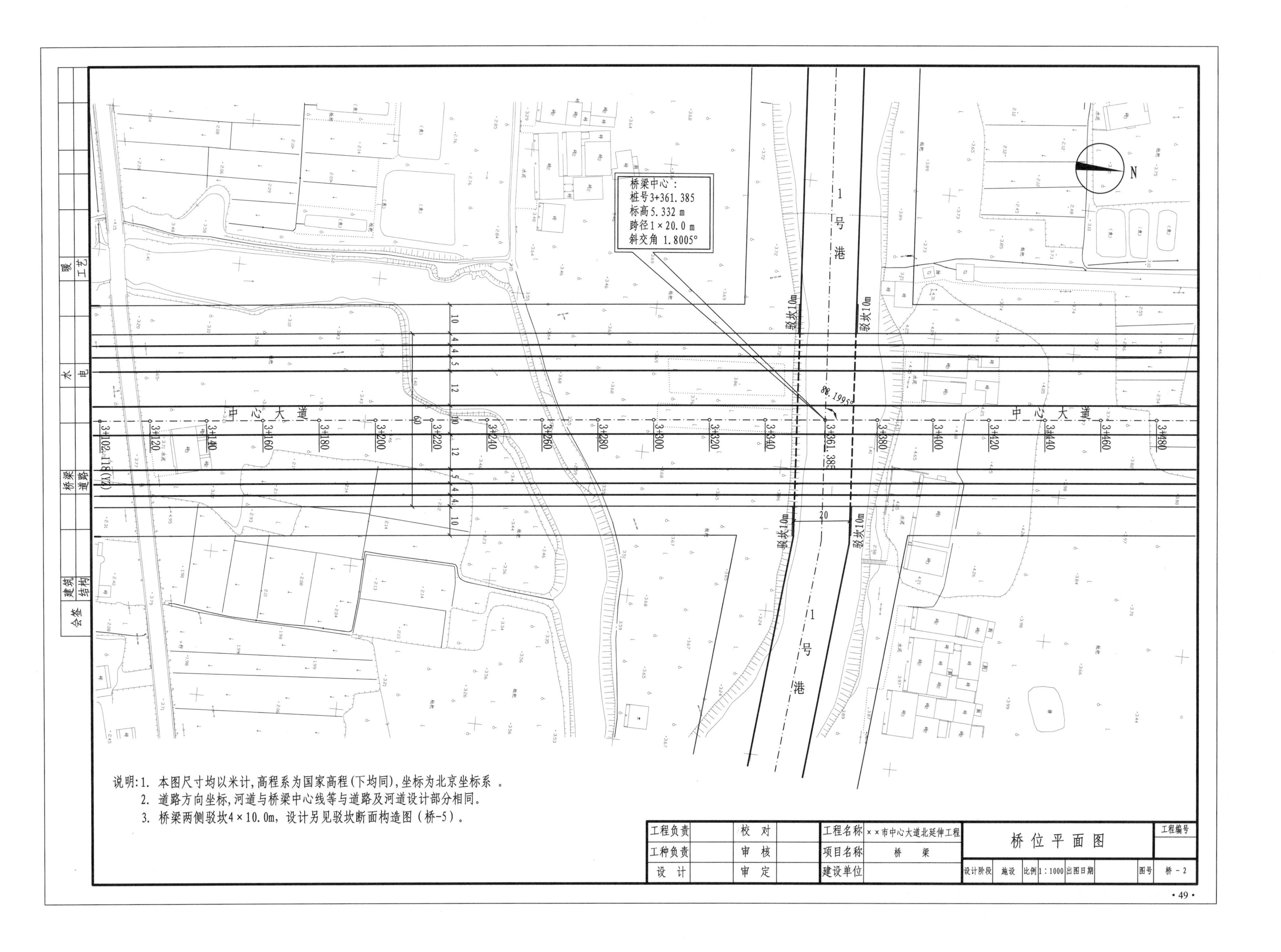
桥梁中心：
桩号3+361.385
标高5.332 m
跨径1×20.0 m
斜交角 1.8005°
1号港
中心大道
驳坎10m
88.1995°
3+102.118(YZ)
3+120
3+140
3+160
3+180
3+200
3+220
3+240
3+260
3+280
3+300
3+320
3+340
3+361.385
3+380
3+400
3+420
3+440
3+460
3+480
10 4 4 5 12 10 12 5 4 4 10
60
20
N
暖 工艺
水 电
桥梁 道路
建筑 结构
会签
说明：1. 本图尺寸均以米计，高程系为国家高程(下均同)，坐标为北京坐标系 。
2. 道路方向坐标，河道与桥梁中心线等与道路及河道设计部分相同。
3. 桥梁两侧驳坎4×10.0m，设计另见驳坎断面构造图（桥-5）。
工程负责
工种负责
设 计
校 对
审 核
审 定
工程名称 ××市中心大道北延伸工程
项目名称 桥 梁
建设单位
桥位平面图
工程编号
设计阶段 施设 比例 1:1000 出图日期
图号 桥－2

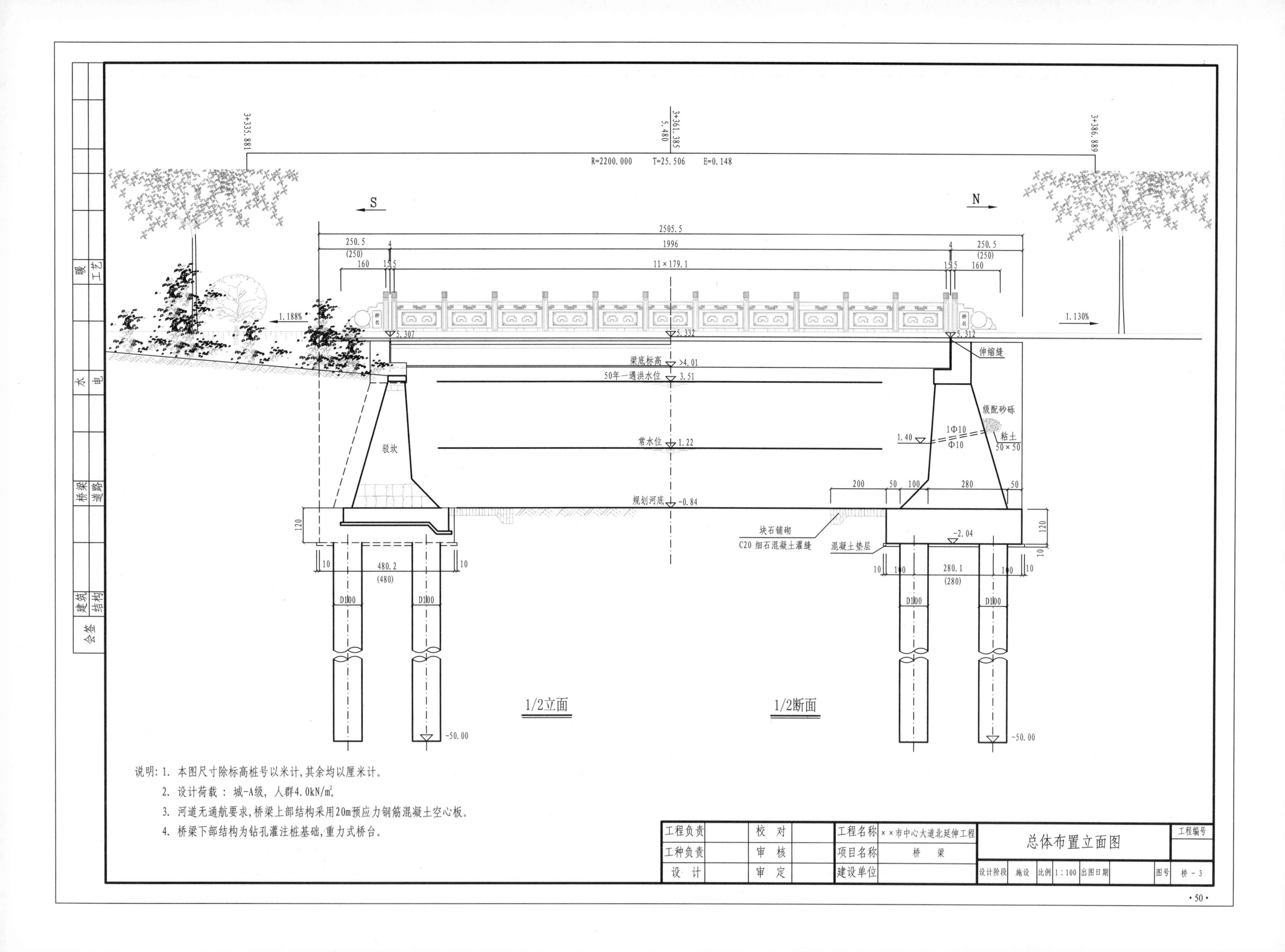

说明：1. 本图尺寸除标高桩号以米计，其余均以厘米计。

2. 设计荷载：城-A级，人群4.0kN/m²。

3. 河道无通航要求，桥梁上部结构采用20m预应力钢筋混凝土空心板。

4. 桥梁下部结构为钻孔灌注桩基础，重力式桥台。

工程负责		校 对		工程名称	××市中心大道北延伸工程	总体布置立面图	工程编号
工种负责		审 核		项目名称	桥 梁		
设 计		审 定		建设单位		设计阶段 施设 比例 1:100 出图日期	图号 桥-3

会签	建筑		桥梁		水		暖	
	结构		道路		电		工艺	

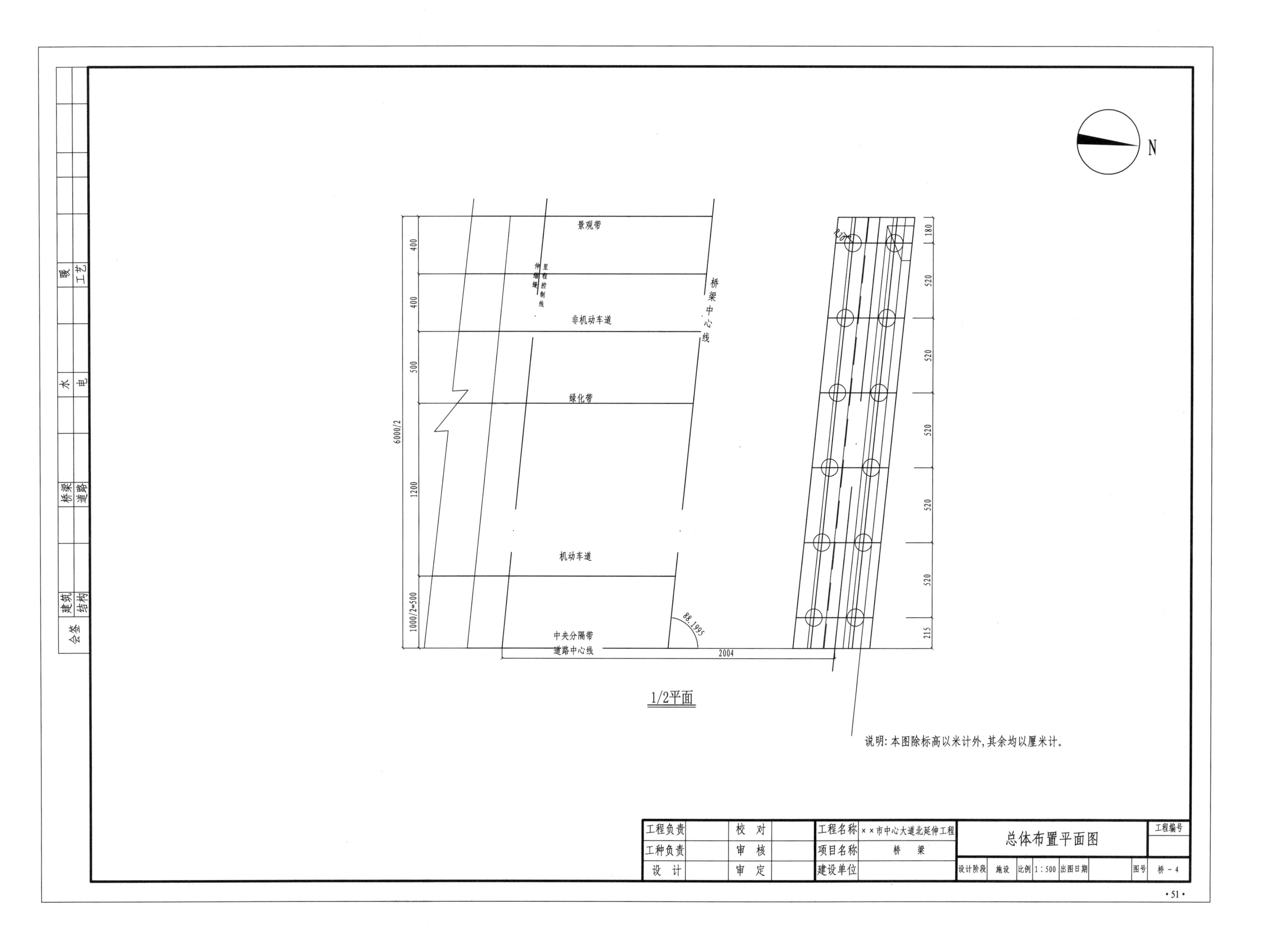
N
景观带
非机动车道
绿化带
机动车道
中央分隔带
道路中心线
桥梁中心线
伸缩缝
里程控制线
400
400
500
1200
1000/2=500
6000/2
88.1995
2004
R30
180
520
520
520
520
520
215
1/2平面
说明：本图除标高以米计外，其余均以厘米计。
会签
建筑
结构
桥梁
道路
水
电
暖
工艺
工程负责
工种负责
设 计
校 对
审 核
审 定
工程名称
××市中心大道北延伸工程
项目名称
桥 梁
建设单位
总体布置平面图
工程编号
设计阶段
施设
比例
1：500
出图日期
图号
桥－4

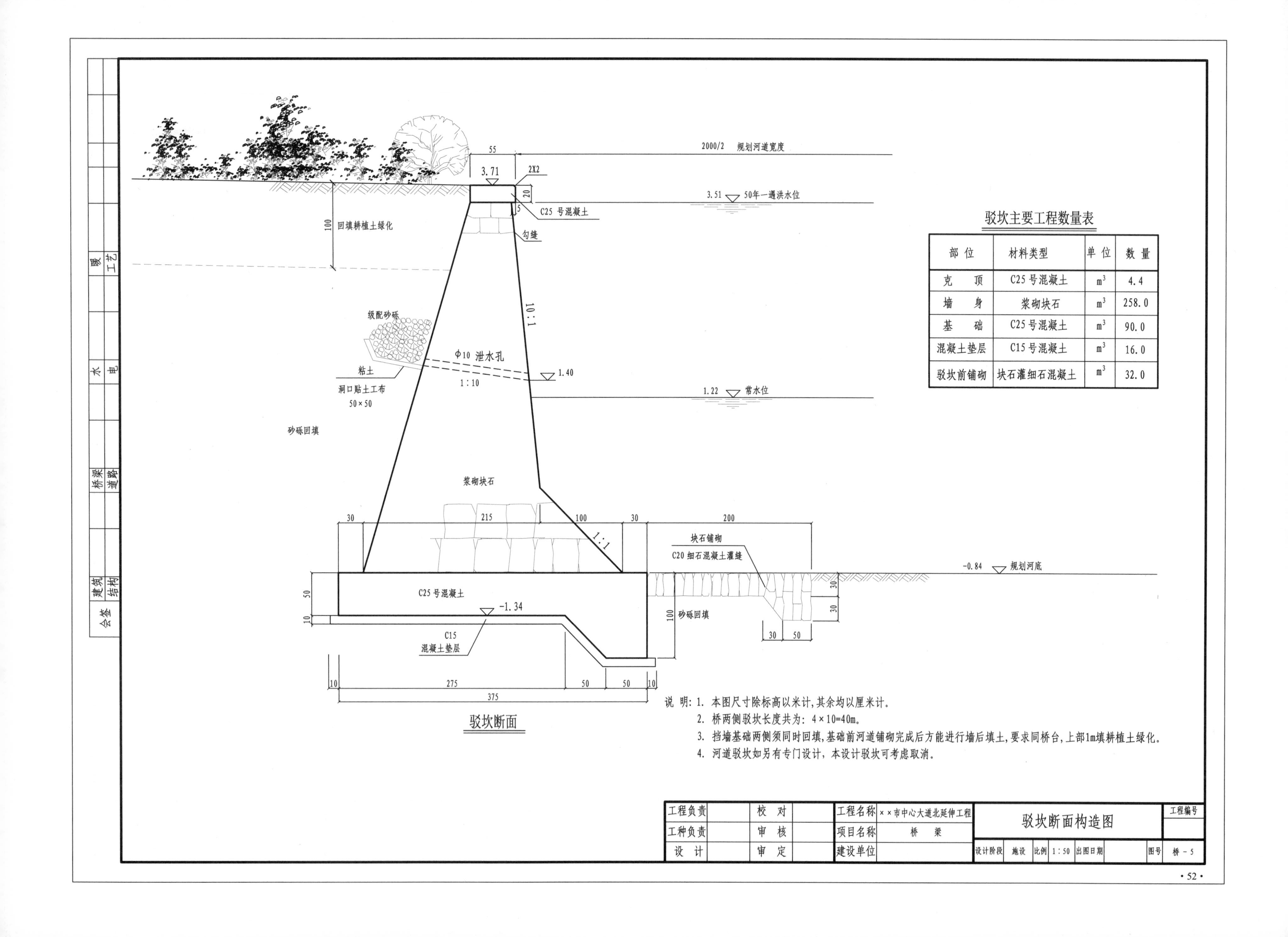

驳坎主要工程数量表

部位	材料类型	单位	数量
克　顶	C25 号混凝土	m^3	4.4
墙　身	浆砌块石	m^3	258.0
基　础	C25 号混凝土	m^3	90.0
混凝土垫层	C15 号混凝土	m^3	16.0
驳坎前铺砌	块石灌细石混凝土	m^3	32.0

说明：1. 本图尺寸除标高以米计，其余均以厘米计。
2. 桥两侧驳坎长度共为：4×10=40m。
3. 挡墙基础两侧须同时回填，基础前河道铺砌完成后方能进行墙后填土，要求同桥台，上部1m填耕植土绿化。
4. 河道驳坎如另有专门设计，本设计驳坎可考虑取消。

工程负责		校对		工程名称	××市中心大道北延伸工程	驳坎断面构造图	工程编号
工种负责		审核		项目名称	桥　梁		
设　计		审定		建设单位		设计阶段 施设 比例 1:50 出图日期	图号 桥－5

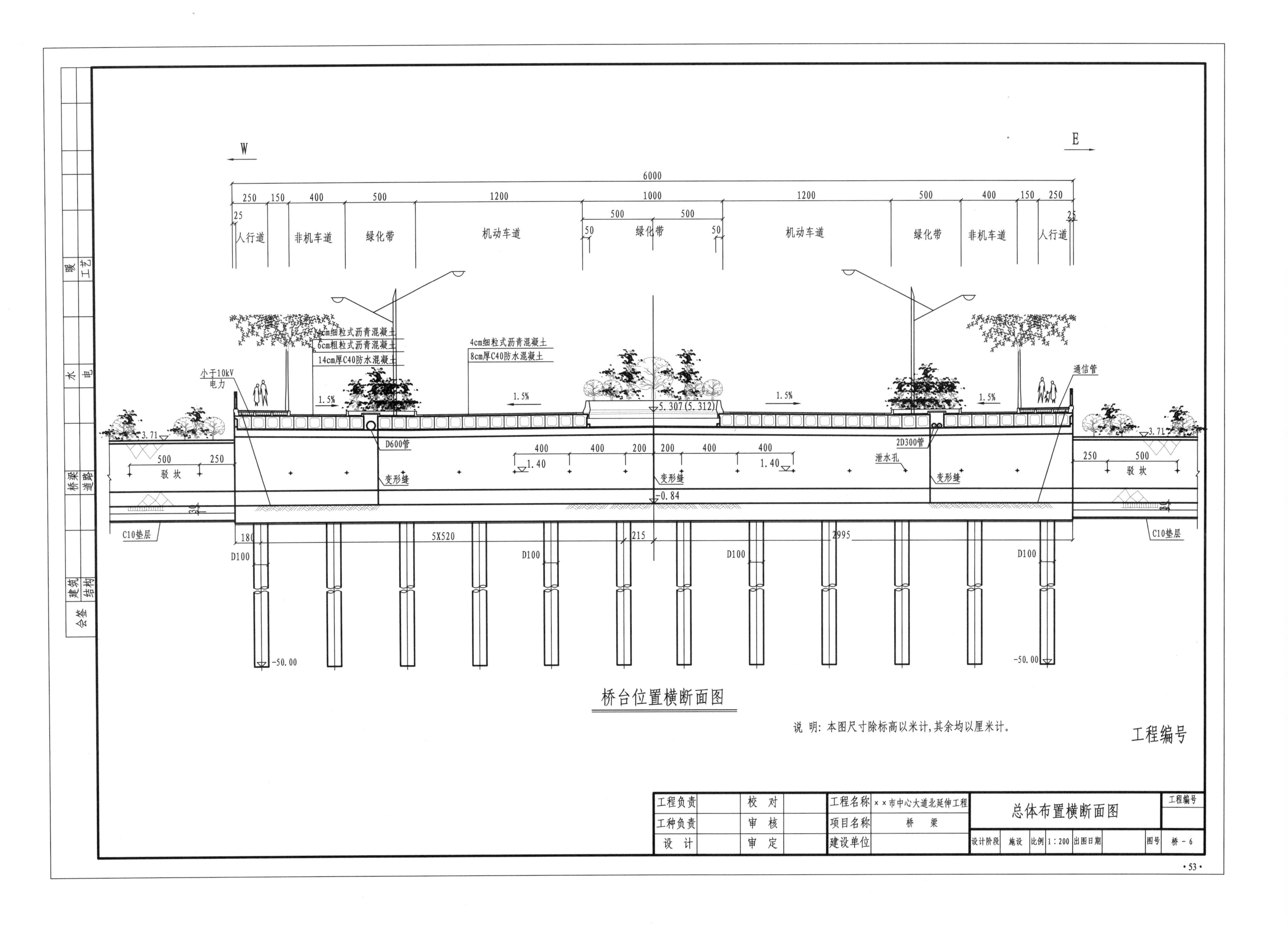

桥台位置横断面图

说 明：本图尺寸除标高以米计，其余均以厘米计。

工程编号

工程负责		校 对		工程名称	××市中心大道北延伸工程	总体布置横断面图	工程编号
工种负责		审 核		项目名称	桥 梁		
设 计		审 定		建设单位		设计阶段 施设 比例 1:200 出图日期	图号 桥-6

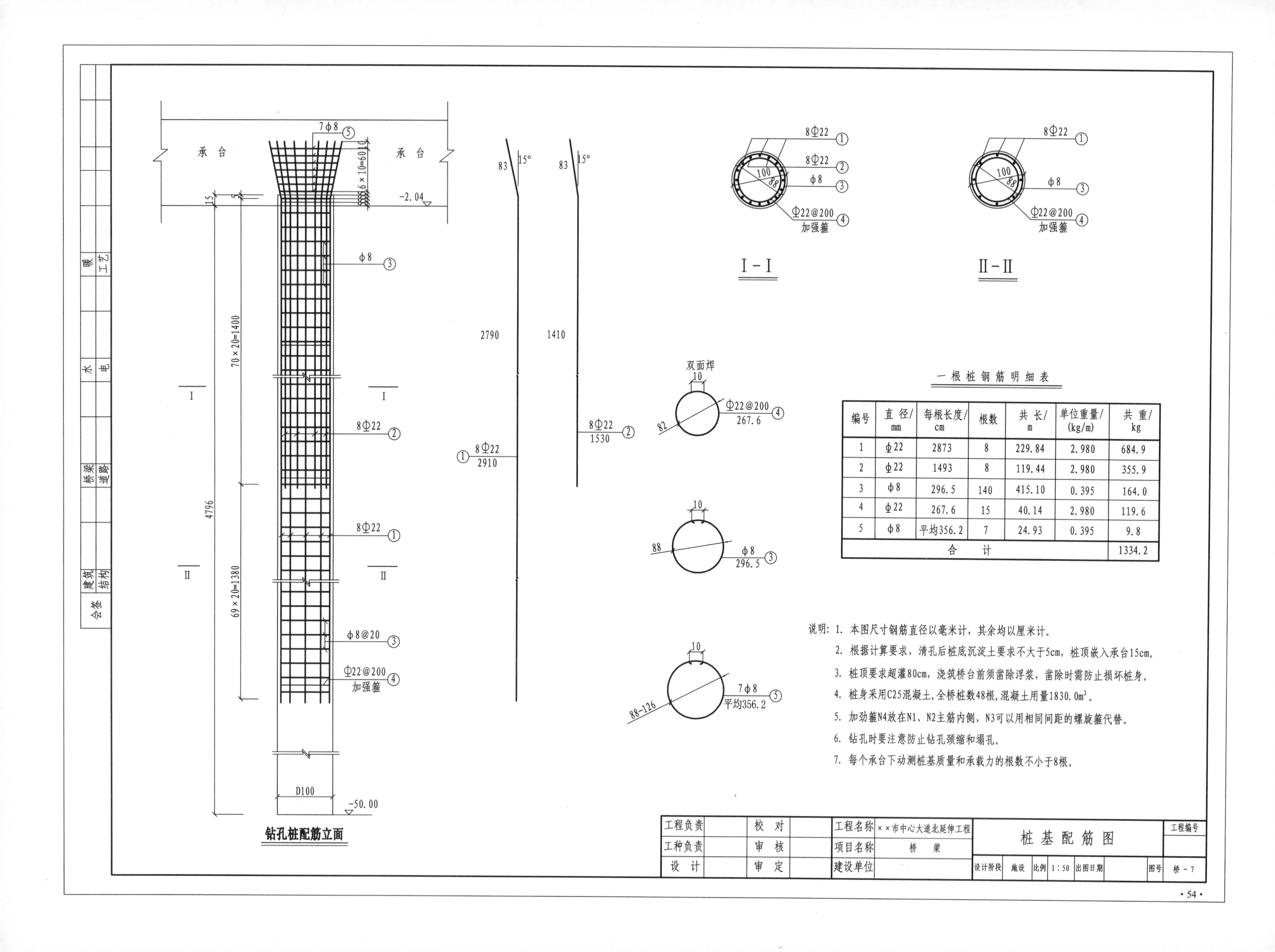

一根桩钢筋明细表

编号	直径/mm	每根长度/cm	根数	共长/m	单位重量/(kg/m)	共重/kg
1	Φ22	2873	8	229.84	2.980	684.9
2	Φ22	1493	8	119.44	2.980	355.9
3	ф8	296.5	140	415.10	0.395	164.0
4	Φ22	267.6	15	40.14	2.980	119.6
5	ф8	平均356.2	7	24.93	0.395	9.8
合计						1334.2

说明：1. 本图尺寸钢筋直径以毫米计，其余均以厘米计。
2. 根据计算要求，清孔后桩底沉淀土要求不大于5cm，桩顶嵌入承台15cm。
3. 桩顶要求超灌80cm，浇筑桥台前须凿除浮浆，凿除时需防止损坏桩身。
4. 桩身采用C25混凝土，全桥桩数48根，混凝土用量1830.0m³。
5. 加劲箍N4放在N1、N2主筋内侧，N3可以用相同间距的螺旋箍代替。
6. 钻孔时要注意防止钻孔颈缩和塌孔。
7. 每个承台下动测桩基质量和承载力的根数不小于8根。

工程负责		校对		工程名称	××市中心大道北延伸工程	桩基配筋图	工程编号
工种负责		审核		项目名称	桥梁		
设计		审定		建设单位		设计阶段 施设 比例 1:50 出图日期	图号 桥－7

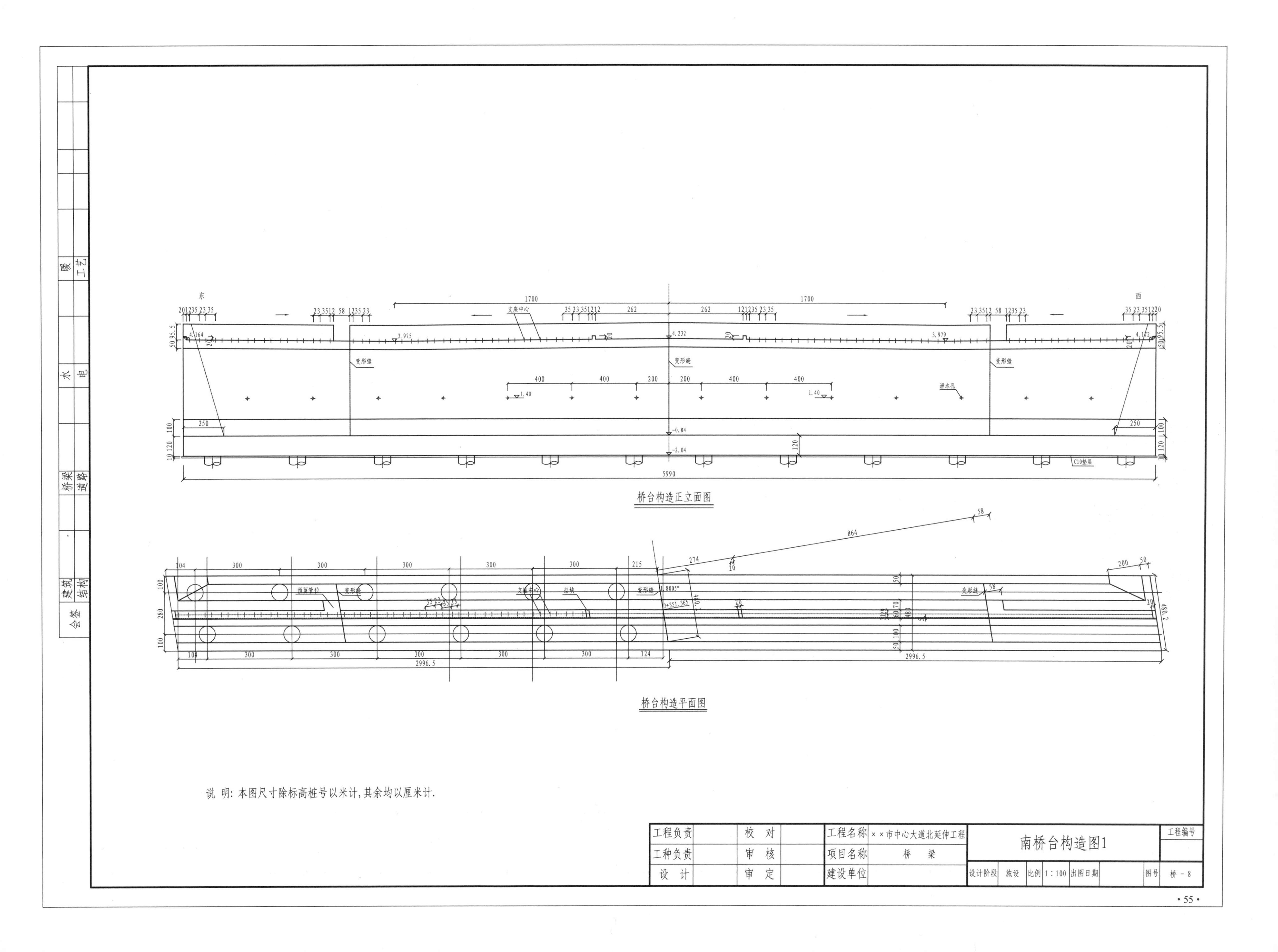
东
西
1700
支座中心
262
变形缝
泄水孔
C10垫层
5990
预留管位
挡块
864
2996.5
桥台构造正立面图
桥台构造平面图
说 明: 本图尺寸除标高桩号以米计,其余均以厘米计.
工程负责
工种负责
设 计
校 对
审 核
审 定
工程名称 ××市中心大道北延伸工程
项目名称 桥 梁
建设单位
南桥台构造图1
工程编号
设计阶段 施设 比例 1:100 出图日期 图号 桥－8
会签
建筑
结构
桥梁
道路
水
电
暖
工艺

会签	建筑		桥梁		水		暖	
	结构		道路		电		工艺	

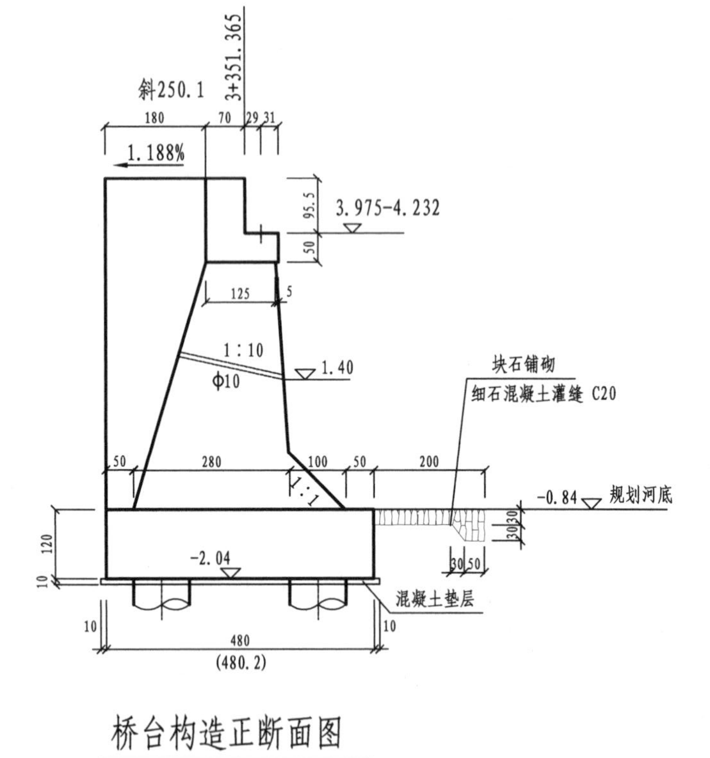

桥台构造正断面图

桥台混凝土数量表

部位与材料	单位	数量
C15混凝土垫层	m^3	30.5
C25基础混凝土	m^3	346.5
C20台身混凝土	m^3	606.5
C25台帽混凝土	m^3	78.5
块石铺砌C20混凝土灌缝	m^3	48.0

说 明：1.本图尺寸除标高桩号以米计，其余均以厘米计。

2.基坑开挖时，要切实注意边坡的稳定性，并做好基坑排水工作。

3.台顶标高(机动车道位置)＝相应桥面标高－1.075(即铺装厚度0.12+板厚0.90+支座高度0.055)得出。
台顶标高(人行道位置)＝相应桥面标高－1.315(即梁顶人行道厚度0.36+板厚0.90+支座高度0.055)得出。

4.桥台变形缝部位，用厚2cm油浸软木板将台帽台身隔开。

5.桥台后10m范围内填土：采用砂碎石分层夯实回填，不得采用机械推土回填，架梁以前填土标高不得大于2.00m，且桥台前必须回填密实。

工程负责		校 对		工程名称	××市中心大道北延伸工程	南桥台构造图2					工程编号
工种负责		审 核		项目名称	桥 梁						
设 计		审 定		建设单位		设计阶段	施设	比例 1:100	出图日期	图号	桥－9

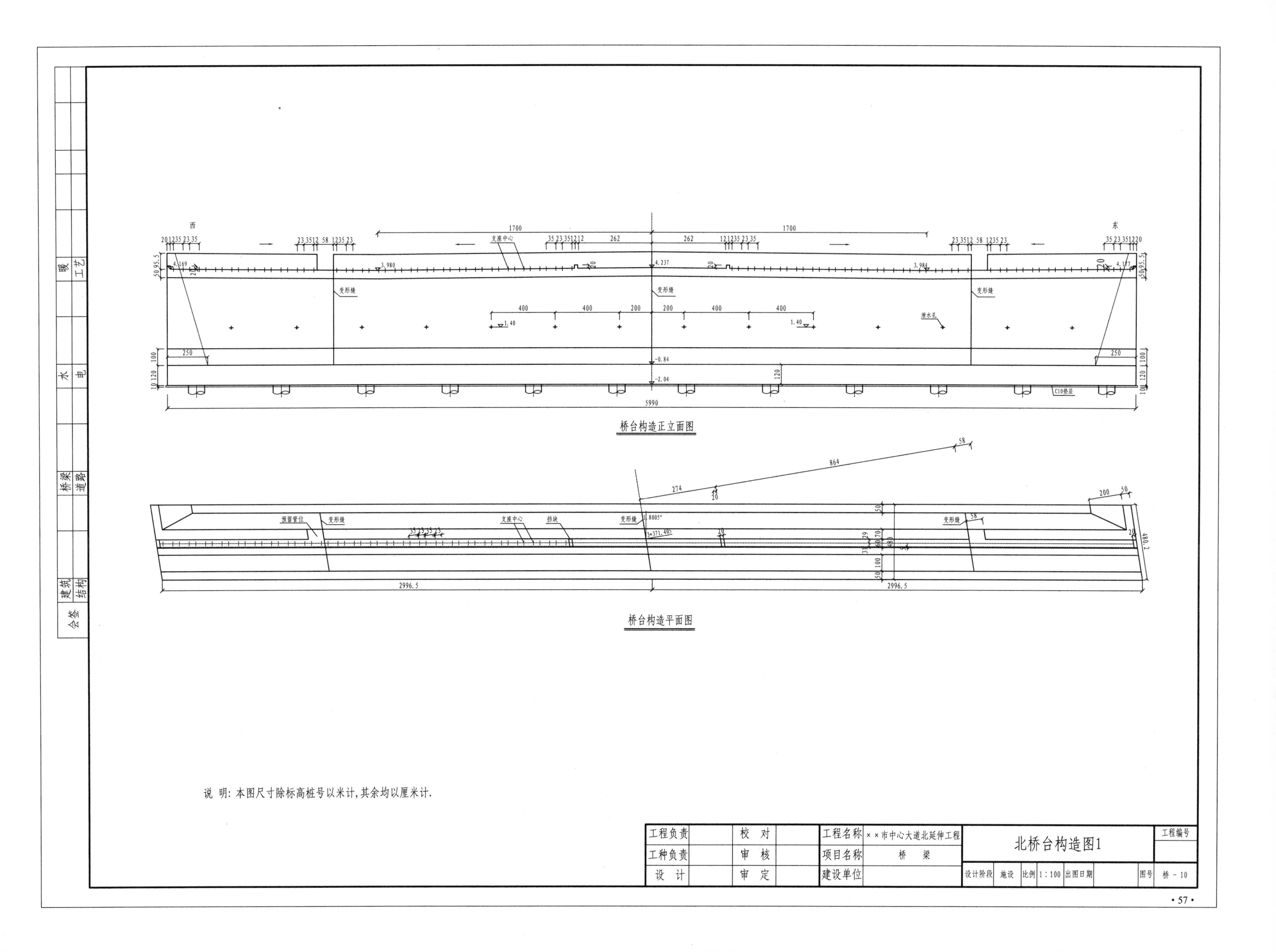

工程负责		校　对		工程名称	××市中心大道北延伸工程	北桥台构造图1							工程编号
工种负责		审　核		项目名称	桥　梁								
设　计		审　定		建设单位		设计阶段	施设	比例	1:100	出图日期		图号	桥－10

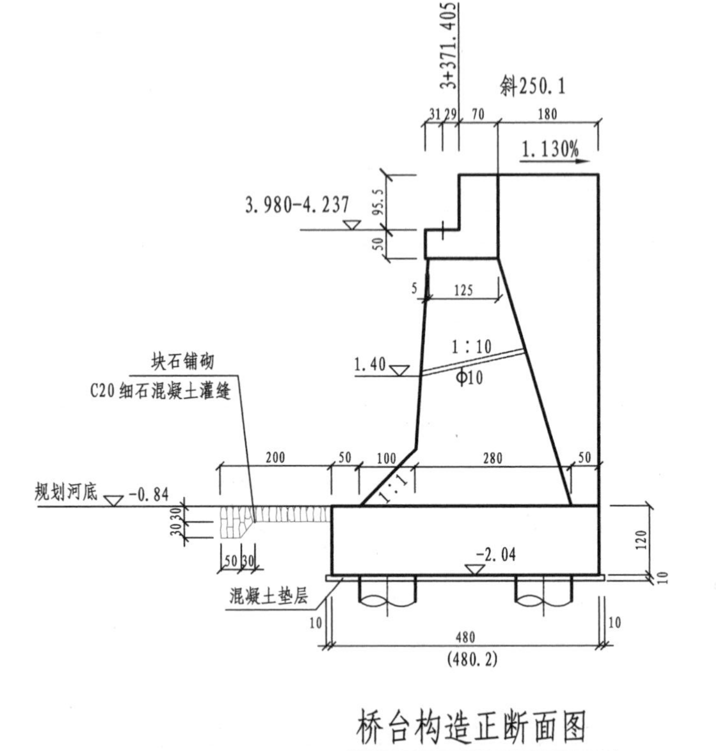

桥台构造正断面图

桥台混凝土数量表

部位与材料	单位	数量
C15混凝土垫层	m^3	30.5
C25基础混凝土	m^3	346.5
C20台身混凝土	m^3	605.0
C25台帽混凝土	m^3	78.5
块石铺砌C20混凝土灌缝	m^3	48.0

说 明：1. 本图尺寸除标高桩号以米计，其余均以厘米计。

2. 基坑开挖时，要切实注意边坡的稳定性，并做好基坑排水工作。

3. 台顶标高(机动车道位置) = 相应桥面标高 - 1.075m(即铺装厚度0.12m+板厚0.90m+支座高度0.055m)得出。
台顶标高(人行道位置) = 相应桥面标高 - 1.315m(即梁顶人行道厚度0.36m+板厚0.90m+支座高度0.055m)得出。

4. 桥台变形缝部位，用厚2cm油浸软木板将台帽台身隔开。

5. 桥台后10m范围内填土：采用砂碎石分层夯实回填，不得采用机械推土回填，架梁以前填土标高不得大于2.00m，且桥台前必须回填密实。

会签	建筑		桥梁		水		暖	
	结构		道路		电		工艺	

工程负责		校　对		工程名称	××市中心大道北延伸工程	北桥台构造图2						工程编号
工种负责		审　核		项目名称	桥　梁							
设　计		审　定		建设单位		设计阶段	施设	比例	1:100	出图日期	图号	桥 - 11

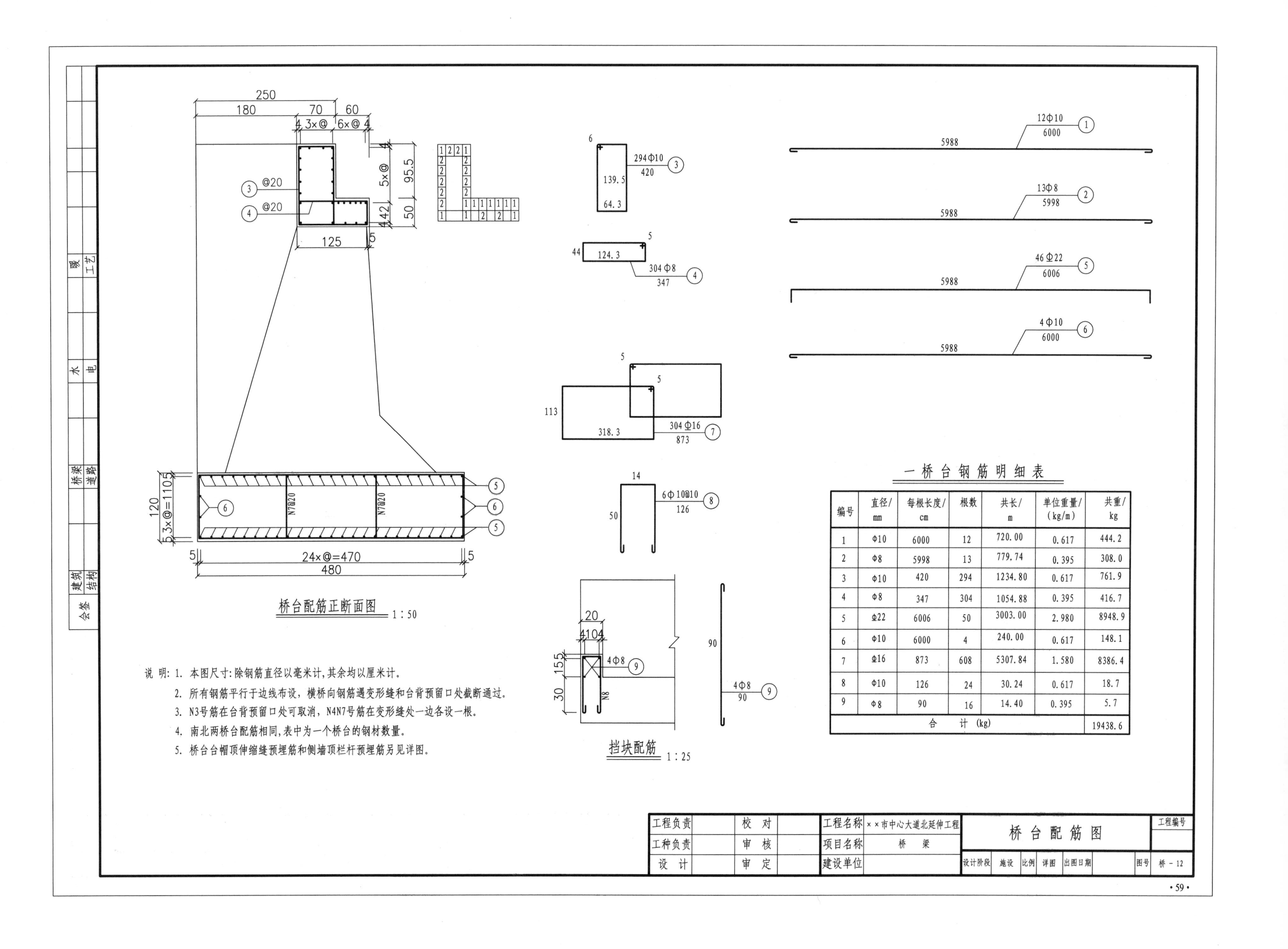

桥台配筋正断面图 1∶50

挡块配筋 1∶25

一桥台钢筋明细表

编号	直径/mm	每根长度/cm	根数	共长/m	单位重量/(kg/m)	共重/kg
1	Φ10	6000	12	720.00	0.617	444.2
2	Φ8	5998	13	779.74	0.395	308.0
3	Φ10	420	294	1234.80	0.617	761.9
4	Φ8	347	304	1054.88	0.395	416.7
5	Φ22	6006	50	3003.00	2.980	8948.9
6	Φ10	6000	4	240.00	0.617	148.1
7	Φ16	873	608	5307.84	1.580	8386.4
8	Φ10	126	24	30.24	0.617	18.7
9	Φ8	90	16	14.40	0.395	5.7
合计(kg)						19438.6

说明：
1. 本图尺寸：除钢筋直径以毫米计，其余均以厘米计。
2. 所有钢筋平行于边线布设，横桥向钢筋遇变形缝和台背预留口处截断通过。
3. N3号筋在台背预留口处可取消，N4N7号筋在变形缝处一边各设一根。
4. 南北两桥台配筋相同，表中为一个桥台的钢材数量。
5. 桥台台帽顶伸缩缝预埋筋和侧墙顶栏杆预埋筋另见详图。

工程负责		校对		工程名称	××市中心大道北延伸工程
工种负责		审核		项目名称	桥梁
设计		审定		建设单位	

桥台配筋图

工程编号　设计阶段：施设　比例：详图　出图日期　图号：桥-12

会签：建筑 结构 桥梁 道路 水 电 暖 工艺

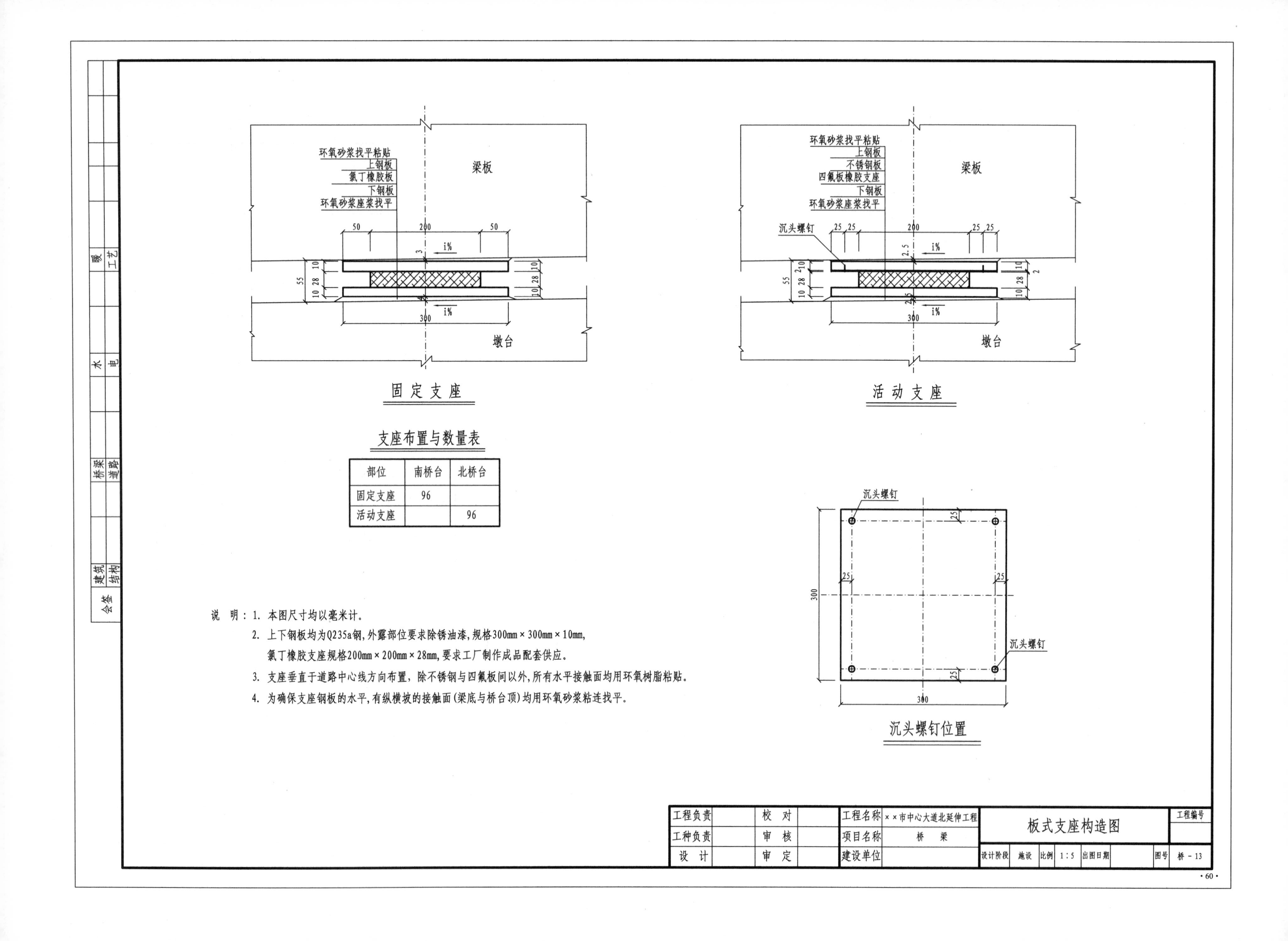

支座布置与数量表

部位	南桥台	北桥台
固定支座	96	
活动支座		96

说　明：1. 本图尺寸均以毫米计。

2. 上下钢板均为Q235a钢，外露部位要求除锈油漆，规格300mm×300mm×10mm，氯丁橡胶支座规格200mm×200mm×28mm，要求工厂制作成品配套供应。

3. 支座垂直于道路中心线方向布置，除不锈钢与四氟板间以外，所有水平接触面均用环氧树脂粘贴。

4. 为确保支座钢板的水平，有纵横坡的接触面（梁底与桥台顶）均用环氧砂浆粘连找平。

工程负责		校　对		工程名称	××市中心大道北延伸工程	板式支座构造图	工程编号
工种负责		审　核		项目名称	桥　梁		
设　计		审　定		建设单位		设计阶段 施设 比例 1:5 出图日期	图号 桥－13

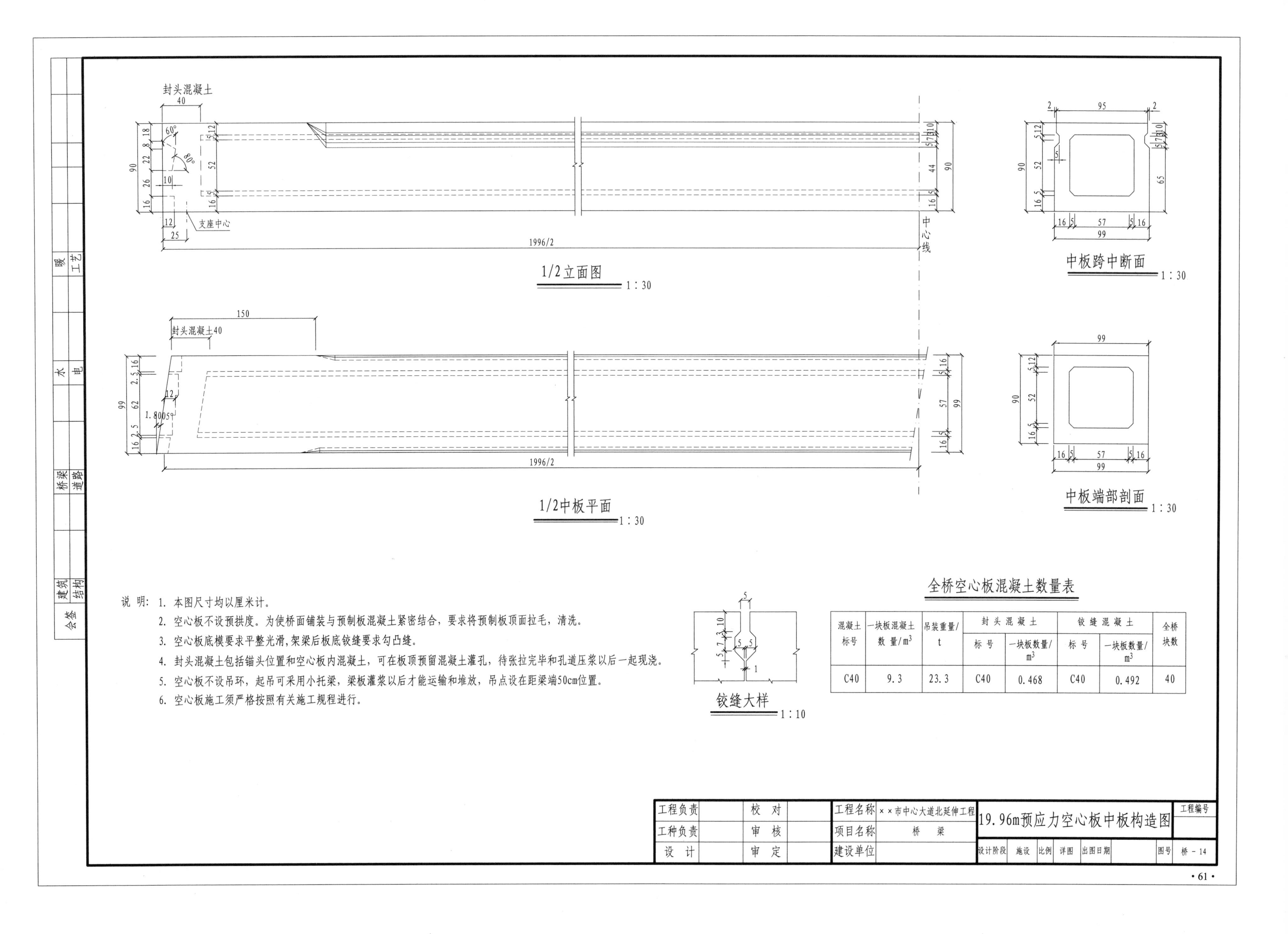

说　明：1. 本图尺寸均以厘米计。

2. 空心板不设预拱度。为使桥面铺装与预制板混凝土紧密结合，要求将预制板顶面拉毛，清洗。

3. 空心板底模要求平整光滑,架梁后板底铰缝要求勾凸缝。

4. 封头混凝土包括锚头位置和空心板内混凝土，可在板顶预留混凝土灌孔，待张拉完毕和孔道压浆以后一起现浇。

5. 空心板不设吊环，起吊可采用小托梁，梁板灌浆以后才能运输和堆放，吊点设在距梁端50cm位置。

6. 空心板施工须严格按照有关施工规程进行。

全桥空心板混凝土数量表

混凝土标号	一块板混凝土数量/m^3	吊装重量/t	封头混凝土		铰缝混凝土		全桥块数
			标号	一块板数量/m^3	标号	一块板数量/m^3	
C40	9.3	23.3	C40	0.468	C40	0.492	40

工程负责		校对		工程名称	××市中心大道北延伸工程	19.96m预应力空心板中板构造图	工程编号
工种负责		审核		项目名称	桥梁		
设计		审定		建设单位		设计阶段 施设 比例 详图 出图日期	图号 桥－14

会签：建筑 结构 桥梁 道路 水 电 暖 工艺

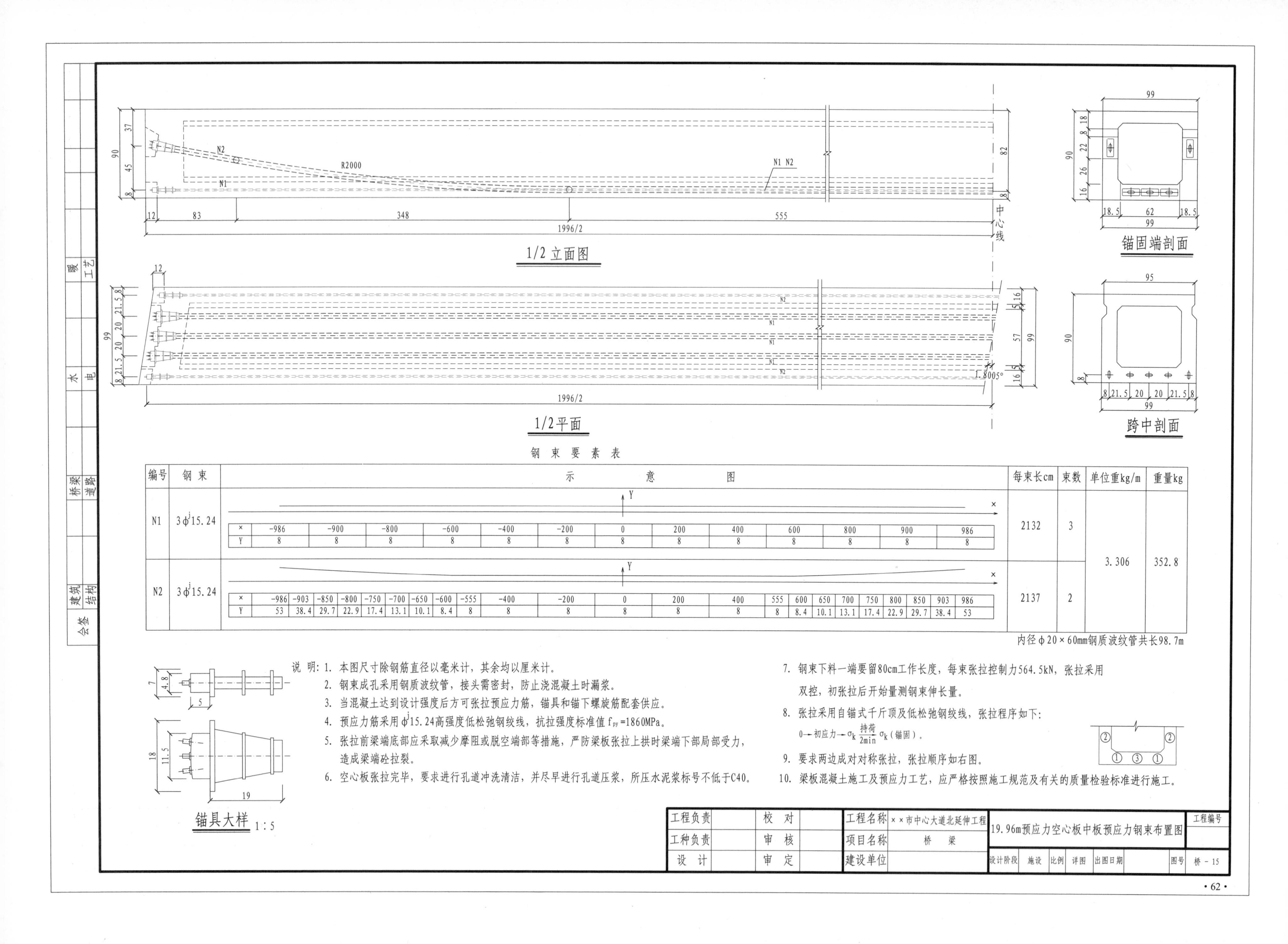

钢束要素表

编号	钢束	示意图	每束长cm	束数	单位重kg/m	重量kg
N1	3ϕ^j15.24	x: -986, -900, -800, -600, -400, -200, 0, 200, 400, 600, 800, 900, 986; Y: 8, 8, 8, 8, 8, 8, 8, 8, 8, 8, 8, 8, 8	2132	3	3.306	352.8
N2	3ϕ^j15.24	x: -986, -903, -850, -800, -750, -700, -650, -600, -555, -400, -200, 0, 200, 400, 555, 600, 650, 700, 750, 800, 850, 903, 986; Y: 53, 38.4, 29.7, 22.9, 17.4, 13.1, 10.1, 8.4, 8, 8, 8, 8, 8, 8, 8, 8.4, 10.1, 13.1, 17.4, 22.9, 29.7, 38.4, 53	2137	2		

内径φ20×60mm钢质波纹管共长98.7m

说明：

1. 本图尺寸除钢筋直径以毫米计，其余均以厘米计。
2. 钢束成孔采用钢质波纹管，接头需密封，防止浇混凝土时漏浆。
3. 当混凝土达到设计强度后方可张拉预应力筋，锚具和锚下螺旋筋配套供应。
4. 预应力筋采用ϕ^j15.24高强度低松弛钢绞线，抗拉强度标准值f_{py}=1860MPa。
5. 张拉前梁端底部应采取减少摩阻或脱空端部等措施，严防梁板张拉上拱时梁端下部局部受力，造成梁端砼拉裂。
6. 空心板张拉完毕，要求进行孔道冲洗清洁，并尽早进行孔道压浆，所压水泥浆标号不低于C40。
7. 钢束下料一端要留80cm工作长度，每束张拉控制力564.5kN，张拉采用双控，初张拉后开始量测钢束伸长量。
8. 张拉采用自锚式千斤顶及低松弛钢绞线，张拉程序如下：
   0→初应力→σ_k $\xrightarrow[2min]{持荷}$ σ_k（锚固）。
9. 要求两边成对对称张拉，张拉顺序如右图。
10. 梁板混凝土施工及预应力工艺，应严格按照施工规范及有关的质量检验标准进行施工。

工程负责		校对		工程名称	××市中心大道北延伸工程	19.96m预应力空心板中板预应力钢束布置图	工程编号
工种负责		审核		项目名称	桥梁		
设计		审定		建设单位		设计阶段 施设 比例 详图 出图日期	图号 桥-15

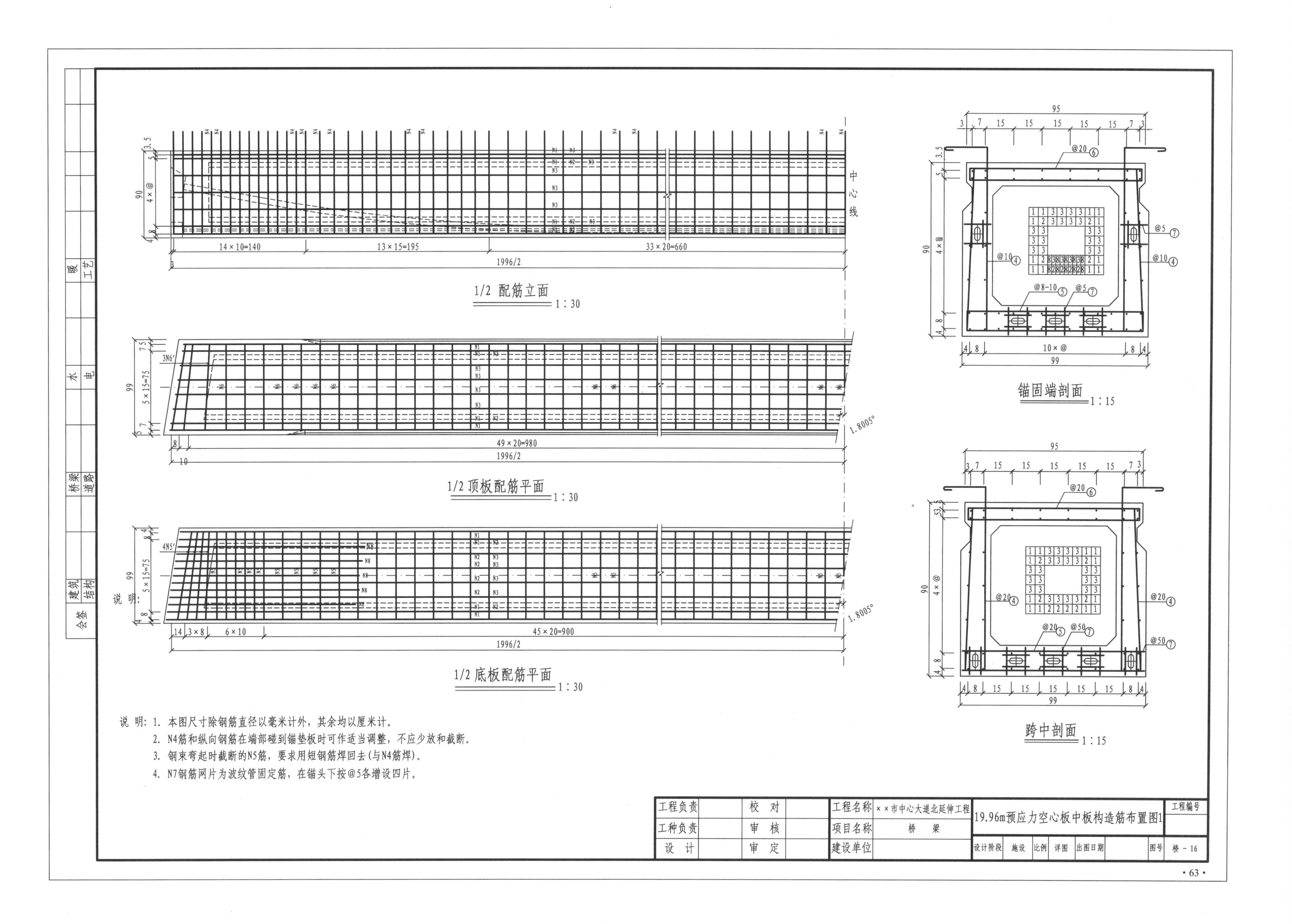

1/2 配筋立面 1：30
14×10=140
13×15=195
33×20=660
1996/2
中心线
1/2 顶板配筋平面 1：30
49×20=980
1996/2
5×15=75
1.8005°
1/2 底板配筋平面 1：30
45×20=900
1996/2
6×10
锚固端剖面 1：15
跨中剖面 1：15
@20⑥
@5⑦
@10④
@8-10⑤
@20④
@20⑤
@50⑦
10×@
4×@
95
99
90
说 明：1. 本图尺寸除钢筋直径以毫米计外，其余均以厘米计。
2. N4筋和纵向钢筋在端部碰到锚垫板时可作适当调整，不应少放和截断。
3. 钢束弯起时截断的N5筋，要求用短钢筋焊回去(与N4筋焊)。
4. N7钢筋网片为波纹管固定筋，在锚头下按@5各增设四片。
工程负责
工种负责
设 计
校 对
审 核
审 定
工程名称 ××市中心大道北延伸工程
项目名称 桥 梁
建设单位
19.96m预应力空心板中板构造筋布置图1
工程编号
设计阶段 施设 比例 详图 出图日期 图号 桥－16
会签 建筑 结构 桥梁 道路 水 电 暖 工艺
·63·

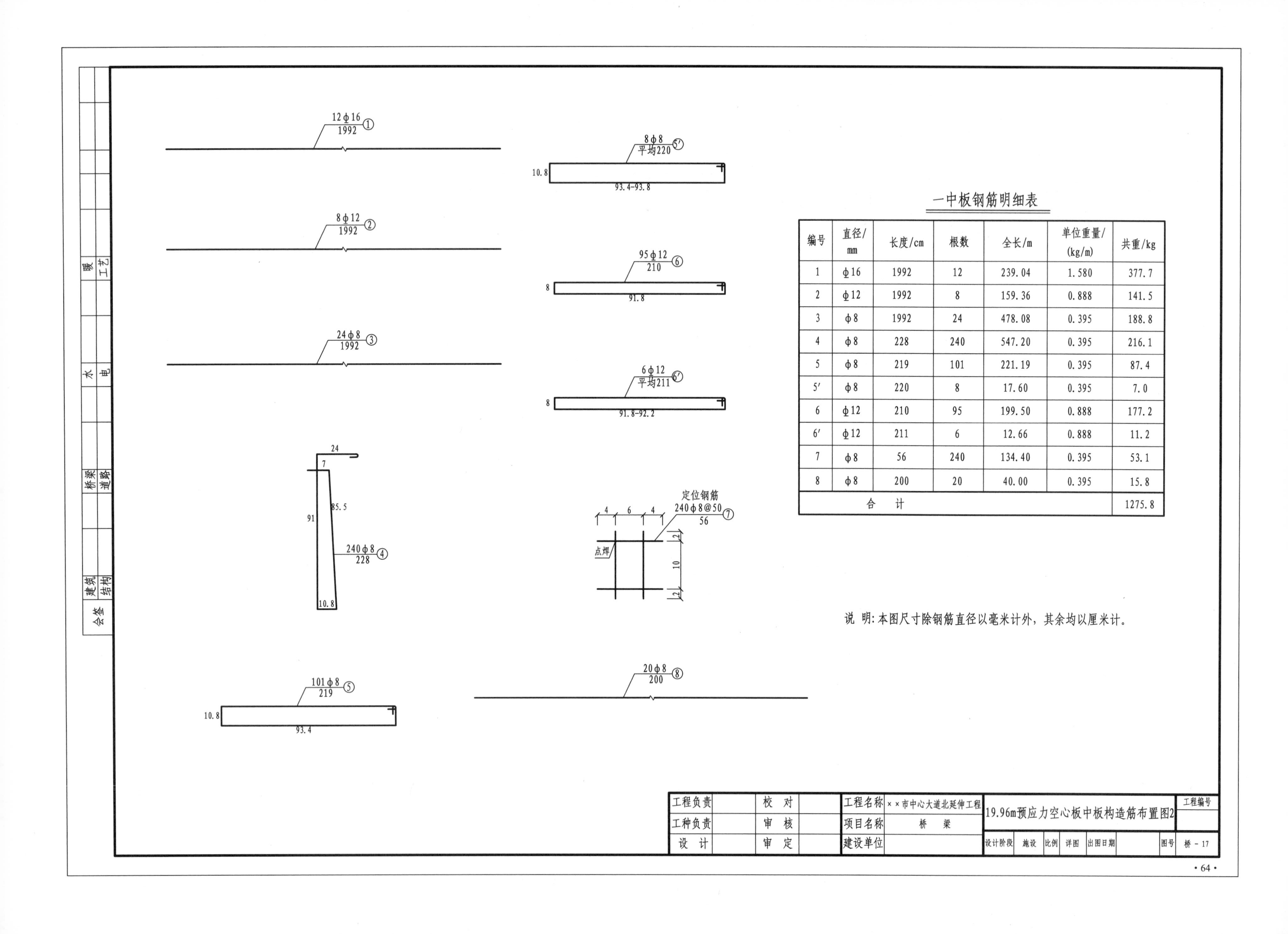

一中板钢筋明细表

编号	直径/mm	长度/cm	根数	全长/m	单位重量/(kg/m)	共重/kg
1	ϕ16	1992	12	239.04	1.580	377.7
2	ϕ12	1992	8	159.36	0.888	141.5
3	ϕ8	1992	24	478.08	0.395	188.8
4	ϕ8	228	240	547.20	0.395	216.1
5	ϕ8	219	101	221.19	0.395	87.4
5′	ϕ8	220	8	17.60	0.395	7.0
6	ϕ12	210	95	199.50	0.888	177.2
6′	ϕ12	211	6	12.66	0.888	11.2
7	ϕ8	56	240	134.40	0.395	53.1
8	ϕ8	200	20	40.00	0.395	15.8
合计						1275.8

说 明：本图尺寸除钢筋直径以毫米计外，其余均以厘米计。

工程负责		校 对		工程名称	××市中心大道北延伸工程	19.96m预应力空心板中板构造筋布置图2	工程编号
工种负责		审 核		项目名称	桥 梁		
设 计		审 定		建设单位		设计阶段 施设 比例 详图 出图日期	图号 桥－17

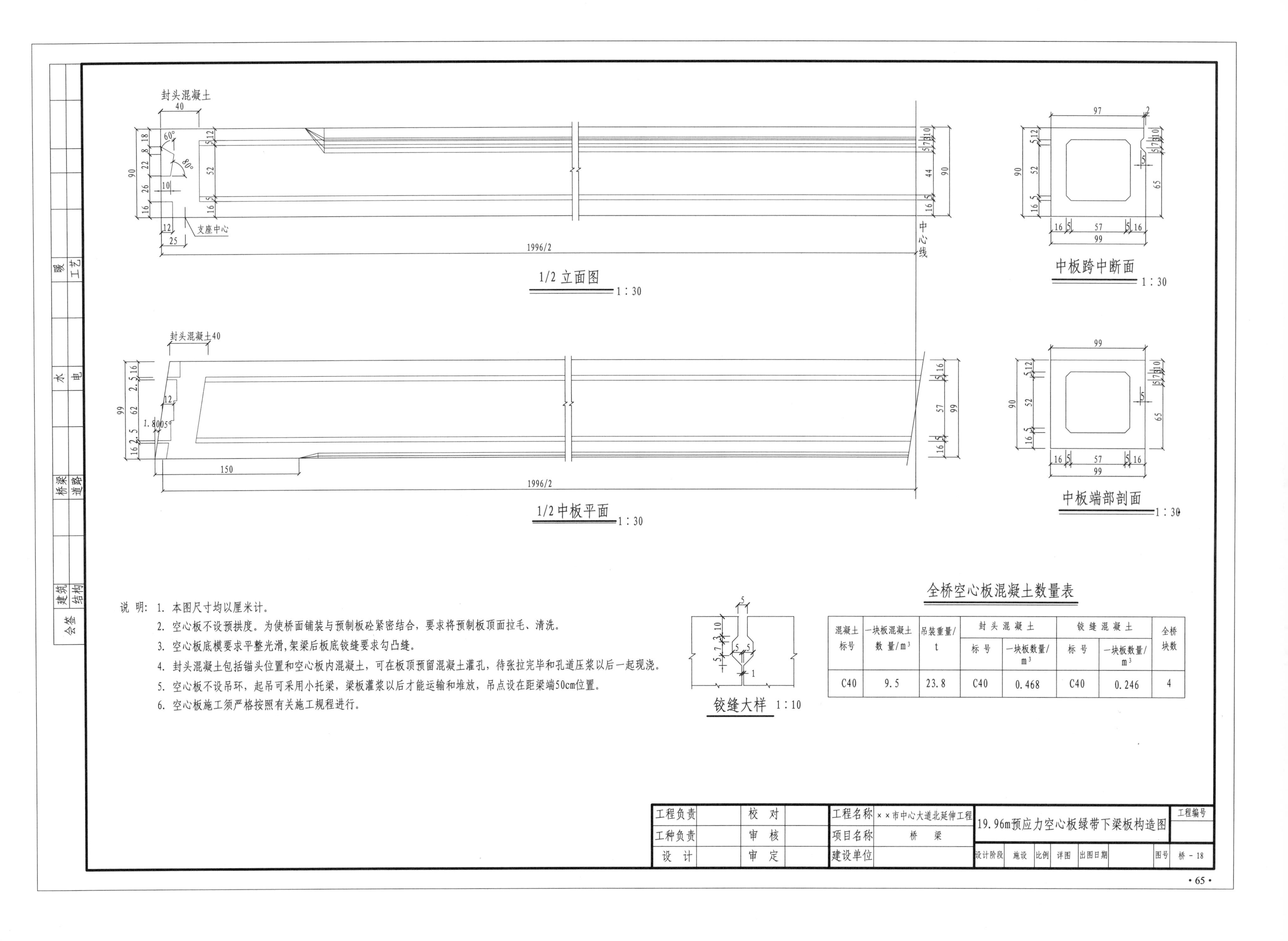

说 明：1. 本图尺寸均以厘米计。

2. 空心板不设预拱度。为使桥面铺装与预制板砼紧密结合，要求将预制板顶面拉毛、清洗。

3. 空心板底模要求平整光滑,架梁后板底铰缝要求勾凸缝。

4. 封头混凝土包括锚头位置和空心板内混凝土，可在板顶预留混凝土灌孔，待张拉完毕和孔道压浆以后一起现浇。

5. 空心板不设吊环，起吊可采用小托梁，梁板灌浆以后才能运输和堆放，吊点设在距梁端50cm位置。

6. 空心板施工须严格按照有关施工规程进行。

全桥空心板混凝土数量表

混凝土标号	一块板混凝土数量/m³	吊装重量/t	封头混凝土		铰缝混凝土		全桥块数
			标号	一块板数量/m³	标号	一块板数量/m³	
C40	9.5	23.8	C40	0.468	C40	0.246	4

工程负责		校对		工程名称	××市中心大道北延伸工程	19.96m预应力空心板绿带下梁板构造图	工程编号
工种负责		审核		项目名称	桥梁		
设计		审定		建设单位		设计阶段 施设 比例 详图 出图日期	图号 桥-18

会签：建筑 结构 桥梁 道路 水 电 暖 工艺

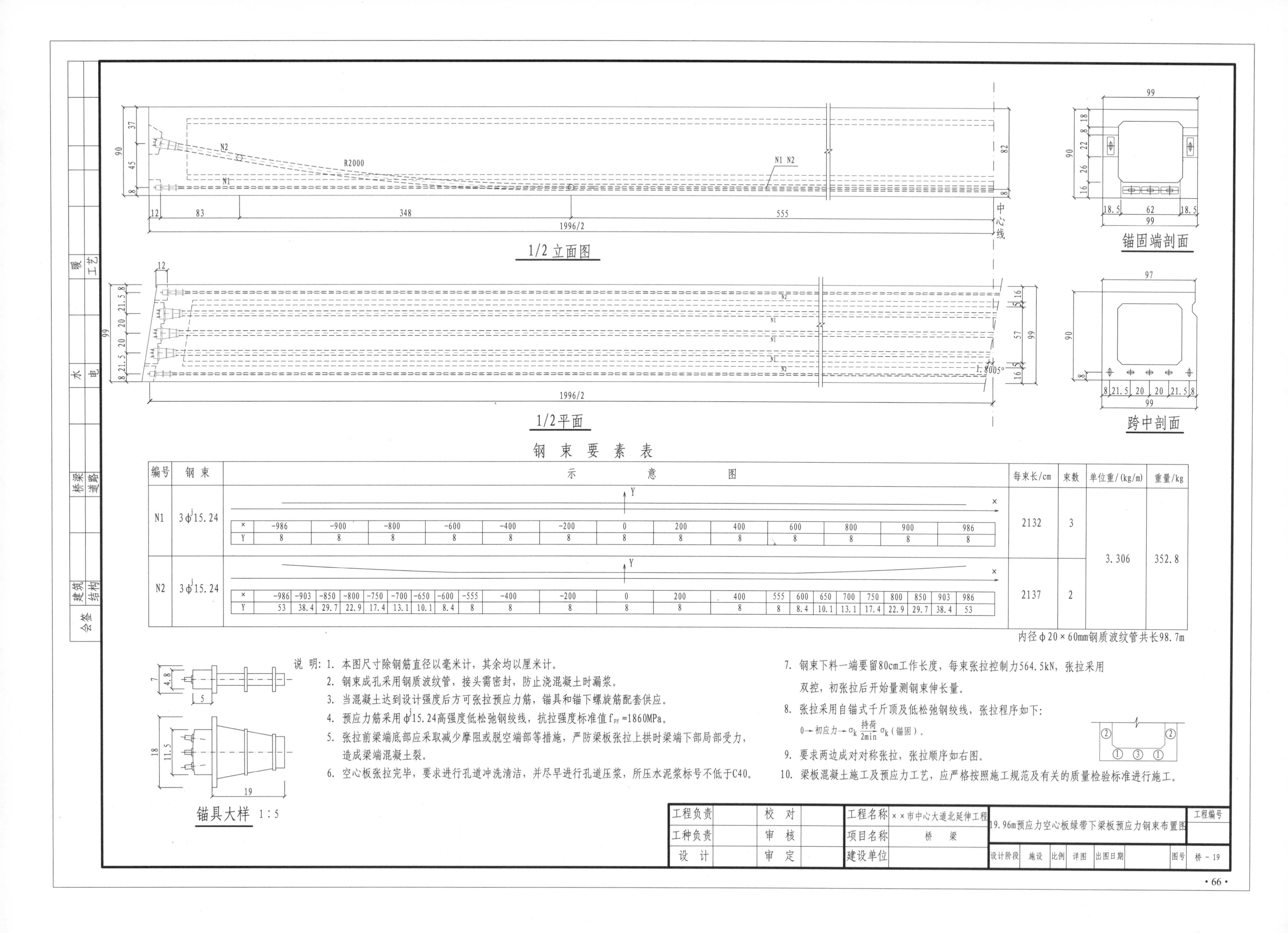

钢束要素表

编号	钢束	示意图	每束长/cm	束数	单位重/(kg/m)	重量/kg
N1	3ϕ^j15.24	(见下表)	2132	3	3.306	352.8
N2	3ϕ^j15.24	(见下表)	2137	2		

N1:

×	-986	-900	-800	-600	-400	-200	0	200	400	600	800	900	986
Y	8	8	8	8	8	8	8	8	8	8	8	8	8

N2:

×	-986	-903	-850	-800	-750	-700	-650	-600	-555	-400	-200	0	200	400	555	600	650	700	750	800	850	903	986
Y	53	38.4	29.7	22.9	17.4	13.1	10.1	8.4	8	8	8	8	8	8	8	8.4	10.1	13.1	17.4	22.9	29.7	38.4	53

内径φ20×60mm钢质波纹管共长98.7m

说明：

1. 本图尺寸除钢筋直径以毫米计，其余均以厘米计。
2. 钢束成孔采用钢质波纹管，接头需密封，防止浇混凝土时漏浆。
3. 当混凝土达到设计强度后方可张拉预应力筋，锚具和锚下螺旋筋配套供应。
4. 预应力筋采用ϕ^j15.24高强度低松弛钢绞线，抗拉强度标准值f_{py}=1860MPa。
5. 张拉前梁端底部应采取减少摩阻或脱空端部等措施，严防梁板张拉上拱时梁端下部局部受力，造成梁端混凝土裂。
6. 空心板张拉完毕，要求进行孔道冲洗清洁，并尽早进行孔道压浆，所压水泥浆标号不低于C40。
7. 钢束下料一端要留80cm工作长度，每束张拉控制力564.5kN，张拉采用双控，初张拉后开始量测钢束伸长量。
8. 张拉采用自锚式千斤顶及低松弛钢绞线，张拉程序如下：
   0→初应力→σ_k $\xrightarrow[2min]{持荷}$ σ_k（锚固）。
9. 要求两边成对对称张拉，张拉顺序如右图。
10. 梁板混凝土施工及预应力工艺，应严格按照施工规范及有关的质量检验标准进行施工。

工程负责		校对		工程名称	××市中心大道北延伸工程	19.96m预应力空心板绿带下梁板预应力钢束布置图	工程编号
工种负责		审核		项目名称	桥梁		
设计		审定		建设单位		设计阶段 施设 比例 详图 出图日期	图号 桥-19

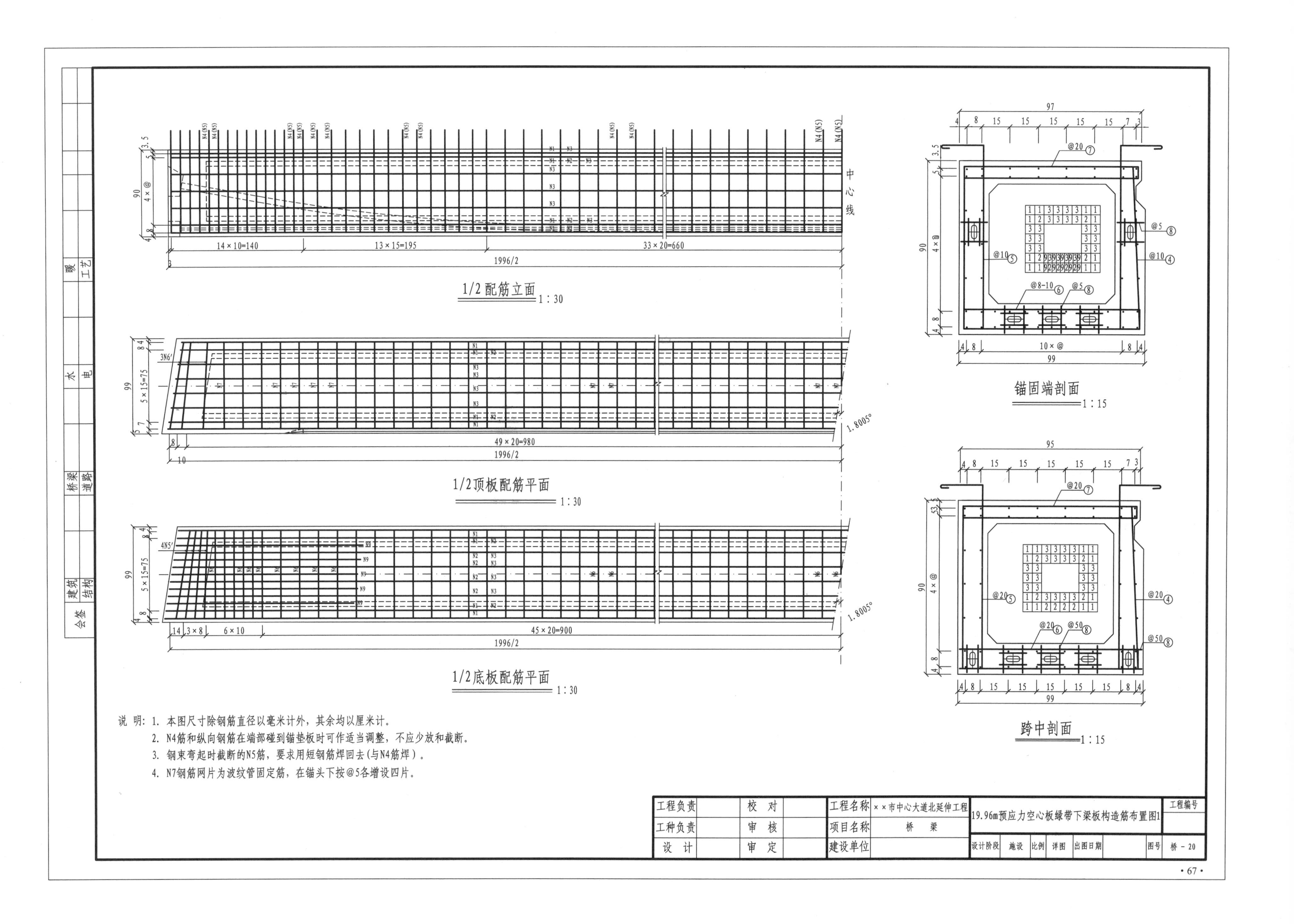

说明：1. 本图尺寸除钢筋直径以毫米计外，其余均以厘米计。

2. N4筋和纵向钢筋在端部碰到锚垫板时可作适当调整，不应少放和截断。

3. 钢束弯起时截断的N5筋，要求用短钢筋焊回去(与N4筋焊)。

4. N7钢筋网片为波纹管固定筋，在锚头下按@5各增设四片。

工程负责		校对		工程名称	××市中心大道北延伸工程	19.96m预应力空心板绿带下梁板构造筋布置图1	工程编号
工种负责		审核		项目名称	桥梁		
设计		审定		建设单位		设计阶段 施设 比例 详图 出图日期	图号 桥－20

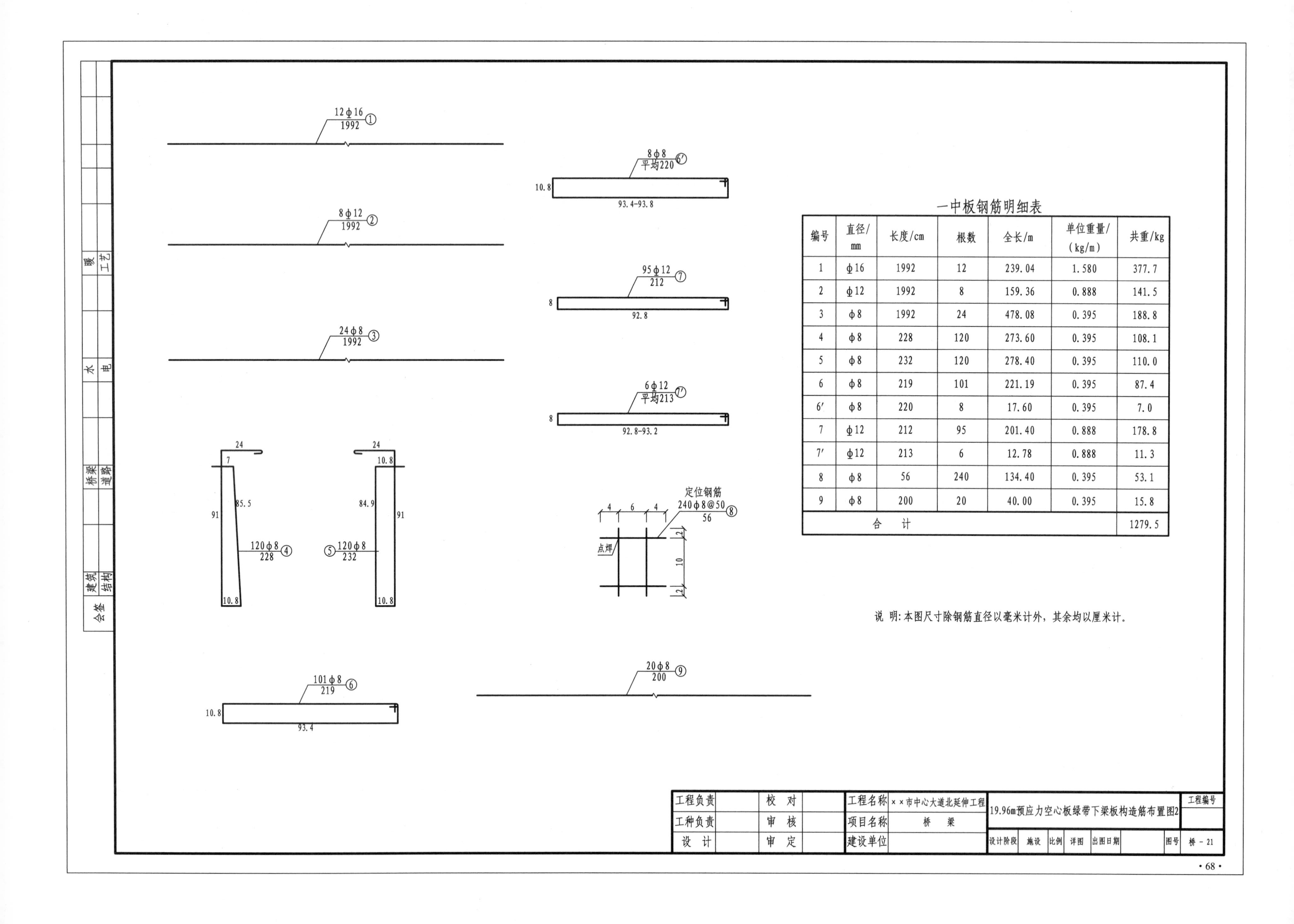

一中板钢筋明细表

编号	直径/mm	长度/cm	根数	全长/m	单位重量/(kg/m)	共重/kg
1	φ16	1992	12	239.04	1.580	377.7
2	φ12	1992	8	159.36	0.888	141.5
3	φ8	1992	24	478.08	0.395	188.8
4	φ8	228	120	273.60	0.395	108.1
5	φ8	232	120	278.40	0.395	110.0
6	φ8	219	101	221.19	0.395	87.4
6′	φ8	220	8	17.60	0.395	7.0
7	φ12	212	95	201.40	0.888	178.8
7′	φ12	213	6	12.78	0.888	11.3
8	φ8	56	240	134.40	0.395	53.1
9	φ8	200	20	40.00	0.395	15.8
合 计						1279.5

说 明：本图尺寸除钢筋直径以毫米计外，其余均以厘米计。

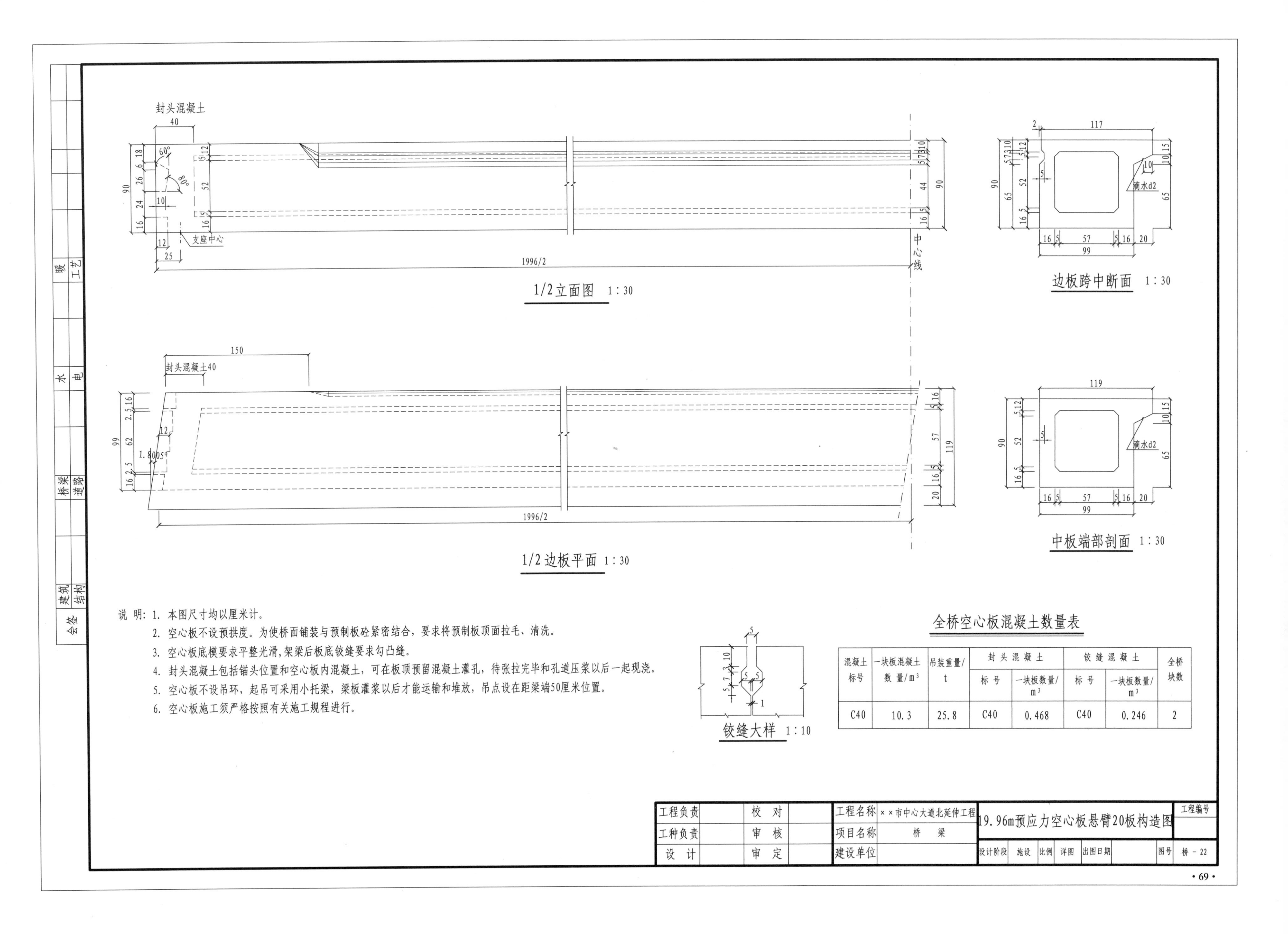

说 明：1. 本图尺寸均以厘米计。

2. 空心板不设预拱度。为使桥面铺装与预制板砼紧密结合，要求将预制板顶面拉毛、清洗。

3. 空心板底模要求平整光滑，架梁后板底铰缝要求勾凸缝。

4. 封头混凝土包括锚头位置和空心板内混凝土，可在板顶预留混凝土灌孔，待张拉完毕和孔道压浆以后一起现浇。

5. 空心板不设吊环，起吊可采用小托梁，梁板灌浆以后才能运输和堆放，吊点设在距梁端50厘米位置。

6. 空心板施工须严格按照有关施工规程进行。

全桥空心板混凝土数量表

混凝土标号	一块板混凝土数量/m³	吊装重量/t	封头混凝土		铰缝混凝土		全桥块数
			标号	一块板数量/m³	标号	一块板数量/m³	
C40	10.3	25.8	C40	0.468	C40	0.246	2

工程负责		校对		工程名称	××市中心大道北延伸工程	19.96m预应力空心板悬臂20板构造图	工程编号
工种负责		审核		项目名称	桥梁		
设计		审定		建设单位		设计阶段 施设 比例 详图 出图日期	图号 桥－22

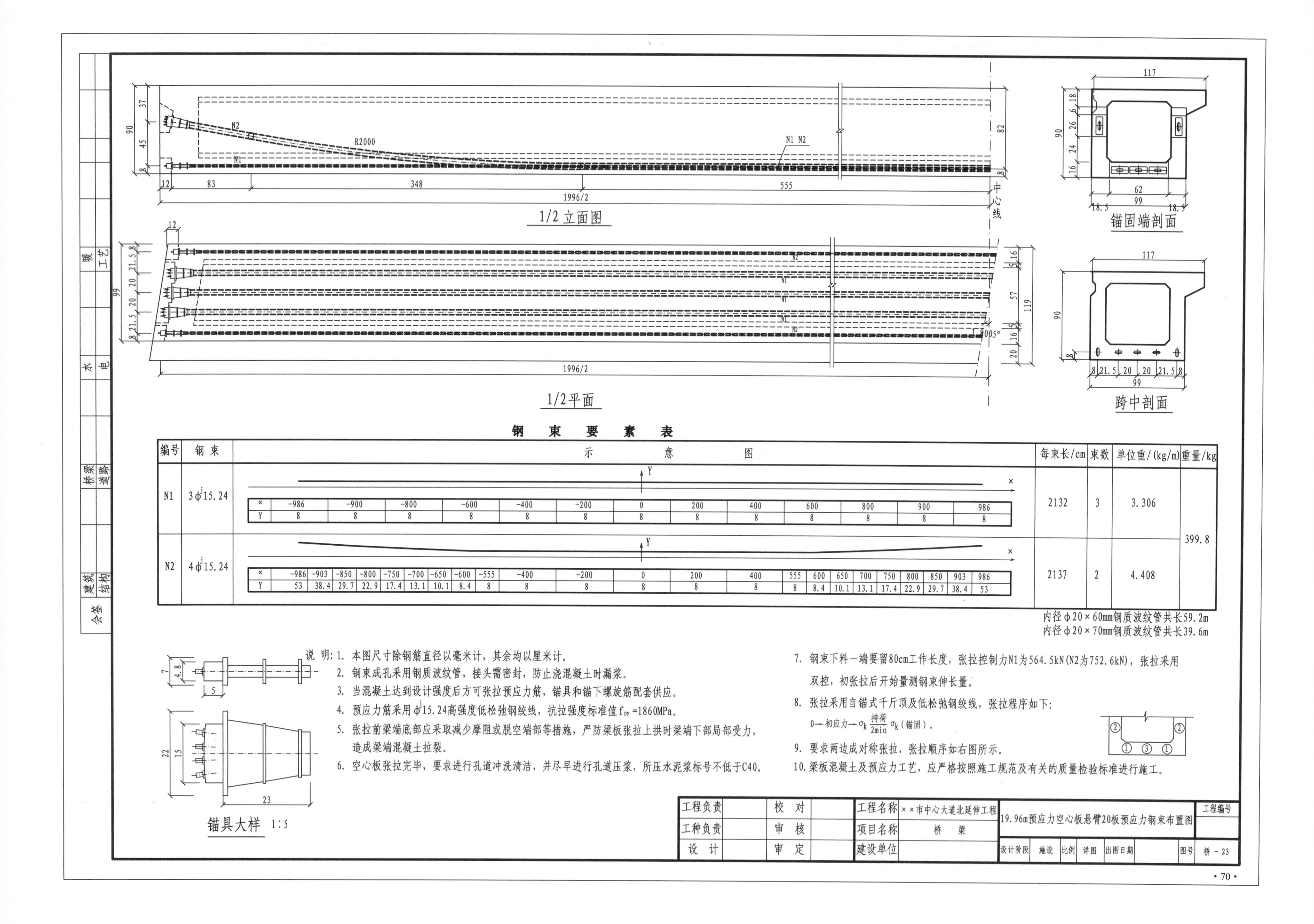

钢 束 要 素 表

编号	钢束	每束长/cm	束数	单位重/(kg/m)	重量/kg
N1	3ϕ^{j}15.24	2132	3	3.306	399.8
N2	4ϕ^{j}15.24	2137	2	4.408	

N1 示意图：

x	-986	-900	-800	-600	-400	-200	0	200	400	600	800	900	986
Y	8	8	8	8	8	8	8	8	8	8	8	8	8

N2 示意图：

x	-986	-903	-850	-800	-750	-700	-650	-600	-555	-400	-200	0	200	400	555	600	650	700	750	800	850	903	986
Y	53	38.4	29.7	22.9	17.4	13.1	10.1	8.4	8	8	8	8	8	8	8	8.4	10.1	13.1	17.4	22.9	29.7	38.4	53

内径φ20×60mm钢质波纹管共长59.2m
内径φ20×70mm钢质波纹管共长39.6m

说明：
1. 本图尺寸除钢筋直径以毫米计，其余均以厘米计。
2. 钢束成孔采用钢质波纹管，接头需密封，防止浇混凝土时漏浆。
3. 当混凝土达到设计强度后方可张拉预应力筋，锚具和锚下螺旋筋配套供应。
4. 预应力筋采用ϕ^{j}15.24高强度低松弛钢绞线，抗拉强度标准值f_{py}=1860MPa。
5. 张拉前梁端底部应采取减少摩阻或脱空端部等措施，严防梁板张拉上拱时梁端下部局部受力，造成梁端混凝土拉裂。
6. 空心板张拉完毕，要求进行孔道冲洗清洁，并尽早进行孔道压浆，所压水泥浆标号不低于C40。
7. 钢束下料一端要留80cm工作长度，张拉控制力N1为564.5kN(N2为752.6kN)，张拉采用双控，初张拉后开始量测钢束伸长量。
8. 张拉采用自锚式千斤顶及低松弛钢绞线，张拉程序如下：
   0→初应力→σ_k $\xrightarrow{\text{持荷 2min}}$ σ_k（锚固）。
9. 要求两边成对称张拉，张拉顺序如右图所示。
10. 梁板混凝土及预应力工艺，应严格按照施工规范及有关的质量检验标准进行施工。

工程负责		校对		工程名称	××市中心大道北延伸工程	19.96m预应力空心板悬臂20板预应力钢束布置图	工程编号
工种负责		审核		项目名称	桥梁	设计阶段 施设 比例 详图 出图日期	图号 桥-23
设计		审定		建设单位			

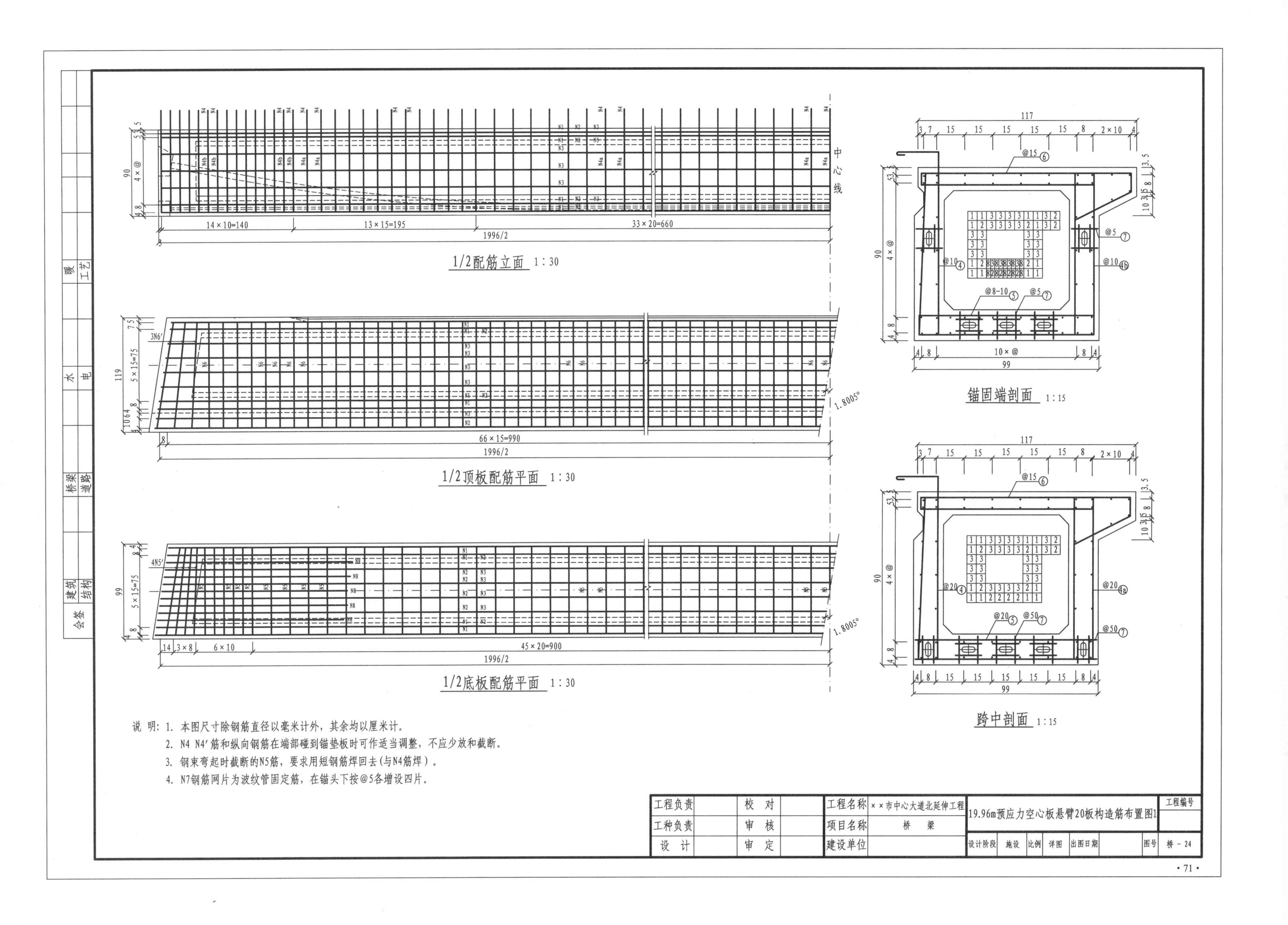

说 明：1. 本图尺寸除钢筋直径以毫米计外，其余均以厘米计。
2. N4 N4′筋和纵向钢筋在端部碰到锚垫板时可作适当调整，不应少放和截断。
3. 钢束弯起时截断的N5筋，要求用短钢筋焊回去(与N4筋焊)。
4. N7钢筋网片为波纹管固定筋，在锚头下按@5各增设四片。

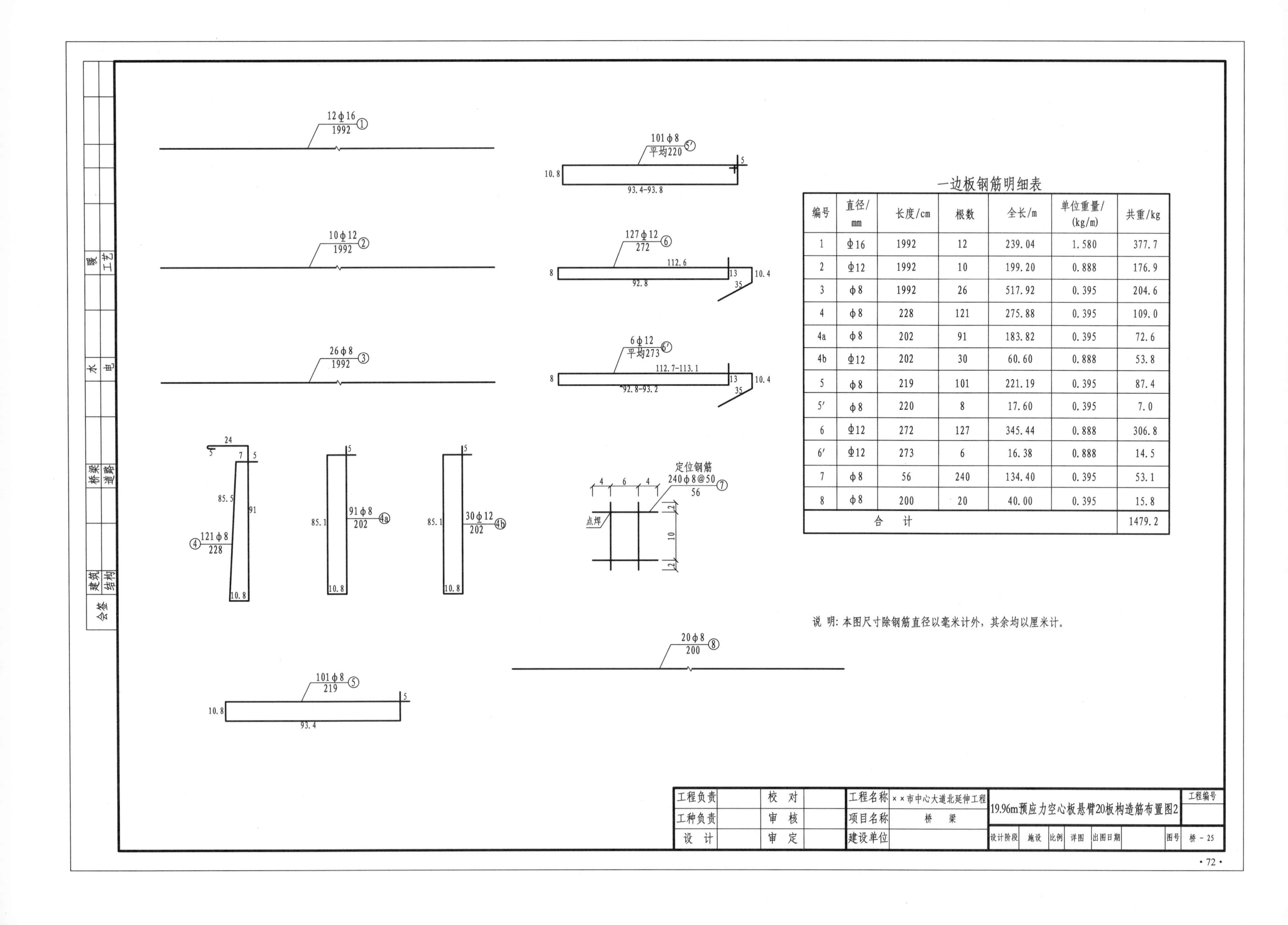

一边板钢筋明细表

编号	直径/mm	长度/cm	根数	全长/m	单位重量/(kg/m)	共重/kg
1	Φ16	1992	12	239.04	1.580	377.7
2	Φ12	1992	10	199.20	0.888	176.9
3	φ8	1992	26	517.92	0.395	204.6
4	φ8	228	121	275.88	0.395	109.0
4a	φ8	202	91	183.82	0.395	72.6
4b	Φ12	202	30	60.60	0.888	53.8
5	φ8	219	101	221.19	0.395	87.4
5′	φ8	220	8	17.60	0.395	7.0
6	Φ12	272	127	345.44	0.888	306.8
6′	Φ12	273	6	16.38	0.888	14.5
7	φ8	56	240	134.40	0.395	53.1
8	φ8	200	20	40.00	0.395	15.8
合计						1479.2

说 明：本图尺寸除钢筋直径以毫米计外，其余均以厘米计。

工程负责		校 对		工程名称	××市中心大道北延伸工程	19.96m预应力空心板悬臂20板构造筋布置图2	工程编号
工种负责		审 核		项目名称	桥 梁		
设 计		审 定		建设单位		设计阶段 施设 比例 详图 出图日期	图号 桥－25

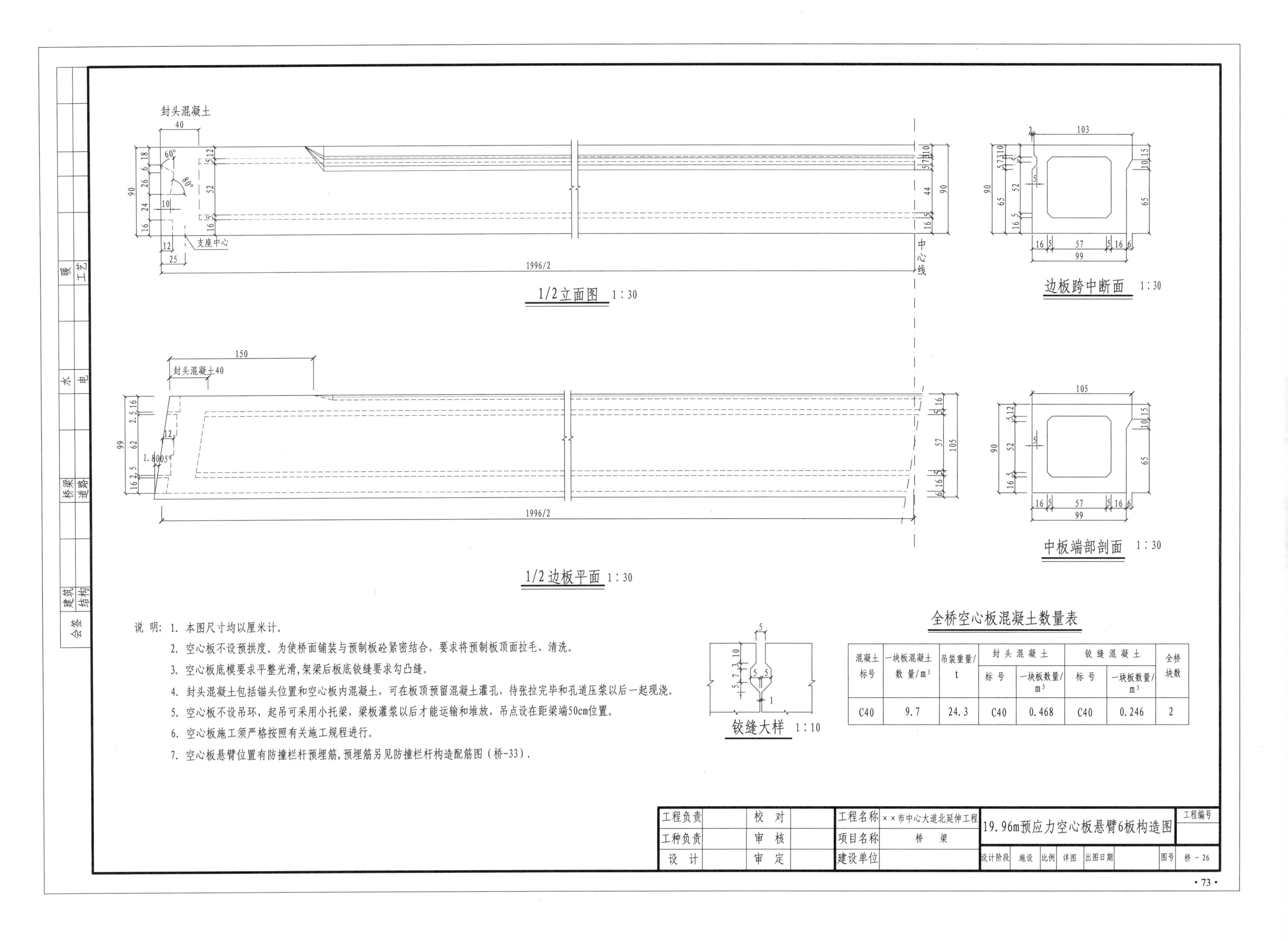

说 明：
1. 本图尺寸均以厘米计。
2. 空心板不设预拱度。为使桥面铺装与预制板砼紧密结合，要求将预制板顶面拉毛、清洗。
3. 空心板底模要求平整光滑，架梁后板底铰缝要求勾凸缝。
4. 封头混凝土包括锚头位置和空心板内混凝土，可在板顶预留混凝土灌孔，待张拉完毕和孔道压浆以后一起现浇。
5. 空心板不设吊环，起吊可采用小托梁，梁板灌浆以后才能运输和堆放，吊点设在距梁端50cm位置。
6. 空心板施工须严格按照有关施工规程进行。
7. 空心板悬臂位置有防撞栏杆预埋筋，预埋筋另见防撞栏杆构造配筋图（桥-33）.

全桥空心板混凝土数量表

混凝土标号	一块板混凝土数量/m³	吊装重量/t	封头混凝土		铰缝混凝土		全桥块数
			标号	一块板数量/m³	标号	一块板数量/m³	
C40	9.7	24.3	C40	0.468	C40	0.246	2

工程负责		校对		工程名称	××市中心大道北延伸工程	19.96m预应力空心板悬臂6板构造图	工程编号
工种负责		审核		项目名称	桥梁	设计阶段 施设 比例 详图 出图日期	图号 桥-26
设计		审定		建设单位			

会签：建筑 结构 桥梁 道路 水 电 暖 工艺

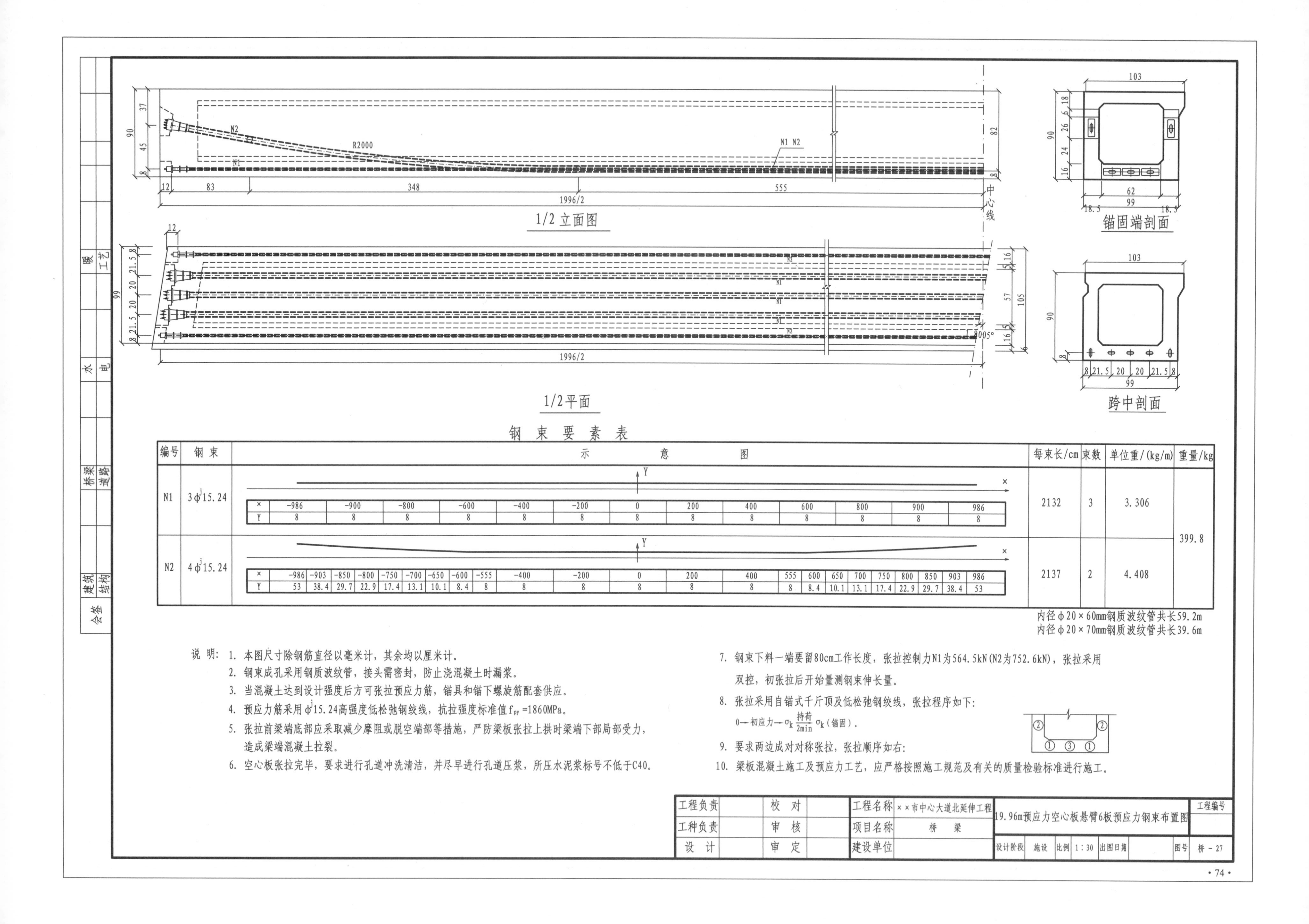

钢 束 要 素 表

编号	钢 束	示意图	每束长/cm	束数	单位重/(kg/m)	重量/kg
N1	$3\phi^{j}15.24$	(见下表 N1)	2132	3	3.306	399.8
N2	$4\phi^{j}15.24$	(见下表 N2)	2137	2	4.408	

N1：

×	-986	-900	-800	-600	-400	-200	0	200	400	600	800	900	986
Y	8	8	8	8	8	8	8	8	8	8	8	8	8

N2：

×	-986	-903	-850	-800	-750	-700	-650	-600	-555	-400	-200	0	200	400	555	600	650	700	750	800	850	903	986
Y	53	38.4	29.7	22.9	17.4	13.1	10.1	8.4	8	8	8	8	8	8	8	8.4	10.1	13.1	17.4	22.9	29.7	38.4	53

内径φ20×60mm钢质波纹管共长59.2m
内径φ20×70mm钢质波纹管共长39.6m

说 明：
1. 本图尺寸除钢筋直径以毫米计，其余均以厘米计。
2. 钢束成孔采用钢质波纹管，接头需密封，防止浇混凝土时漏浆。
3. 当混凝土达到设计强度后方可张拉预应力筋，锚具和锚下螺旋筋配套供应。
4. 预应力筋采用$\phi^{j}15.24$高强度低松弛钢绞线，抗拉强度标准值$f_{py}=1860MPa$。
5. 张拉前梁端底部应采取减少摩阻或脱空端部等措施，严防梁板张拉上拱时梁端下部局部受力，造成梁端混凝土拉裂。
6. 空心板张拉完毕，要求进行孔道冲洗清洁，并尽早进行孔道压浆，所压水泥浆标号不低于C40。
7. 钢束下料一端要留80cm工作长度，张拉控制力N1为564.5kN(N2为752.6kN)，张拉采用双控，初张拉后开始量测钢束伸长量。
8. 张拉采用自锚式千斤顶及低松弛钢绞线，张拉程序如下：
   $0 \rightarrow$ 初应力 $\rightarrow \sigma_k \xrightarrow[2min]{持荷} \sigma_k$（锚固）。
9. 要求两边成对对称张拉，张拉顺序如右：
10. 梁板混凝土施工及预应力工艺，应严格按照施工规范及有关的质量检验标准进行施工。

工程负责		校 对		工程名称	××市中心大道北延伸工程	19.96m预应力空心板悬臂6板预应力钢束布置图	工程编号
工种负责		审 核		项目名称	桥 梁		
设 计		审 定		建设单位		设计阶段 施设 比例 1:30 出图日期	图号 桥－27

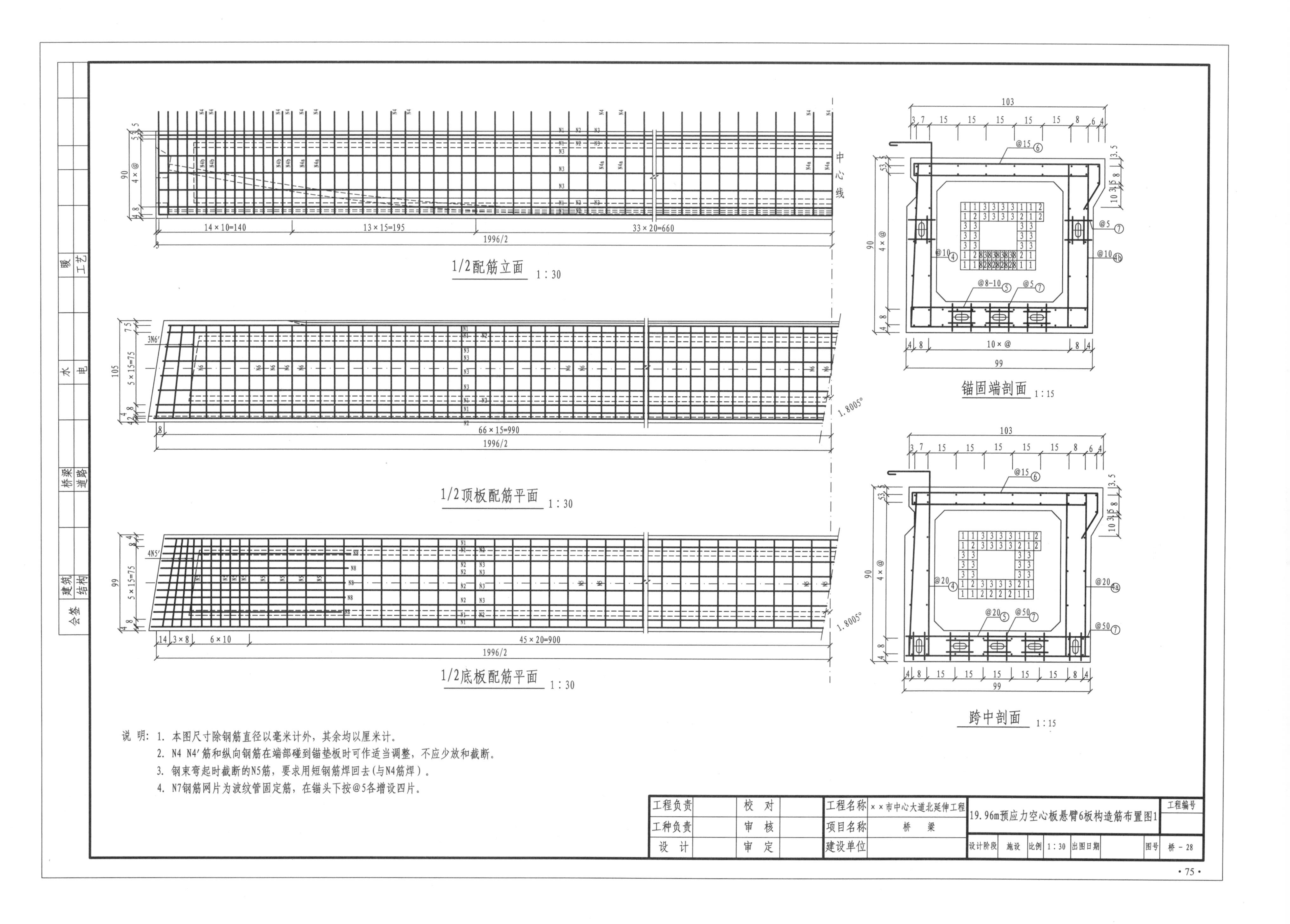

说 明：1. 本图尺寸除钢筋直径以毫米计外，其余均以厘米计。

2. N4 N4′筋和纵向钢筋在端部碰到锚垫板时可作适当调整，不应少放和截断。

3. 钢束弯起时截断的N5筋，要求用短钢筋焊回去(与N4筋焊)。

4. N7钢筋网片为波纹管固定筋，在锚头下按@5各增设四片。

工程负责		校 对		工程名称	××市中心大道北延伸工程	19.96m预应力空心板悬臂6板构造筋布置图1	工程编号
工种负责		审 核		项目名称	桥 梁		
设 计		审 定		建设单位		设计阶段 施设 比例 1:30 出图日期	图号 桥－28

会签	建筑	桥梁	水	暖
	结构	道路	电	工艺

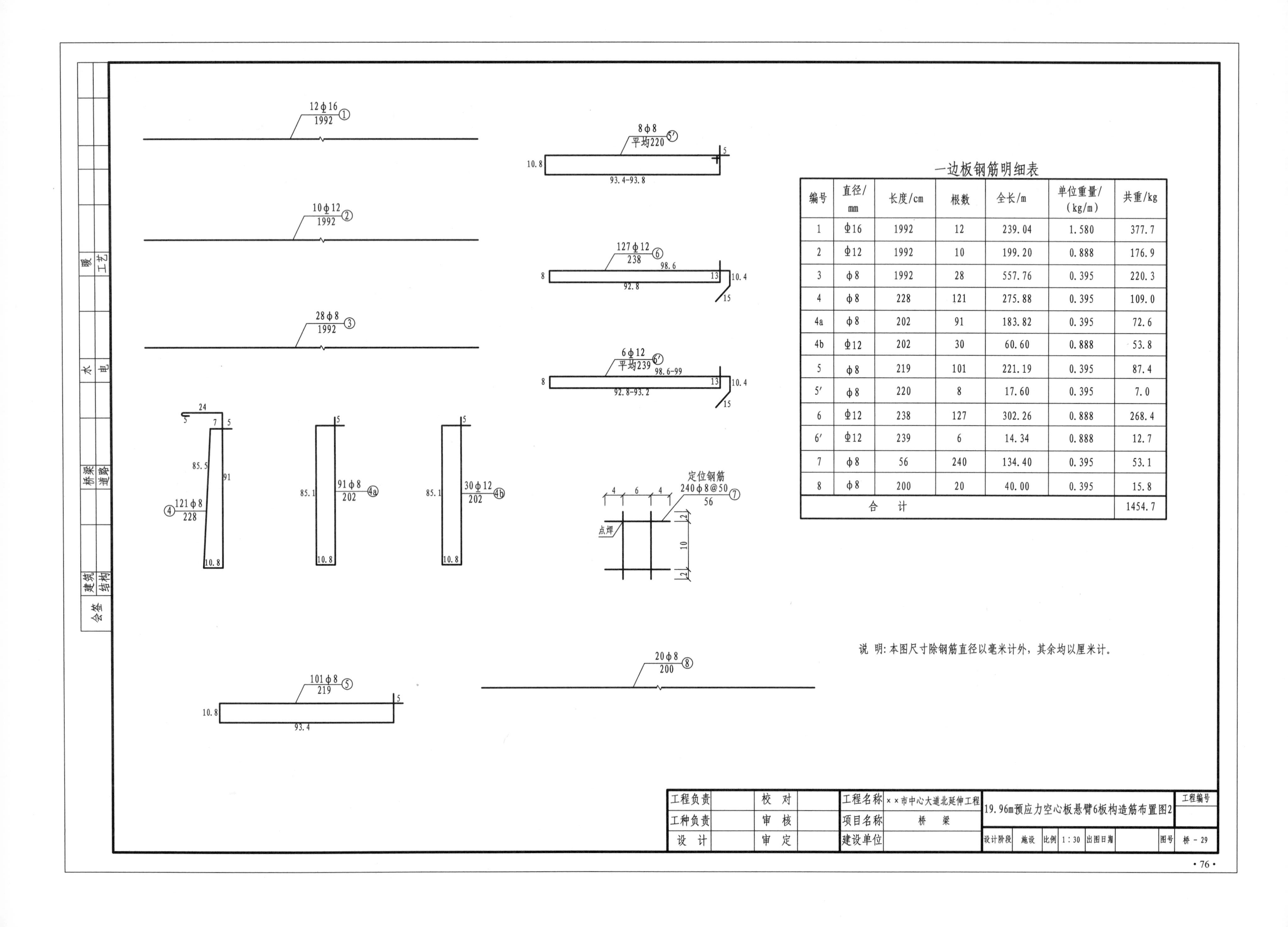

一边板钢筋明细表

编号	直径/mm	长度/cm	根数	全长/m	单位重量/(kg/m)	共重/kg
1	Φ16	1992	12	239.04	1.580	377.7
2	Φ12	1992	10	199.20	0.888	176.9
3	ϕ8	1992	28	557.76	0.395	220.3
4	ϕ8	228	121	275.88	0.395	109.0
4a	ϕ8	202	91	183.82	0.395	72.6
4b	Φ12	202	30	60.60	0.888	53.8
5	ϕ8	219	101	221.19	0.395	87.4
5′	ϕ8	220	8	17.60	0.395	7.0
6	Φ12	238	127	302.26	0.888	268.4
6′	Φ12	239	6	14.34	0.888	12.7
7	ϕ8	56	240	134.40	0.395	53.1
8	ϕ8	200	20	40.00	0.395	15.8
合　计						1454.7

说 明：本图尺寸除钢筋直径以毫米计外，其余均以厘米计。

工程负责		校　对		工程名称	××市中心大道北延伸工程	19.96m预应力空心板悬臂6板构造筋布置图2	工程编号
工种负责		审　核		项目名称	桥　梁		
设　计		审　定		建设单位		设计阶段 施设　比例 1:30　出图日期	图号 桥－29

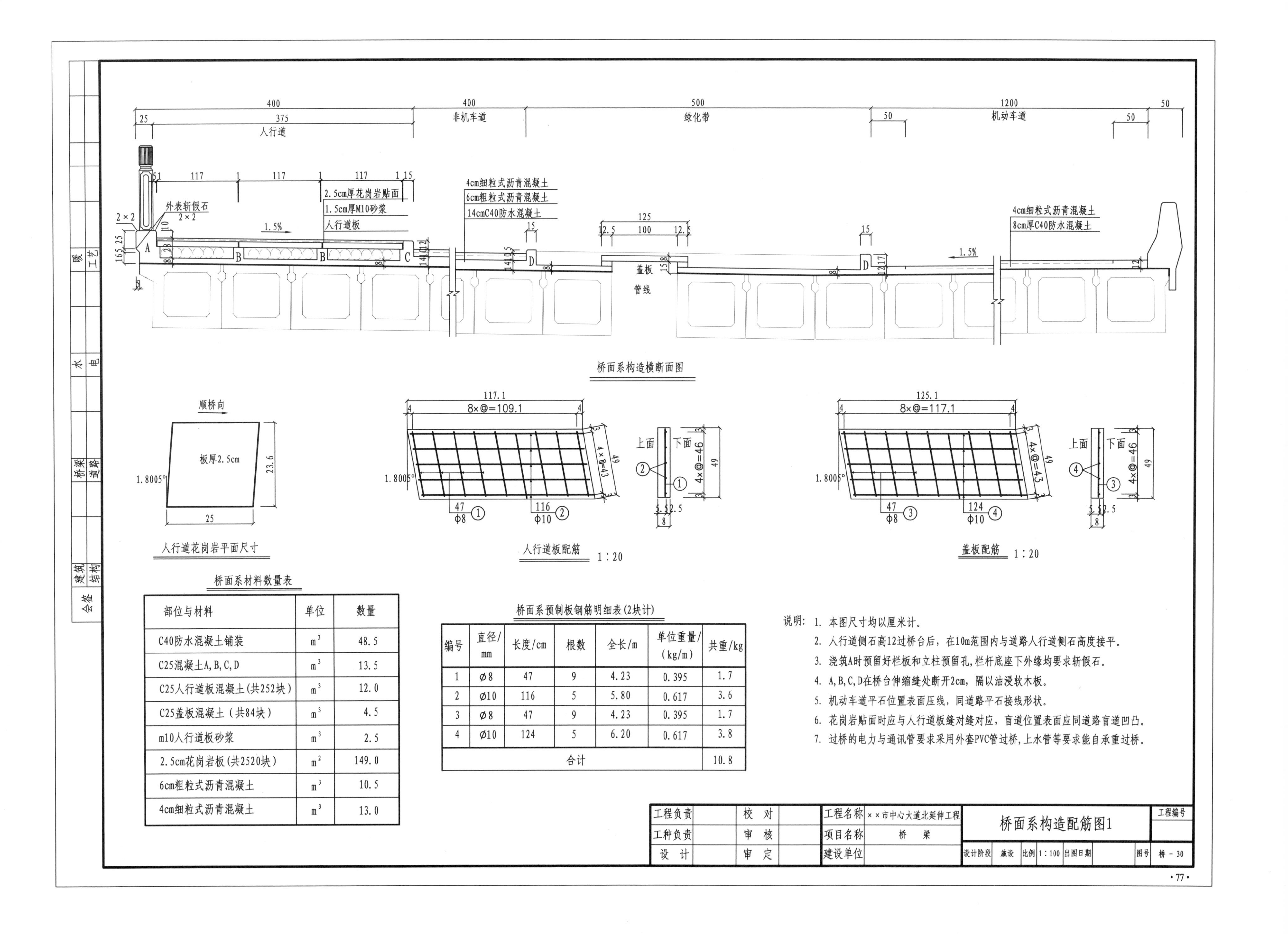

桥面系材料数量表

部位与材料	单位	数量
C40防水混凝土铺装	m^3	48.5
C25混凝土A,B,C,D	m^3	13.5
C25人行道板混凝土(共252块)	m^3	12.0
C25盖板混凝土（共84块）	m^3	4.5
m10人行道板砂浆	m^3	2.5
2.5cm花岗岩板(共2520块)	m^2	149.0
6cm粗粒式沥青混凝土	m^3	10.5
4cm细粒式沥青混凝土	m^3	13.0

桥面系预制板钢筋明细表(2块计)

编号	直径/mm	长度/cm	根数	全长/m	单位重量/(kg/m)	共重/kg
1	Ø8	47	9	4.23	0.395	1.7
2	Ø10	116	5	5.80	0.617	3.6
3	Ø8	47	9	4.23	0.395	1.7
4	Ø10	124	5	6.20	0.617	3.8
合计						10.8

说明：
1. 本图尺寸均以厘米计。
2. 人行道侧石高12过桥台后，在10m范围内与道路人行道侧石高度接平。
3. 浇筑A时预留好栏板和立柱预留孔，栏杆底座下外缘均要求斩假石。
4. A,B,C,D在桥台伸缩缝处断开2cm，隔以油浸软木板。
5. 机动车道平石位置表面压线，同道路平石接线形状。
6. 花岗岩贴面时应与人行道板缝对缝对应，盲道位置表面应同道路盲道凹凸。
7. 过桥的电力与通讯管要求采用外套PVC管过桥，上水管等要求能自承重过桥。

工程负责		校 对		工程名称	××市中心大道北延伸工程
工种负责		审 核		项目名称	桥 梁
设 计		审 定		建设单位	

桥面系构造配筋图1

工程编号 | 设计阶段 施设 | 比例 1:100 | 出图日期 | 图号 桥－30

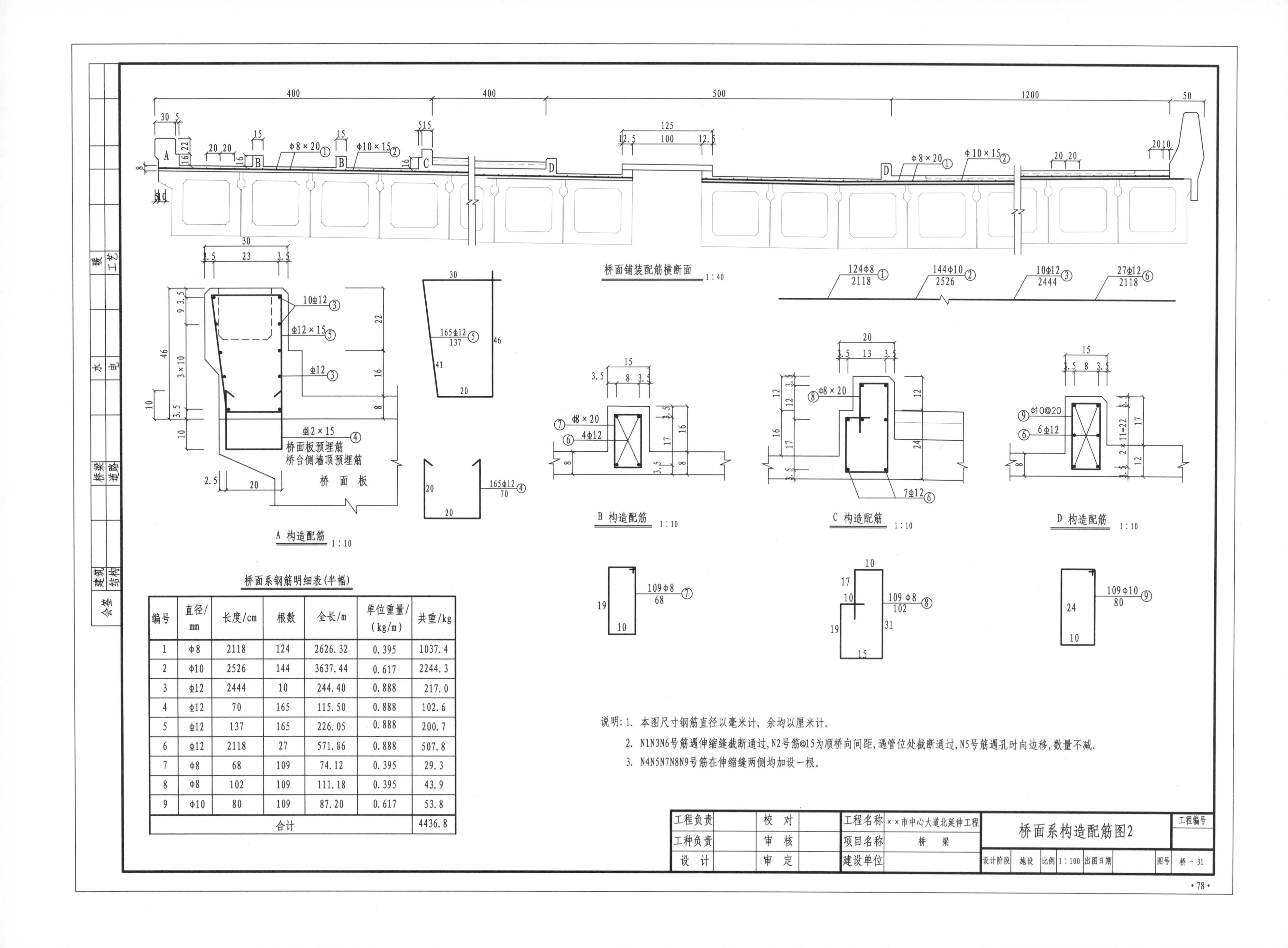

桥面系钢筋明细表(半幅)

编号	直径/mm	长度/cm	根数	全长/m	单位重量/(kg/m)	共重/kg
1	Φ8	2118	124	2626.32	0.395	1037.4
2	Φ10	2526	144	3637.44	0.617	2244.3
3	Φ12	2444	10	244.40	0.888	217.0
4	Φ12	70	165	115.50	0.888	102.6
5	Φ12	137	165	226.05	0.888	200.7
6	Φ12	2118	27	571.86	0.888	507.8
7	Φ8	68	109	74.12	0.395	29.3
8	Φ8	102	109	111.18	0.395	43.9
9	Φ10	80	109	87.20	0.617	53.8
合计						4436.8

说明：1. 本图尺寸钢筋直径以毫米计，余均以厘米计。

2. N1N3N6号筋遇伸缩缝截断通过，N2号筋@15为顺桥向间距，遇管位处截断通过，N5号筋遇孔时向边移，数量不减。

3. N4N5N7N8N9号筋在伸缩缝两侧均加设一根。

工程负责		校 对		工程名称	××市中心大道北延伸工程	桥面系构造配筋图2	工程编号
工种负责		审 核		项目名称	桥 梁		
设 计		审 定		建设单位		设计阶段 施设 比例 1:100 出图日期	图号 桥-31

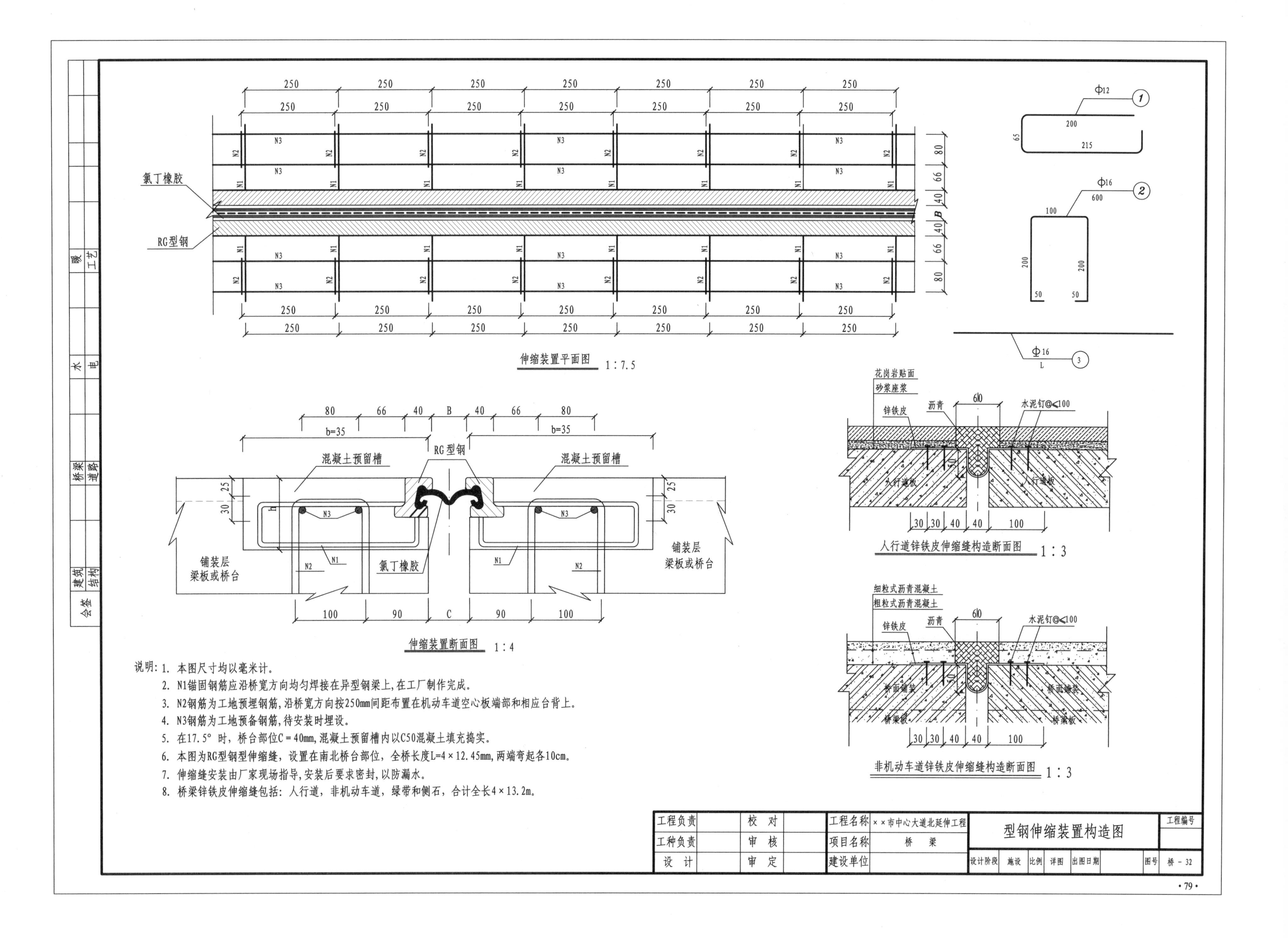

说明：1. 本图尺寸均以毫米计。
2. N1锚固钢筋应沿桥宽方向均匀焊接在异型钢梁上，在工厂制作完成。
3. N2钢筋为工地预埋钢筋，沿桥宽方向按250mm间距布置在机动车道空心板端部和相应台背上。
4. N3钢筋为工地预备钢筋，待安装时埋设。
5. 在17.5°时，桥台部位C＝40mm，混凝土预留槽内以C50混凝土填充捣实。
6. 本图为RG型钢型伸缩缝，设置在南北桥台部位，全桥长度L=4×12.45mm，两端弯起各10cm。
7. 伸缩缝安装由厂家现场指导，安装后要求密封，以防漏水。
8. 桥梁锌铁皮伸缩缝包括：人行道，非机动车道，绿带和侧石，合计全长4×13.2m。

工程负责		校　对		工程名称	××市中心大道北延伸工程	型钢伸缩装置构造图	工程编号
工种负责		审　核		项目名称	桥　梁		
设　计		审　定		建设单位		设计阶段 施设 比例 详图 出图日期	图号 桥－32

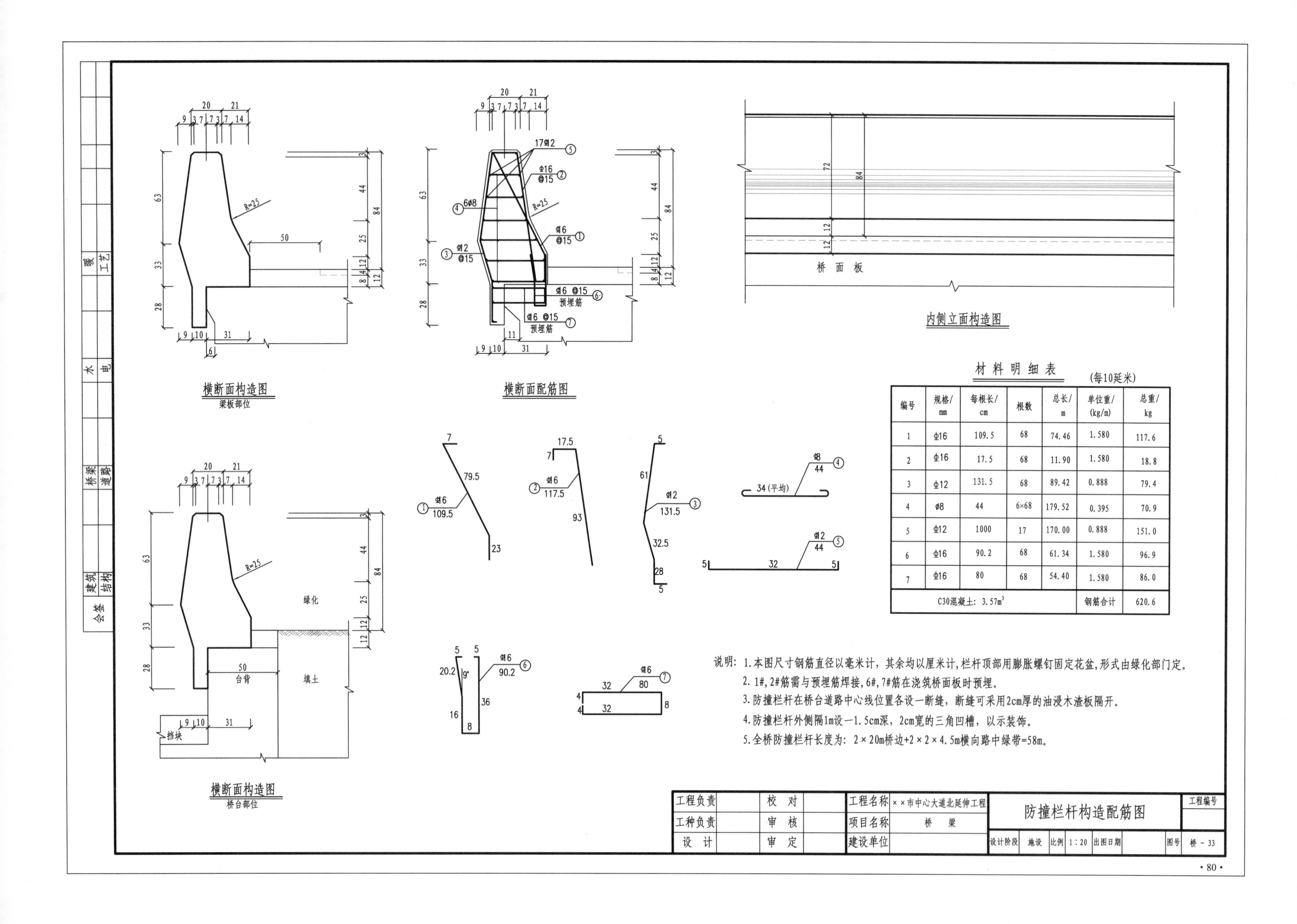

材料明细表 (每10延米)

编号	规格/mm	每根长/cm	根数	总长/m	单位重/(kg/m)	总重/kg
1	Φ16	109.5	68	74.46	1.580	117.6
2	Φ16	17.5	68	11.90	1.580	18.8
3	Φ12	131.5	68	89.42	0.888	79.4
4	ø8	44	6×68	179.52	0.395	70.9
5	Φ12	1000	17	170.00	0.888	151.0
6	Φ16	90.2	68	61.34	1.580	96.9
7	Φ16	80	68	54.40	1.580	86.0
C30混凝土: $3.57m^3$					钢筋合计	620.6

说明: 1.本图尺寸钢筋直径以毫米计，其余均以厘米计，栏杆顶部用膨胀螺钉固定花盆，形式由绿化部门定。
2. 1#，2#筋需与预埋筋焊接，6#，7#筋在浇筑桥面板时预埋。
3. 防撞栏杆在桥台道路中心线位置各设一断缝，断缝可采用2cm厚的油浸木渣板隔开。
4. 防撞栏杆外侧隔1m设一1.5cm深，2cm宽的三角凹槽，以示装饰。
5. 全桥防撞栏杆长度为: 2×20m桥边+2×2×4.5m横向路中绿带=58m。

工程负责		校对		工程名称	××市中心大道北延伸工程	防撞栏杆构造配筋图	工程编号
工种负责		审核		项目名称	桥梁		
设计		审定		建设单位		设计阶段 施设 比例 1:20 出图日期	图号 桥-33

会签: 建筑 结构 桥梁 道路 水 电 暖 工艺

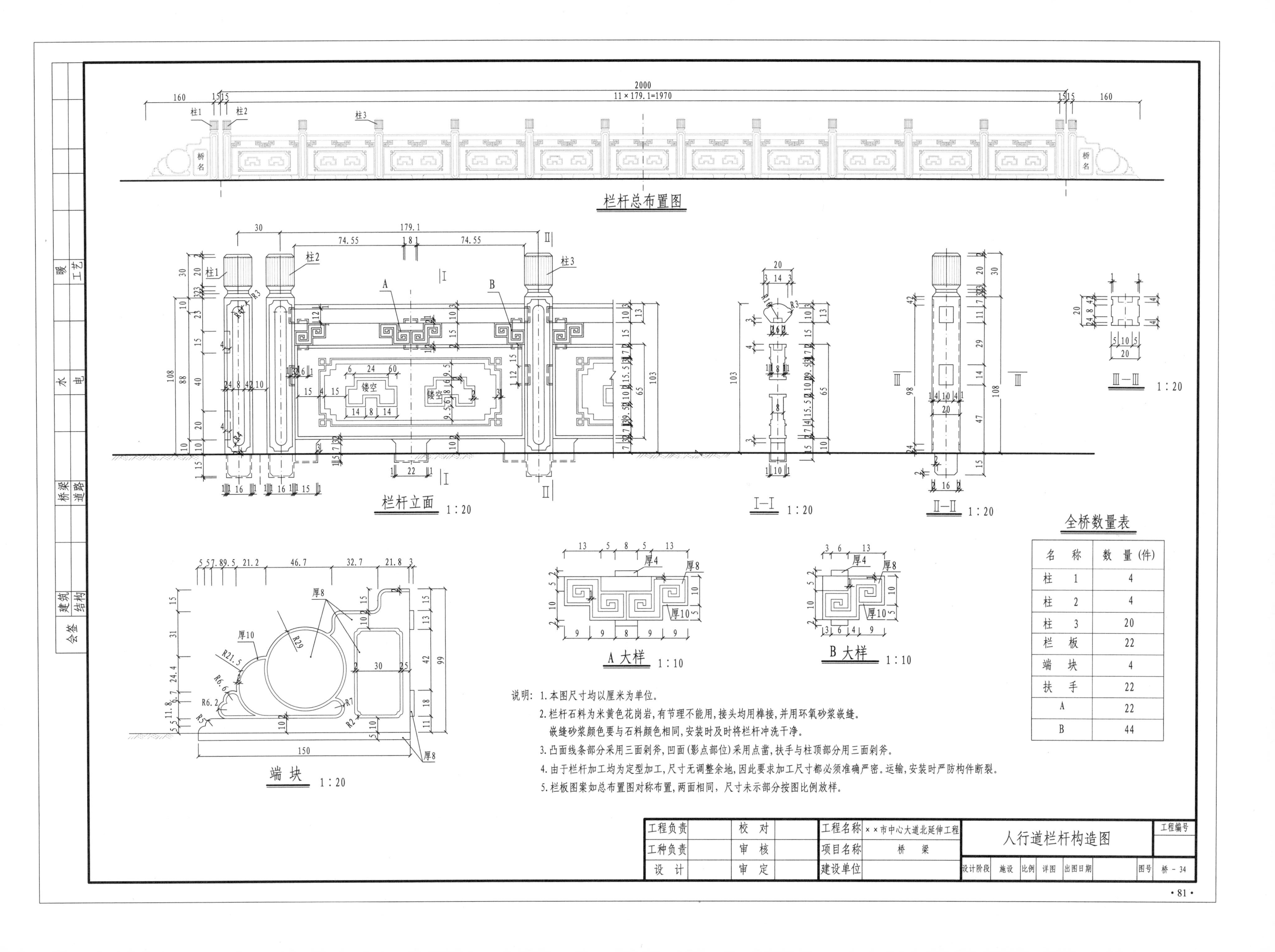

全桥数量表

名　称	数　量（件）
柱　1	4
柱　2	4
柱　3	20
栏　板	22
端　块	4
扶　手	22
A	22
B	44

说明：1. 本图尺寸均以厘米为单位。

2. 栏杆石料为米黄色花岗岩，有节理不能用，接头均用榫接，并用环氧砂浆嵌缝。嵌缝砂浆颜色要与石料颜色相同，安装时及时将栏杆冲洗干净。

3. 凸面线条部分采用三面剁斧，凹面（影点部位）采用点凿，扶手与柱顶部分用三面剁斧。

4. 由于栏杆加工均为定型加工，尺寸无调整余地，因此要求加工尺寸都必须准确严密。运输，安装时严防构件断裂。

5. 栏板图案如总布置图对称布置，两面相同，尺寸未示部分按图比例放样。

工程负责		校　对		工程名称	××市中心大道北延伸工程	人行道栏杆构造图	工程编号
工种负责		审　核		项目名称	桥　梁		
设　计		审　定		建设单位		设计阶段 施设 比例 详图 出图日期	图号 桥－34

会签：建筑 结构 / 桥梁 道路 / 水 电 / 暖 工艺

全桥主要工程数量汇总表

材料	规格＼部位	单位	下部结构				上部结构	桥面系			驳坎	
			桥台									
			D100钻孔桩	基础	台身	台帽	预制空心板	桥面铺装与铰缝	人行道与侧石	防撞栏杆	基础	克顶
混凝土	C40混凝土	m^3					472.5	44.0				
	C30混凝土	m^3								20.8		
	C25混凝土	m^3	1830.0	693.0		157.0			30.0		90.0	4.4
	C20混凝土	m^3			1211.5							
	C15混凝土	m^3		71.0							16.0	
钢材	普通钢筋	t	64.1	35.0		3.9	62.0		3.5	3.6		
	预应力钢束	t					17.1					

其他材料：
1. 200×200×28mm板式氯丁橡胶支座 96套。
   200×200×28mm板式四氟氯丁橡胶支座 96套。
2. 锌铁皮伸缩缝 52.8m。
3. 型钢伸缩缝 配套供应 49.80m。
4. 锚具及螺旋筋等成套数量 OVm Bm15-3 计464套。
   锚具及螺旋筋等成套数量 OVm Bm15-4 计16套。
5. 波纹管内径φ20×60mm 数量4579.6m。
   波纹管内径φ20×70mm 数量158.4m。
6. 桥面人行道花岗岩铺面 149.0m²。
7. 人行道板M10水泥砂浆 2.5m³。
8. 桥面细粒式沥青混凝土 13.0m³。
9. 桥面粗粒式沥青混凝土 10.5m³。
10. 桥面人行道温岭青石栏杆 47.0m。
11. 驳坎浆砌块石墙身 258.0m³。
12. 驳坎与桥台前块石铺砌C20细石混凝土灌缝 128.0m³。

说明：1. 桥面铺装为S6防水混凝土。
2. 支座与伸缩缝等要求配套供应。

会签	建筑	结构	桥梁	道路	水	电	暖	工艺

工程负责		校对		工程名称	××市中心大道北延伸工程	全桥主要工程数量汇总表	工程编号
工种负责		审核		项目名称	桥梁		
设计		审定		建设单位		设计阶段 施设 比例 出图日期	图号 桥－35

项目三　排水及排水结构工程施工图纸

排水施工图说明

一、设计依据

1.《××市中心大道北延伸工程初步设计》

2.《××市中心大道北延伸工程初步设计会议纪要》

二、工程内容

本次设计范围为××市中心大道北延伸工程(东西大道—滨河大道)，全长1930m的配套雨污水管道

排水体制：雨污分流制

三、管材、接口及管道基础

1.管材：除特殊标明外，其余D225、D300及覆土小于4m的D400采用UPVC管，覆土大于4m的D400及D500~D1500采用钢混凝土管。

2.接口形式：采用橡胶圈接口

3.管道基础详见结构图纸

四、施工方法

1.采用大开挖施工，由深及浅。

2.钢制管配件防腐：

内防腐：IPN8710-1防腐涂料一道喷涂；IPN8710-2B二道，总厚度大于200μm。

施工现场的所有电焊缝必须做好防腐处理。

五、注意事项

1.道路最低处设置的雨水口位置不应移动。

2.道路交叉口最低点处设置的雨水口位置亦不应移动。准确位置需按道路交叉口竖向设计图定位。

3.雨水口支管：D225，i=0.01。

4.落底雨水检查井落底深度为50cm；雨水口落底30cm。

5.不落底检查井必须做流槽。

6.雨污水预留井预留一节管子，管口封堵。

7.规划交叉口，预留井管道应与规划道路中心线平行。

8.施工中若遇需另增设道路两侧临时沟通管涵时，报设计院，以便施工前调整。

9.管道穿越河道处应请河道设计单位注意加固保护。

六、验收标准

要求雨水管做闭水试验，验收按《给水排水管道工程施工及验收规范（GB 50268—2008）》及其他有关规范标准执行。

钢管焊缝及防腐应进行严格检验，质量要求必须符合GB 50235-1997规定。

会签	建筑	结构	桥梁	道路	水	电	暖	工艺

工程负责		校对		工程名称	××市中心大道北延伸工程	排水施工图说明				工程编号	
工种负责		审核		项目名称	排水及排水结构						
设计		审定		建设单位		设计阶段	施设	比例	出图日期	图号	水-01

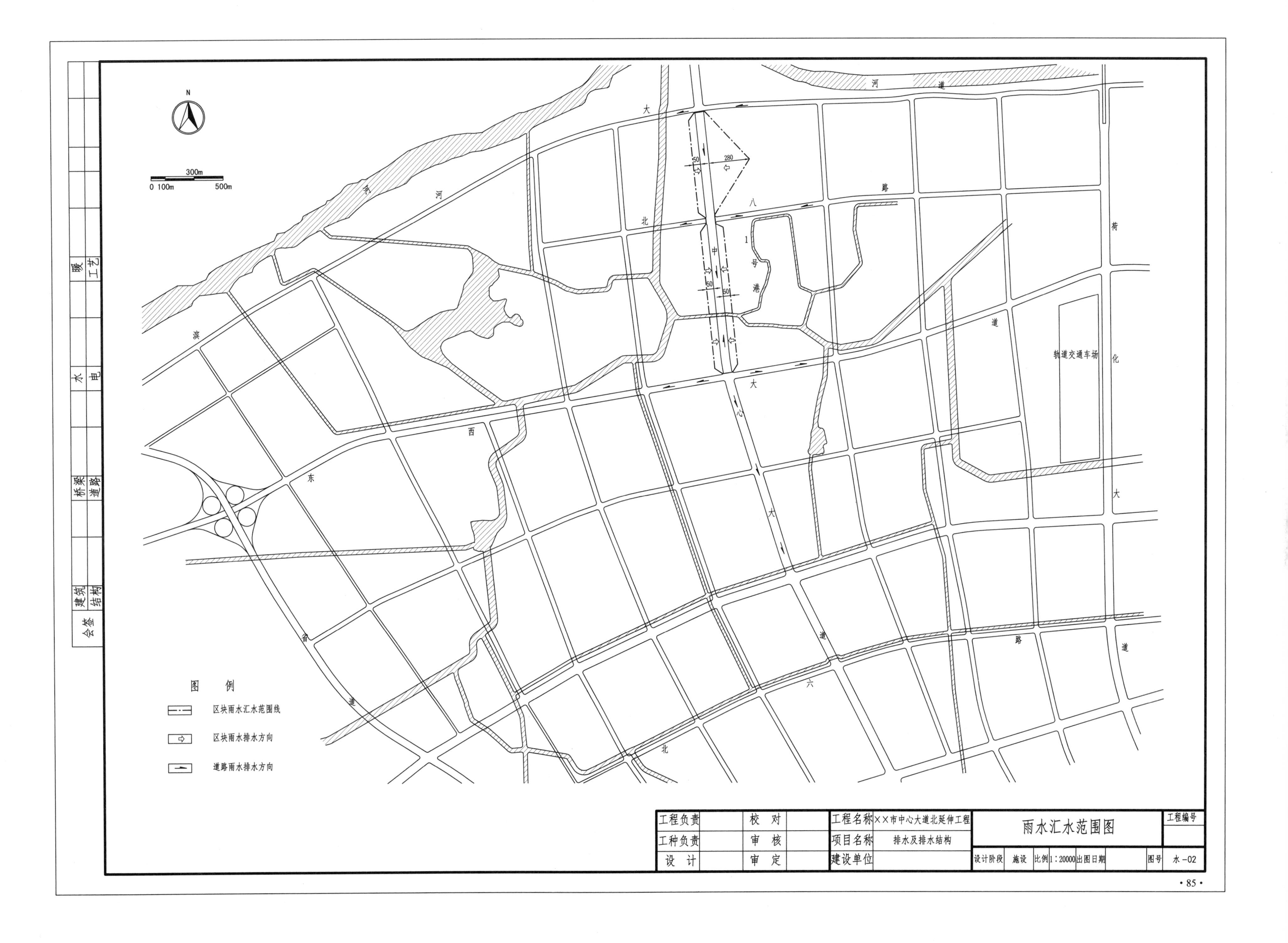
N
300m
0 100m
500m
滨
河
路
大
北
八
中
1
号
港
50
280
50
50
西
东
大
心
大
道
六
北
路
道
省
道
荷
化
大
道
轨道交通车场
图　例
区块雨水汇水范围线
区块雨水排水方向
道路雨水排水方向
会签
建筑
结构
桥梁
道路
水
电
暖
工艺
工程负责
工种负责
设　计
校　对
审　核
审　定
工程名称
××市中心大道北延伸工程
项目名称
排水及排水结构
建设单位
雨水汇水范围图
工程编号
设计阶段
施设
比例
1:20000
出图日期
图号
水-02

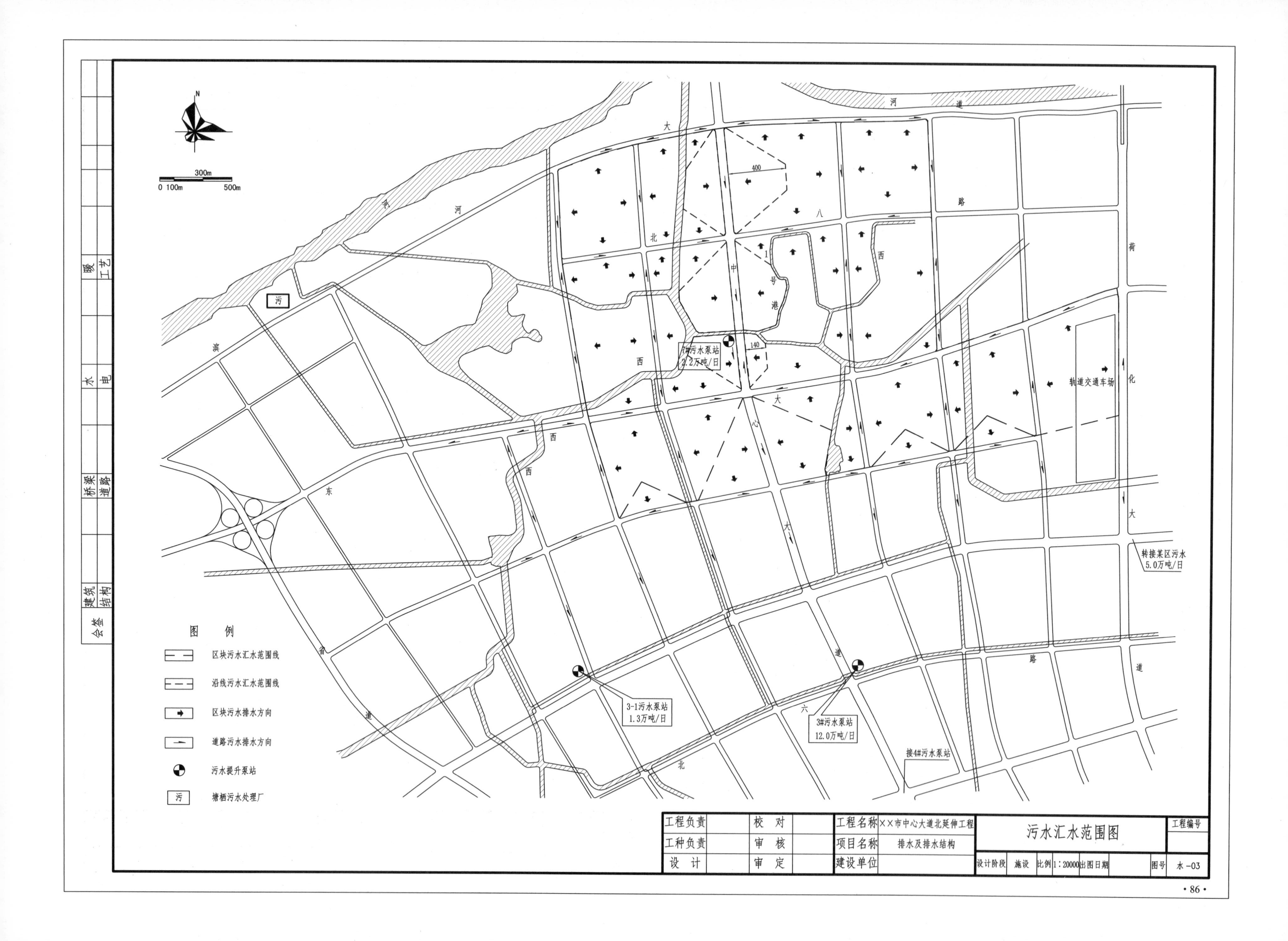

会签
建筑
结构
桥梁
道路
水
电
暖
工艺
N
0 100m
300m
500m
污
7#污水泵站
2.2万吨/日
3-1污水泵站
1.3万吨/日
3#污水泵站
12.0万吨/日
接4#污水泵站
转接某区污水
5.0万吨/日
轨道交通车场
400
140
图 例
区块污水汇水范围线
沿线污水汇水范围线
区块污水排水方向
道路污水排水方向
污水提升泵站
塘栖污水处理厂
工程负责
工种负责
设 计
校 对
审 核
审 定
工程名称
××市中心大道北延伸工程
项目名称
排水及排水结构
建设单位
污水汇水范围图
工程编号
设计阶段
施设
比例
1:20000
出图日期
图号
水-03

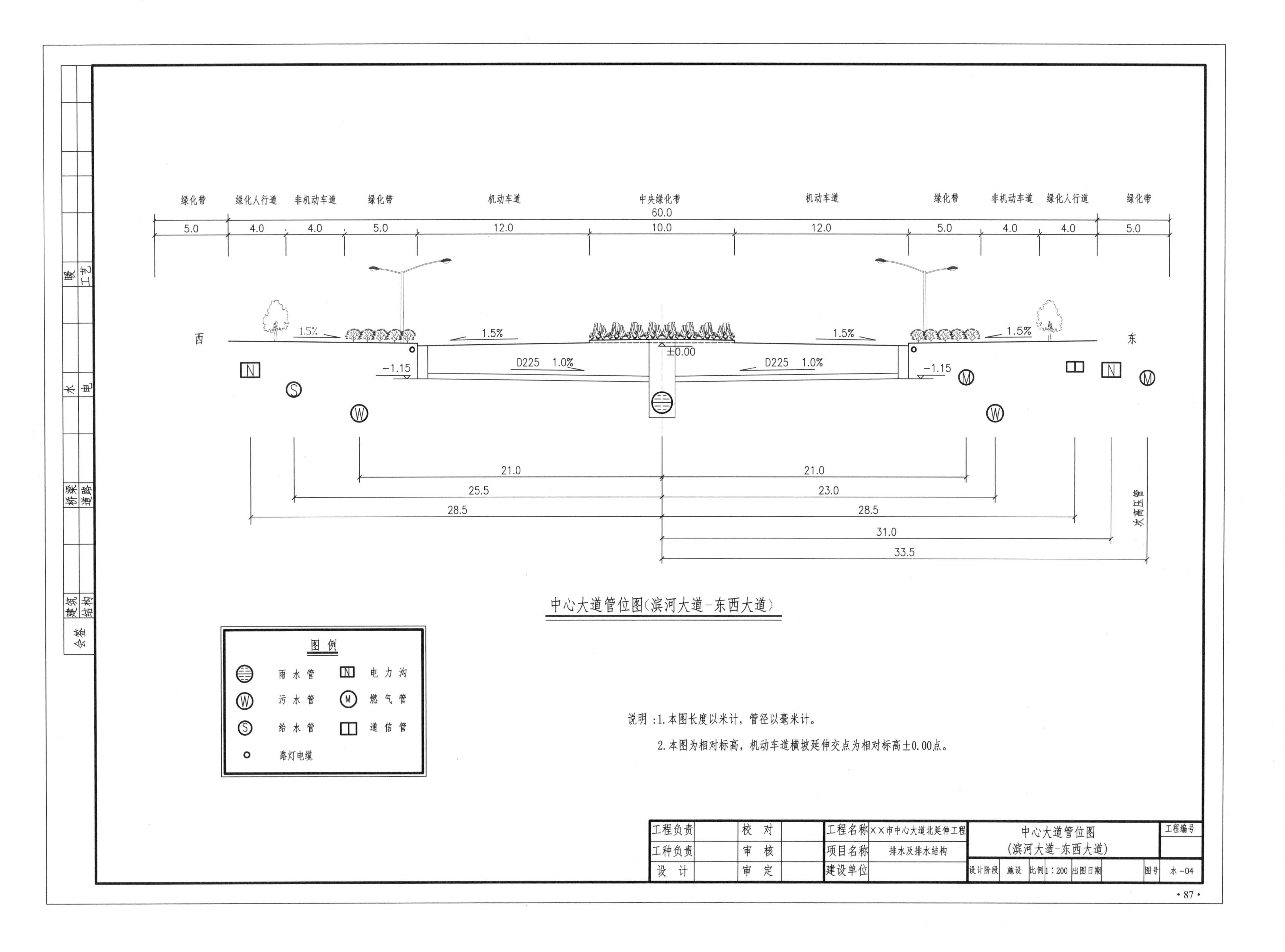
绿化带
绿化人行道
非机动车道
绿化带
机动车道
中央绿化带
机动车道
绿化带
非机动车道
绿化人行道
绿化带
60.0
5.0
4.0
4.0
5.0
12.0
10.0
12.0
5.0
4.0
4.0
5.0
西
东
1.5%
±0.00
−1.15
D225 1.0%
21.0
25.5
28.5
23.0
31.0
33.5
次高压管
中心大道管位图(滨河大道-东西大道)
图例
雨水管
污水管
给水管
路灯电缆
电力沟
燃气管
通信管
说明：1. 本图长度以米计，管径以毫米计。
2. 本图为相对标高，机动车道横坡延伸交点为相对标高±0.00点。
工程负责
工种负责
设计
校对
审核
审定
工程名称
××市中心大道北延伸工程
项目名称
排水及排水结构
建设单位
中心大道管位图
(滨河大道-东西大道)
工程编号
设计阶段
施设
比例
1:200
出图日期
图号
水-04
暖
工艺
水
电
桥梁
道路
建筑
结构
会签

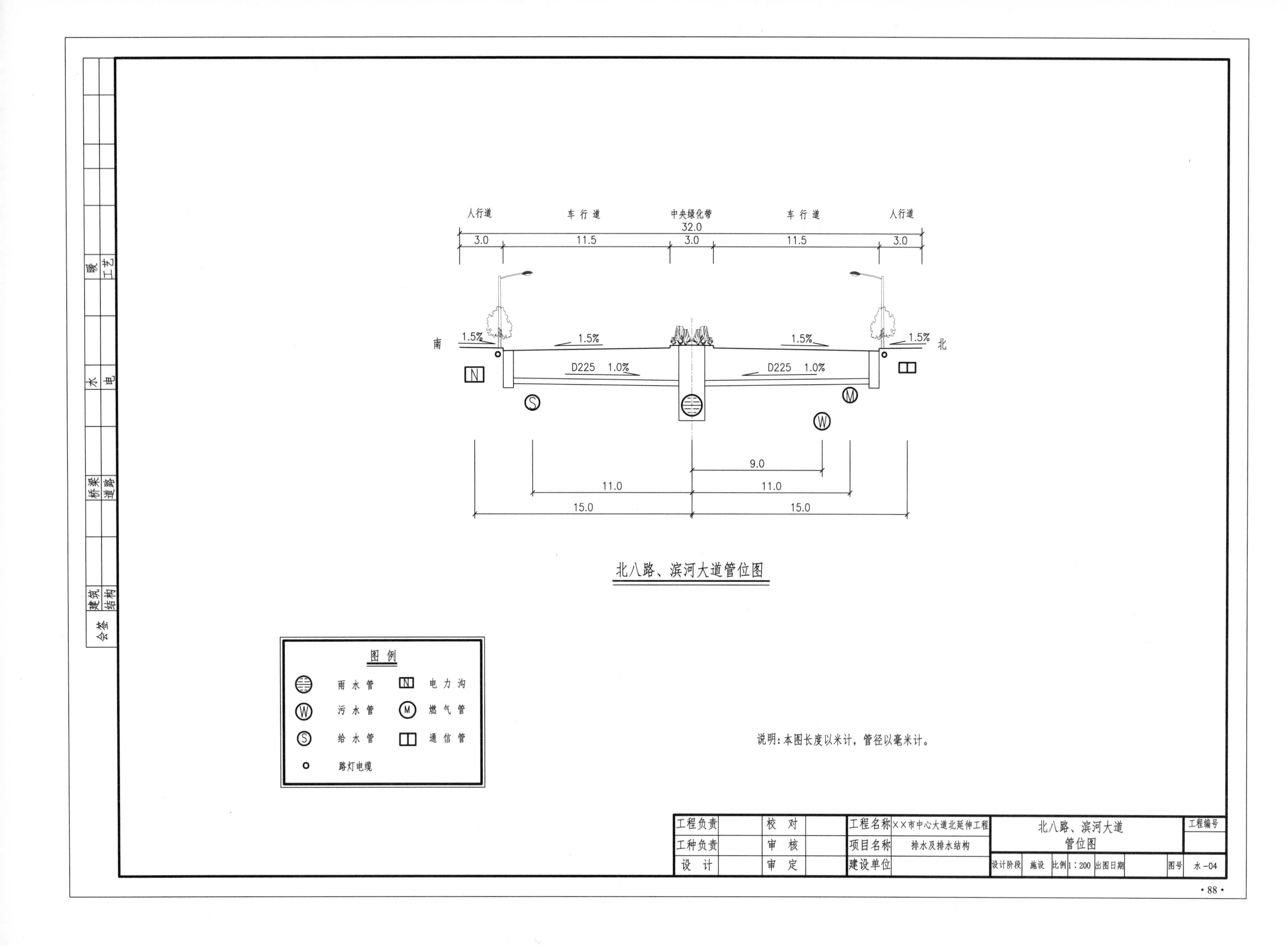

会签
建筑
结构
桥梁
道路
水
电
暖
工艺
人行道
车 行 道
中央绿化带
车 行 道
人行道
32.0
3.0
11.5
3.0
11.5
3.0
南
北
1.5%
1.5%
1.5%
1.5%
D225 1.0%
D225 1.0%
9.0
11.0
11.0
15.0
15.0
北八路、滨河大道管位图
图 例
雨 水 管
污 水 管
给 水 管
路灯电缆
电 力 沟
燃 气 管
通 信 管
说明：本图长度以米计，管径以毫米计。
工程负责
工种负责
设 计
校 对
审 核
审 定
工程名称
××市中心大道北延伸工程
项目名称
排水及排水结构
建设单位
北八路、滨河大道
管位图
工程编号
设计阶段
施设
比例
1：200
出图日期
图号
水-04

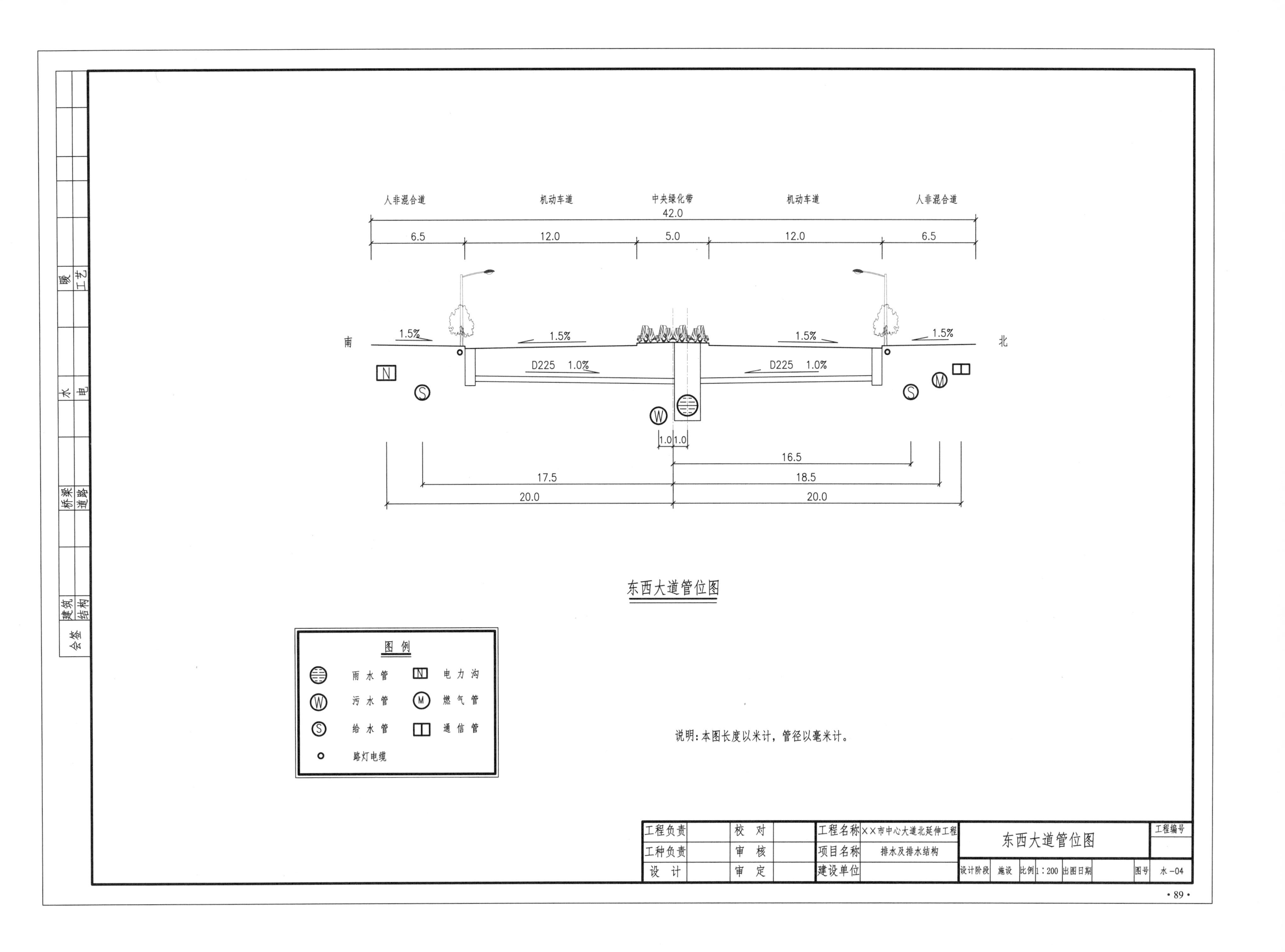
人非混合道
机动车道
中央绿化带
机动车道
人非混合道
42.0
6.5
12.0
5.0
12.0
6.5
南
北
1.5%
1.5%
1.5%
1.5%
D225 1.0%
D225 1.0%
1.0
1.0
16.5
17.5
18.5
20.0
20.0
东西大道管位图
图例
雨水管
污水管
给水管
路灯电缆
电力沟
燃气管
通信管
说明：本图长度以米计，管径以毫米计。
工程负责
工种负责
设计
校对
审核
审定
工程名称
××市中心大道北延伸工程
项目名称
排水及排水结构
建设单位
东西大道管位图
工程编号
设计阶段
施设
比例
1:200
出图日期
图号
水-04
暖
工艺
水
电
桥梁
道路
建筑
结构
会签

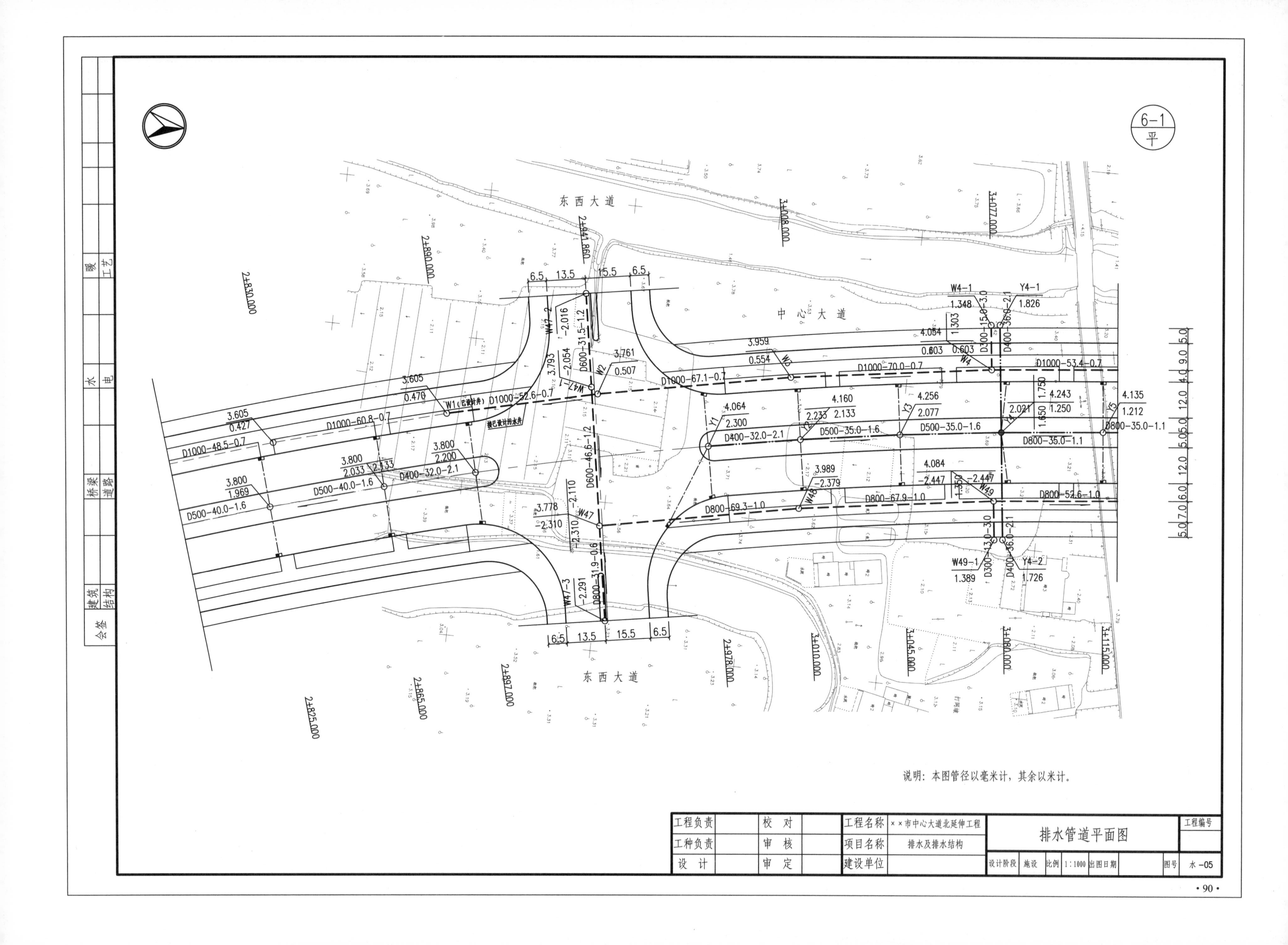
会签
建筑
结构
桥梁
道路
水
电
暖
工艺
6-1
平
东西大道
中心大道
D1000-48.5-0.7
D1000-60.8-0.7
D1000-52.6-0.7
D500-40.0-1.6
D400-32.0-2.1
D800-31.9-0.6
D600-46.6-1.2
D600-31.5-1.2
D1000-67.1-0.7
D1000-70.0-0.7
D1000-53.4-0.7
D400-32.0-2.1
D500-35.0-1.6
D800-35.0-1.1
D800-69.3-1.0
D800-67.9-1.0
D800-52.6-1.0
D300-15.0-3.0
D400-36.0-2.1
D300-13.0-3.0
W1（已设计井）
接已设计污水井
W2
W3
W4
W4-1
W47
W47-1
W47-2
W47-3
W48
W49
W49-1
Y1
Y2
Y3
Y4
Y4-1
Y4-2
Y5
2+825.000
2+830.000
2+865.000
2+890.000
2+897.000
2+941.860
2+978.000
3+008.000
3+010.000
3+045.000
3+077.000
3+080.000
3+115.000
6.5 13.5 15.5 6.5
5.0 7.0 6.0 12.0 5.0 5.0 12.0 4.0 9.0 5.0
说明：本图管径以毫米计，其余以米计。
工程负责
工种负责
设计
校对
审核
审定
工程名称
××市中心大道北延伸工程
项目名称
排水及排水结构
建设单位
排水管道平面图
工程编号
设计阶段
施设
比例
1:1000
出图日期
图号
水-05
·90·

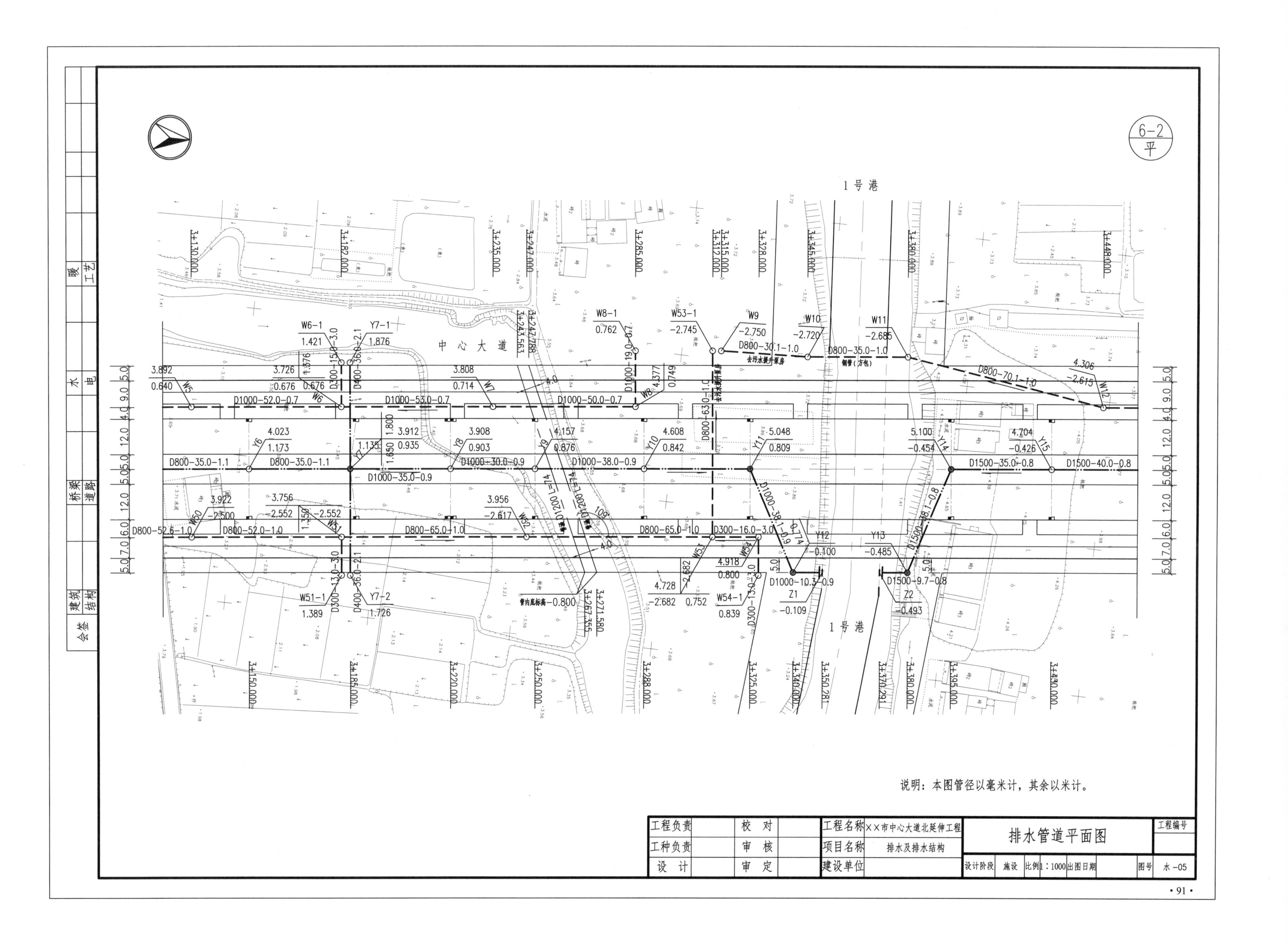
6-2
平
1号港
中心大道
说明：本图管径以毫米计，其余以米计。
工程负责
工种负责
设 计
校 对
审 核
审 定
工程名称 ××市中心大道北延伸工程
项目名称 排水及排水结构
建设单位
排水管道平面图
工程编号
设计阶段 施设 比例1：1000 出图日期
图号 水-05
暖
工艺
水
电
桥梁
道路
建筑
结构
会签

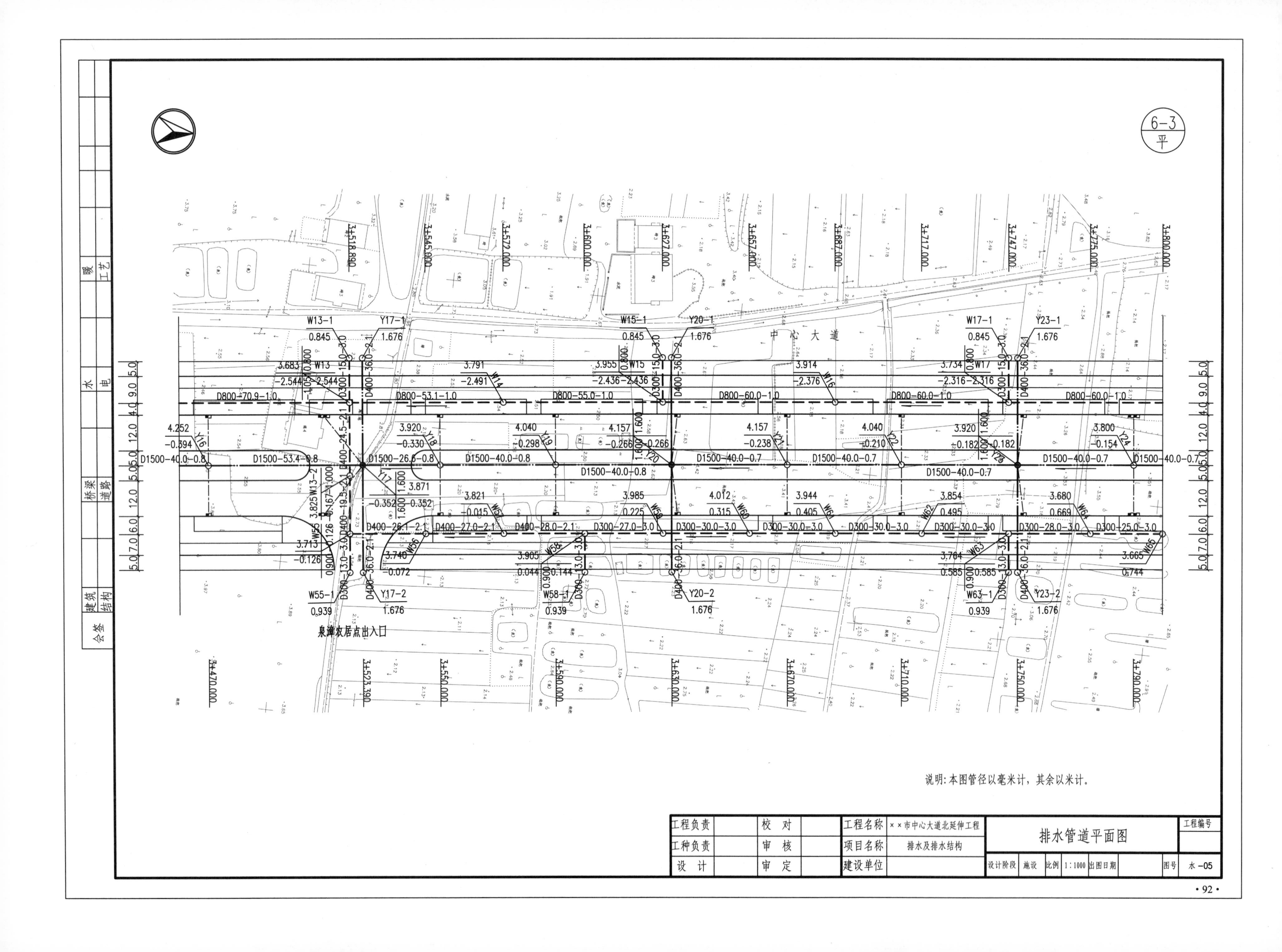
6-3
平
中心大道
泉湾农居点出入口
说明：本图管径以毫米计，其余以米计。
工程负责
工种负责
设计
校对
审核
审定
工程名称 ××市中心大道北延伸工程
项目名称 排水及排水结构
建设单位
排水管道平面图
工程编号
设计阶段 施设
比例 1:1000
出图日期
图号 水-05
会签
建筑
结构
桥梁
道路
水
电
暖
工艺

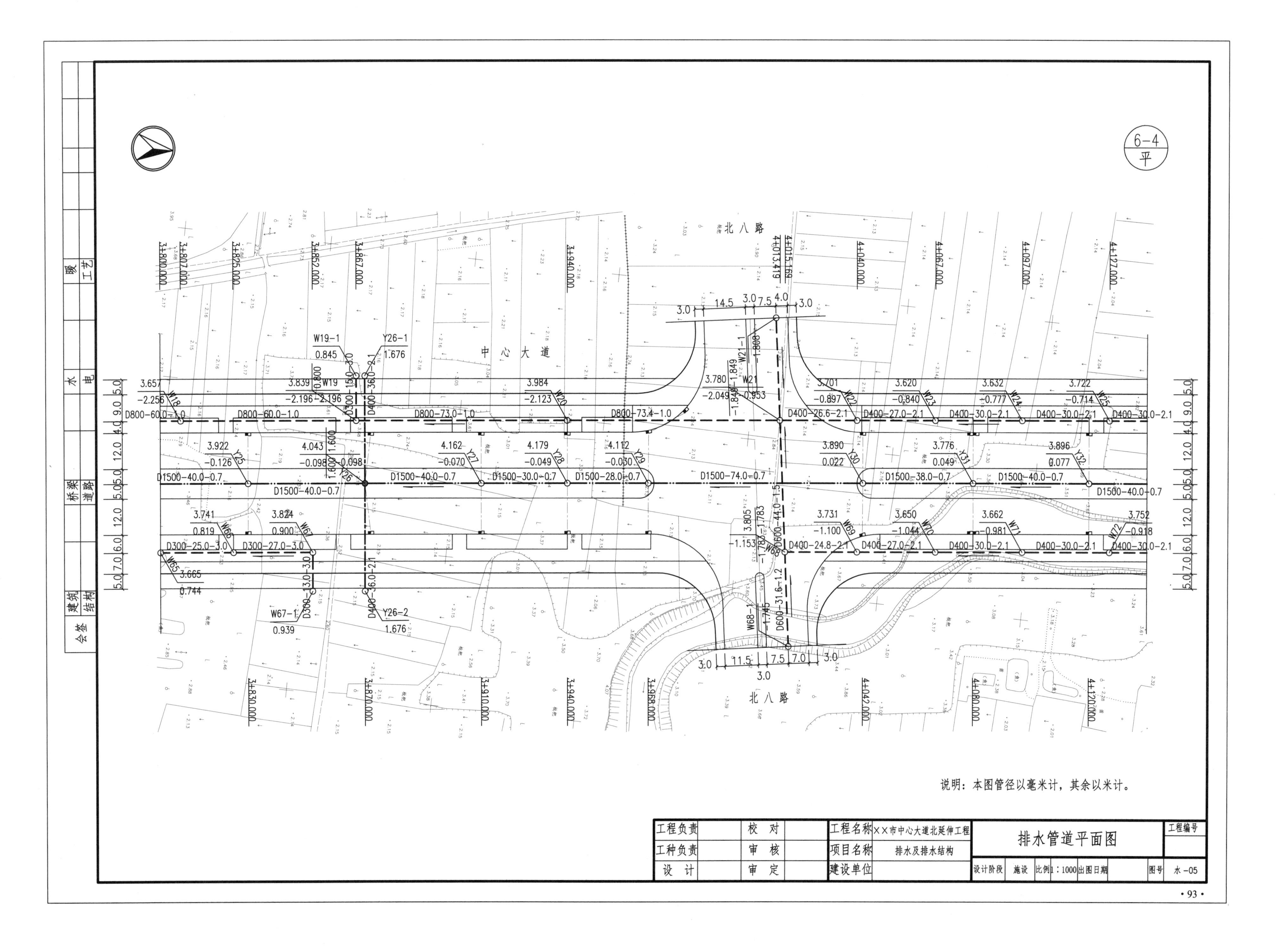

工程负责		校　对		工程名称	××市中心大道北延伸工程	排水管道平面图	工程编号
工种负责		审　核		项目名称	排水及排水结构		
设　计		审　定		建设单位		设计阶段 施设 比例 1:1000 出图日期	图号 水-05

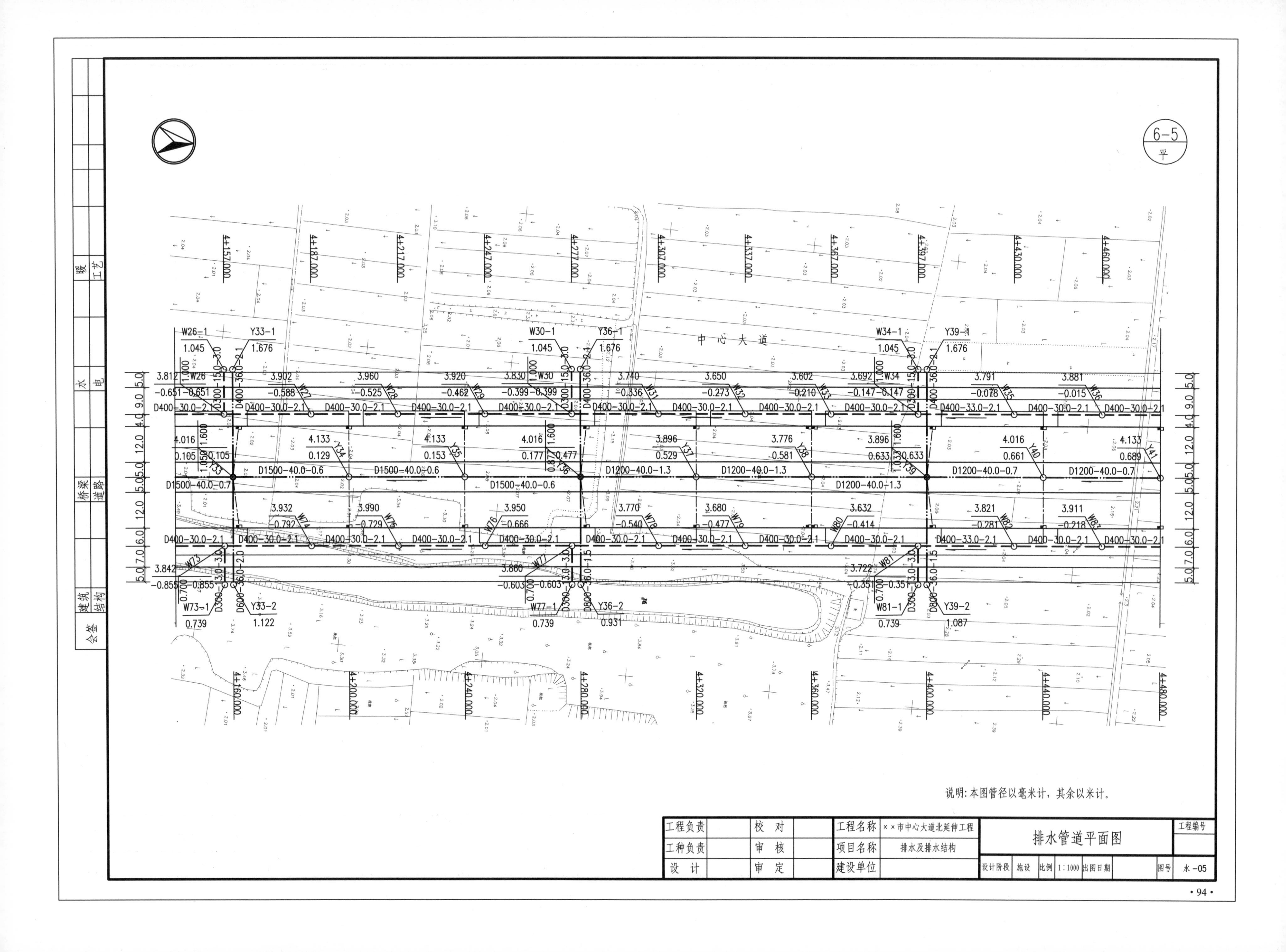

会签
建筑
结构
桥梁
道路
水
电
暖
工艺
6-5
平
中心大道
说明：本图管径以毫米计，其余以米计。
工程负责
工种负责
设计
校对
审核
审定
工程名称
××市中心大道北延伸工程
项目名称
排水及排水结构
建设单位
排水管道平面图
工程编号
设计阶段
施设
比例
1:1000
出图日期
图号
水-05

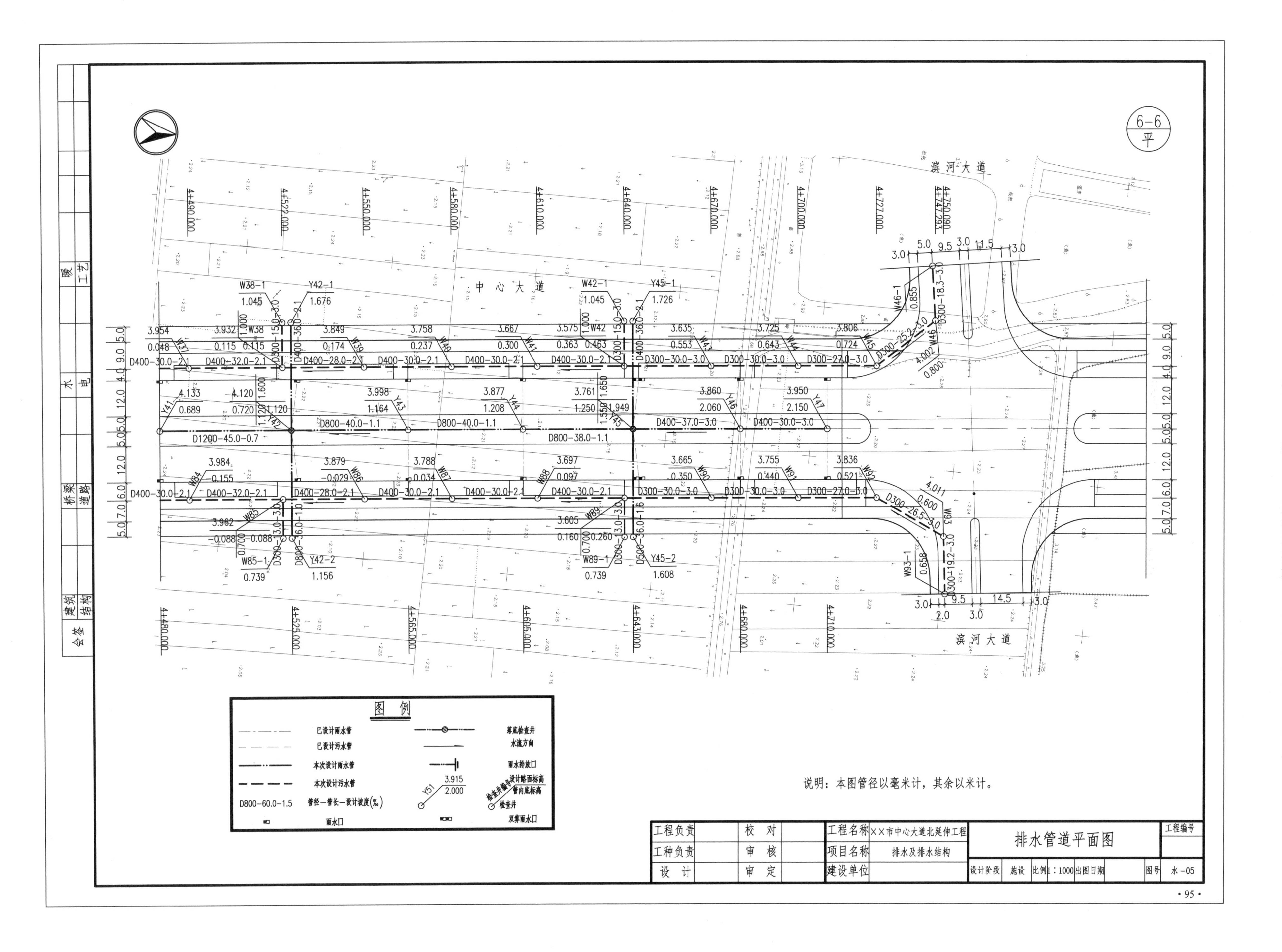
6-6
平
滨河大道
中心大道
4+490.000
4+522.000
4+550.000
4+580.000
4+610.000
4+640.000
4+670.000
4+700.000
4+727.000
4+750.090
4+747.293
4+480.000
4+525.000
4+565.000
4+605.000
4+643.000
4+680.000
4+710.000
D1200-45.0-0.7
D800-40.0-1.1
D800-38.0-1.1
D400-37.0-3.0
D400-30.0-3.0
D300-18.3-3.0
D300-25.2-3.0
D300-26.5-3.0
D300-19.2-3.0
D400-30.0-2.1
D400-32.0-2.1
D400-28.0-2.1
D300-30.0-3.0
D300-27.0-3.0
D300-15.0-3.0
D400-36.0-2.1
D300-13.0-3.0
D800-36.0-1.0
D500-36.0-1.6
图例
已设计雨水管
已设计污水管
本次设计雨水管
本次设计污水管
D800-60.0-1.5 管径—管长—设计坡度(‰)
雨水口
落底检查井
水流方向
雨水排放口
Y51 3.915 2.000
检查井编号 设计路面标高 管内底标高
检查井
双箅雨水口
说明：本图管径以毫米计，其余以米计。
工程负责
工种负责
设计
校对
审核
审定
工程名称 ××市中心大道北延伸工程
项目名称 排水及排水结构
建设单位
排水管道平面图
工程编号
设计阶段 施设 比例 1：1000 出图日期
图号 水-05
会签
建筑
结构
桥梁
道路
水
电
暖
工艺

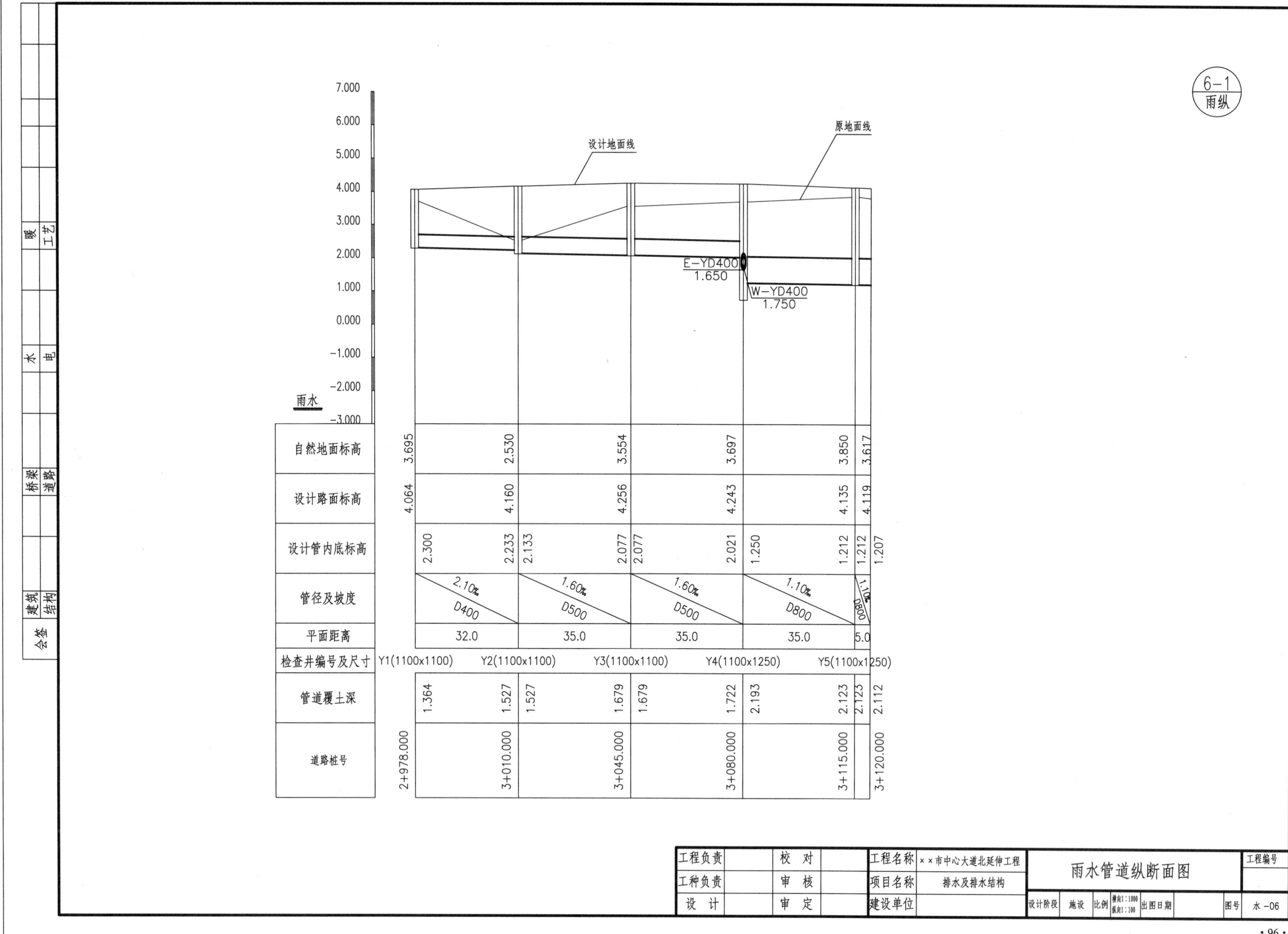
会签
建筑
结构
桥梁
道路
水
电
暖
工艺
6-1
雨纵
7.000
6.000
5.000
4.000
3.000
2.000
1.000
0.000
-1.000
-2.000
-3.000
雨水
设计地面线
原地面线
E-YD400
1.650
W-YD400
1.750
自然地面标高
3.695 2.530 3.554 3.697 3.850 3.617
设计路面标高
4.064 4.160 4.256 4.243 4.135 4.119
设计管内底标高
2.300 2.233 2.133 2.077 2.077 2.021 1.250 1.212 1.212 1.207
管径及坡度
2.10‰ D400
1.60‰ D500
1.60‰ D500
1.10‰ D800
1.1‰ D800
平面距离
32.0 35.0 35.0 35.0 5.0
检查井编号及尺寸
Y1(1100x1100) Y2(1100x1100) Y3(1100x1100) Y4(1100x1250) Y5(1100x1250)
管道覆土深
1.364 1.527 1.527 1.679 1.679 1.722 2.193 2.123 2.123 2.112
道路桩号
2+978.000 3+010.000 3+045.000 3+080.000 3+115.000 3+120.000
工程负责
工种负责
设计
校对
审核
审定
工程名称
××市中心大道北延伸工程
项目名称
排水及排水结构
建设单位
雨水管道纵断面图
工程编号
设计阶段
施设
比例
横向1:1000
纵向1:100
出图日期
图号
水-06

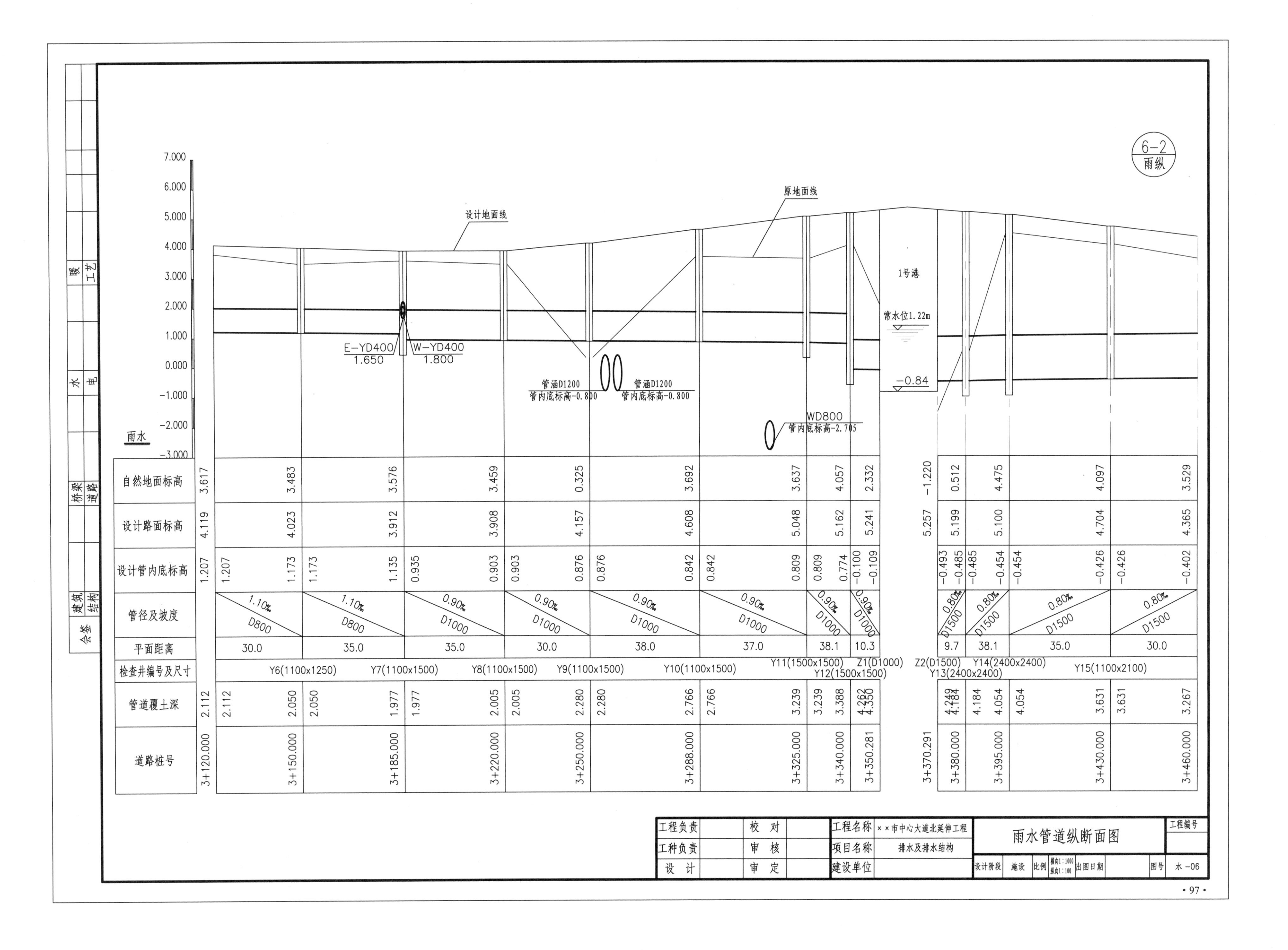

6-2
雨纵
雨水
设计地面线
原地面线
E-YD400
1.650
W-YD400
1.800
管涵D1200
管内底标高-0.800
管涵D1200
管内底标高-0.800
WD800
管内底标高-2.705
1号港
常水位1.22m
-0.84
自然地面标高
设计路面标高
设计管内底标高
管径及坡度
平面距离
检查井编号及尺寸
管道覆土深
道路桩号
Y6(1100x1250)
Y7(1100x1500)
Y8(1100x1500)
Y9(1100x1500)
Y10(1100x1500)
Y11(1500x1500)
Z1(D1000)
Y12(1500x1500)
Z2(D1500)
Y13(2400x2400)
Y14(2400x2400)
Y15(1100x2100)
3+120.000
3+150.000
3+185.000
3+220.000
3+250.000
3+288.000
3+325.000
3+340.000
3+350.281
3+370.291
3+380.000
3+395.000
3+430.000
3+460.000
工程负责
工种负责
设计
校对
审核
审定
工程名称
××市中心大道北延伸工程
项目名称
排水及排水结构
建设单位
雨水管道纵断面图
工程编号
设计阶段
施设
比例
横向1:1000
纵向1:100
出图日期
图号
水-06

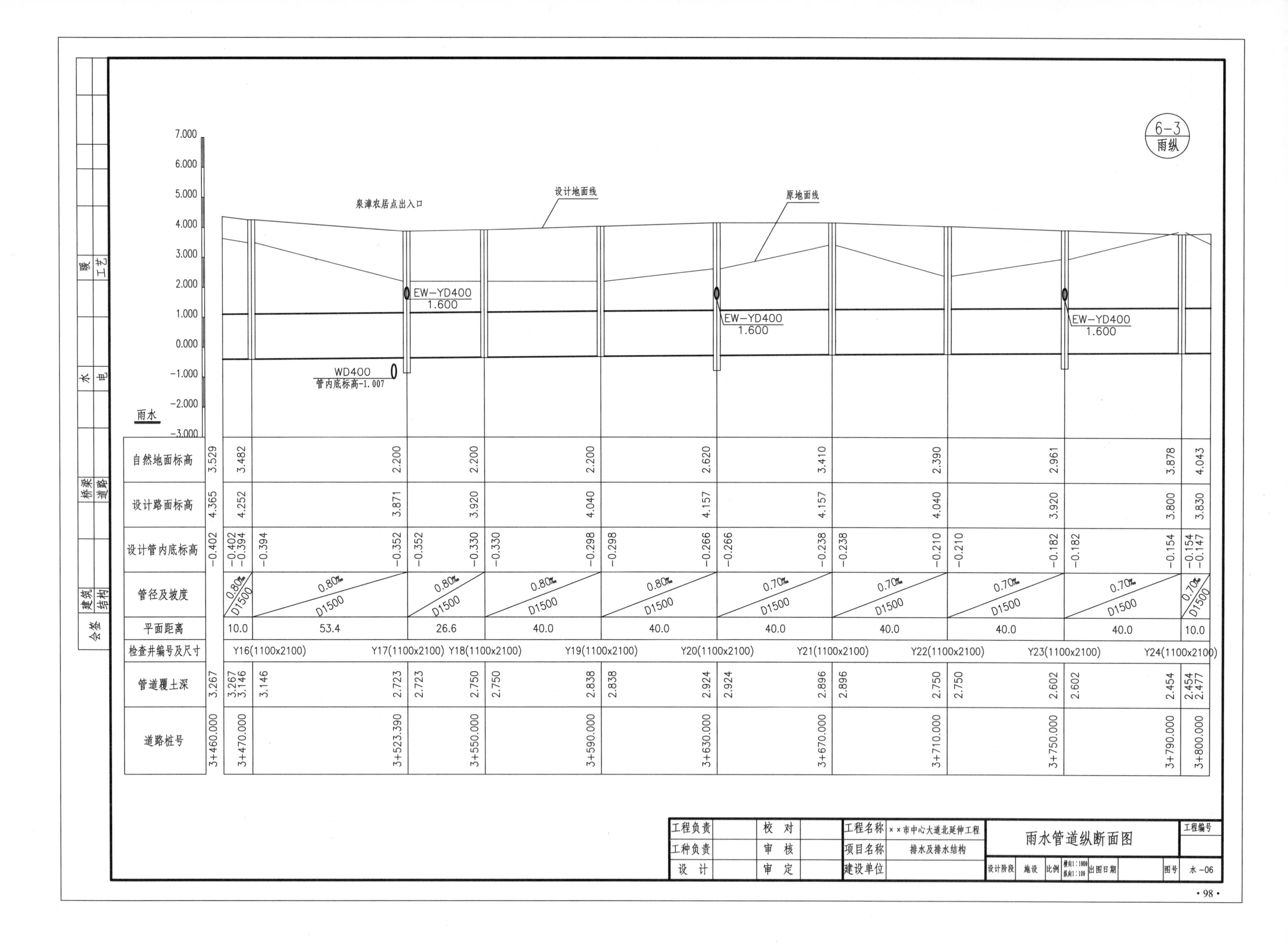

道路桩号	管道覆土深	检查井编号及尺寸	平面距离	管径及坡度	设计管内底标高	设计路面标高	自然地面标高
3+460.000	3.267				-0.402	4.365	3.529
3+470.000	3.267 3.146	Y16(1100x2100)	10.0	D1500 0.80‰	-0.402 -0.394	4.252	3.482
	3.146		53.4	D1500 0.80‰	-0.394		
3+523.390	2.723	Y17(1100x2100)			-0.352	3.871	2.200
	2.723		26.6	D1500 0.80‰	-0.352		
3+550.000	2.750	Y18(1100x2100)			-0.330	3.920	2.200
	2.750		40.0	D1500 0.80‰	-0.330		
3+590.000	2.838	Y19(1100x2100)			-0.298	4.040	2.200
	2.838		40.0	D1500 0.80‰	-0.298		
3+630.000	2.924	Y20(1100x2100)			-0.266	4.157	2.620
	2.924		40.0	D1500 0.70‰	-0.266		
3+670.000	2.896	Y21(1100x2100)			-0.238	4.157	3.410
	2.896		40.0	D1500 0.70‰	-0.238		
3+710.000	2.750	Y22(1100x2100)			-0.210	4.040	2.390
	2.750		40.0	D1500 0.70‰	-0.210		
3+750.000	2.602	Y23(1100x2100)			-0.182	3.920	2.961
	2.602		40.0	D1500 0.70‰	-0.182		
3+790.000	2.454	Y24(1100x2100)			-0.154	3.800	3.878
3+800.000	2.454 2.477		10.0	D1500 0.70‰	-0.154 -0.147	3.830	4.043

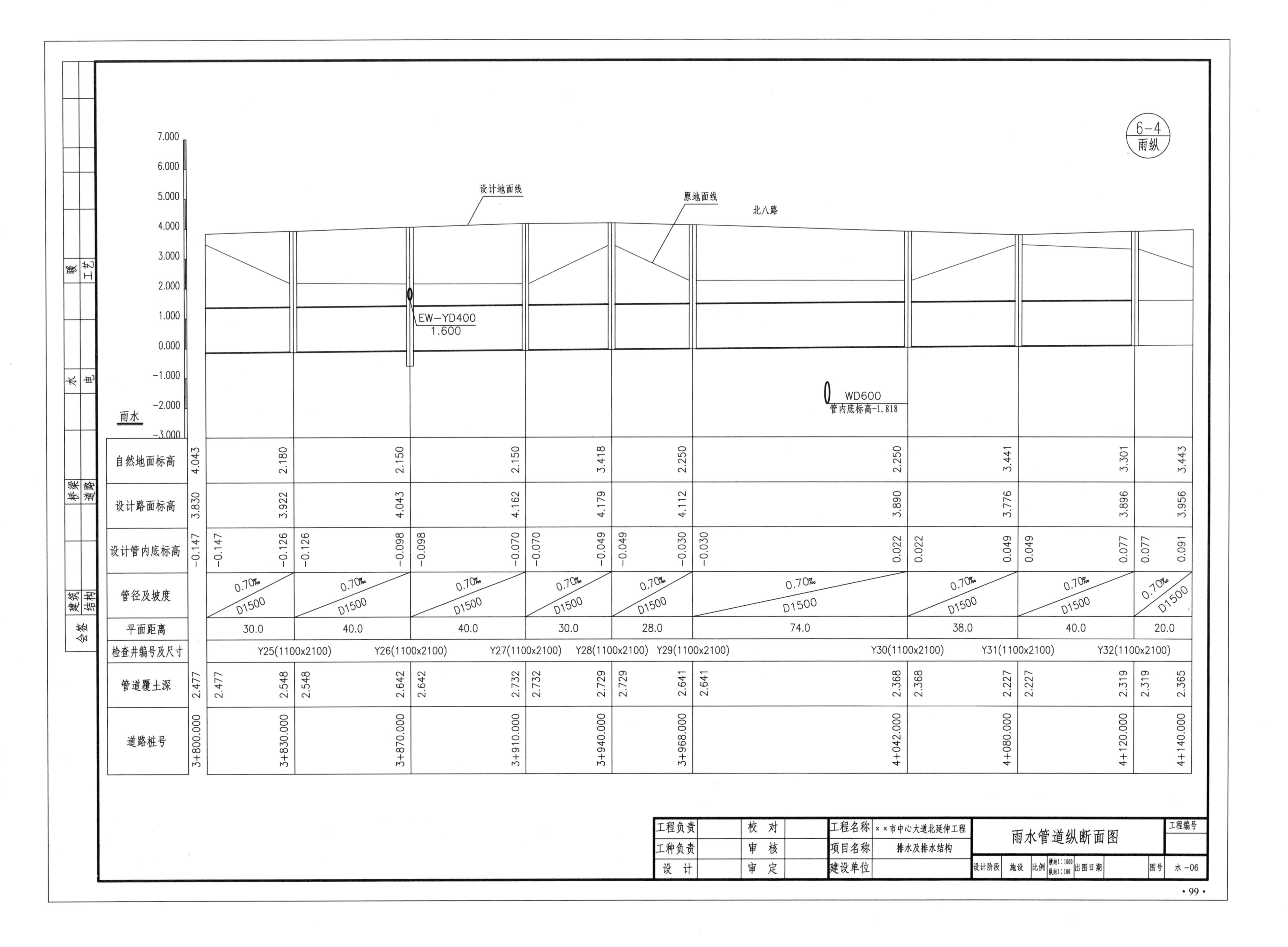

道路桩号	3+800.000		3+830.000		3+870.000		3+910.000		3+940.000		3+968.000		4+042.000		4+080.000		4+120.000		4+140.000
自然地面标高	4.043		2.180		2.150		2.150		3.418		2.250		2.250		3.441		3.301		3.443
设计路面标高	3.830		3.922		4.043		4.162		4.179		4.112		3.890		3.776		3.896		3.956
设计管内底标高	-0.147	-0.147	-0.126	-0.126	-0.098	-0.098	-0.070	-0.070	-0.049	-0.049	-0.030	-0.030	0.022	0.022	0.049	0.049	0.077	0.077	0.091
管径及坡度		0.70‰ D1500		0.70‰ D1500		0.70‰ D1500		0.70‰ D1500		0.70‰ D1500		0.70‰ D1500		0.70‰ D1500		0.70‰ D1500		0.70‰ D1500	
平面距离		30.0		40.0		40.0		30.0		28.0		74.0		38.0		40.0		20.0	
检查井编号及尺寸			Y25(1100x2100)		Y26(1100x2100)		Y27(1100x2100)		Y28(1100x2100)		Y29(1100x2100)		Y30(1100x2100)		Y31(1100x2100)		Y32(1100x2100)		
管道覆土深	2.477	2.477	2.548	2.548	2.642	2.642	2.732	2.732	2.729	2.729	2.641	2.641	2.368	2.368	2.227	2.227	2.319	2.319	2.365

工程负责		校 对		工程名称	××市中心大道北延伸工程	雨水管道纵断面图	工程编号
工种负责		审 核		项目名称	排水及排水结构		
设 计		审 定		建设单位		设计阶段 施设 比例 横向1:1000 纵向1:100 出图日期	图号 水-06

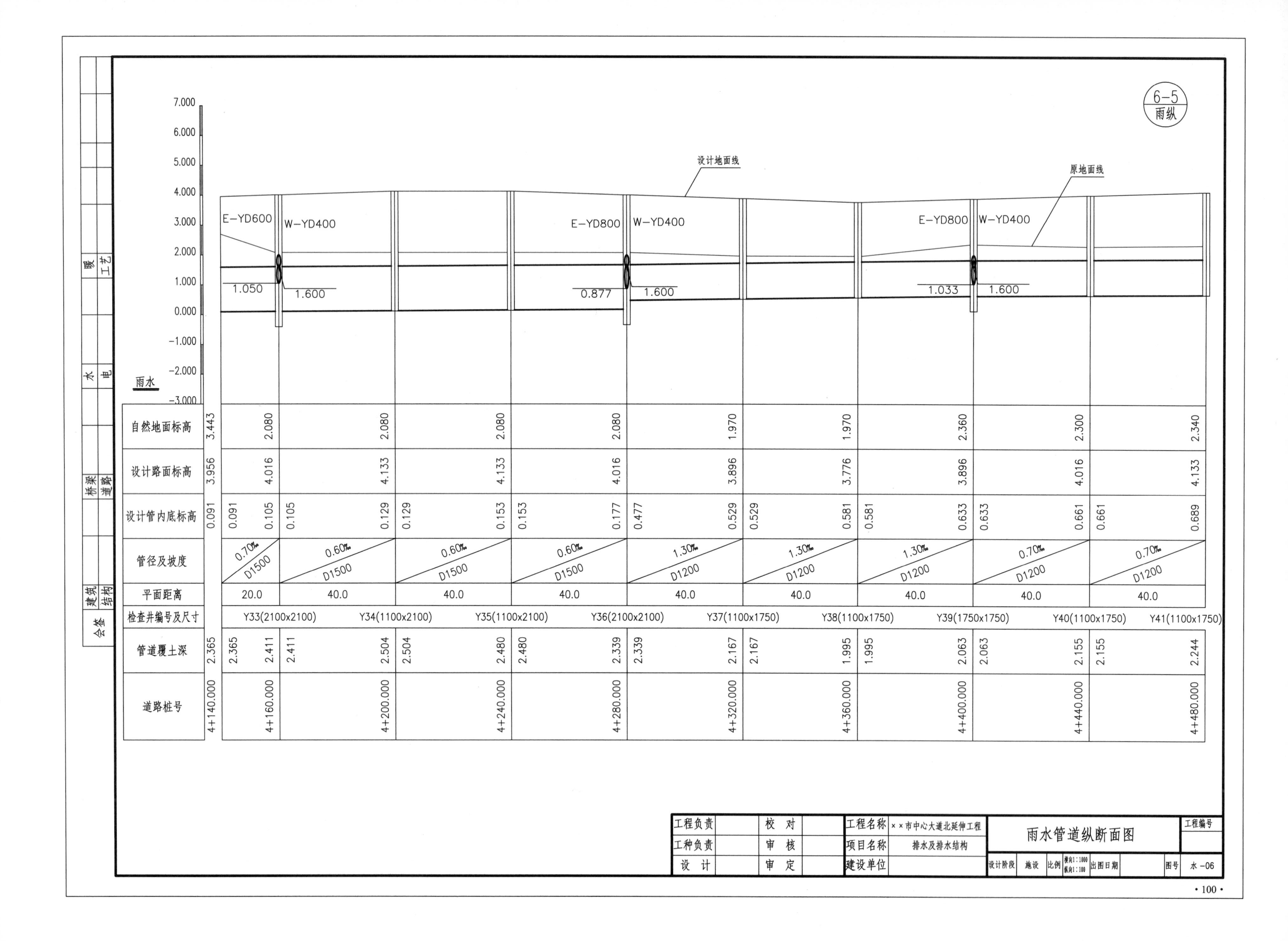

道路桩号	管道覆土深	检查井编号及尺寸	平面距离	管径及坡度	设计管内底标高	设计路面标高	自然地面标高
4+140.000	2.365				0.091	3.956	3.443
4+160.000	2.365 / 2.411	Y33(2100x2100)	20.0	0.70‰ D1500	0.091 / 0.105	4.016	2.080
4+200.000	2.411 / 2.504	Y34(1100x2100)	40.0	0.60‰ D1500	0.105 / 0.129	4.133	2.080
4+240.000	2.504 / 2.480	Y35(1100x2100)	40.0	0.60‰ D1500	0.129 / 0.153	4.133	2.080
4+280.000	2.480 / 2.339	Y36(2100x2100)	40.0	0.60‰ D1500	0.153 / 0.177	4.016	2.080
4+320.000	2.339 / 2.167	Y37(1100x1750)	40.0	1.30‰ D1200	0.477 / 0.529	3.896	1.970
4+360.000	2.167 / 1.995	Y38(1100x1750)	40.0	1.30‰ D1200	0.529 / 0.581	3.776	1.970
4+400.000	1.995 / 2.063	Y39(1750x1750)	40.0	1.30‰ D1200	0.581 / 0.633	3.896	2.360
4+440.000	2.063 / 2.155	Y40(1100x1750)	40.0	0.70‰ D1200	0.633 / 0.661	4.016	2.300
4+480.000	2.155 / 2.244	Y41(1100x1750)	40.0	0.70‰ D1200	0.661 / 0.689	4.133	2.340

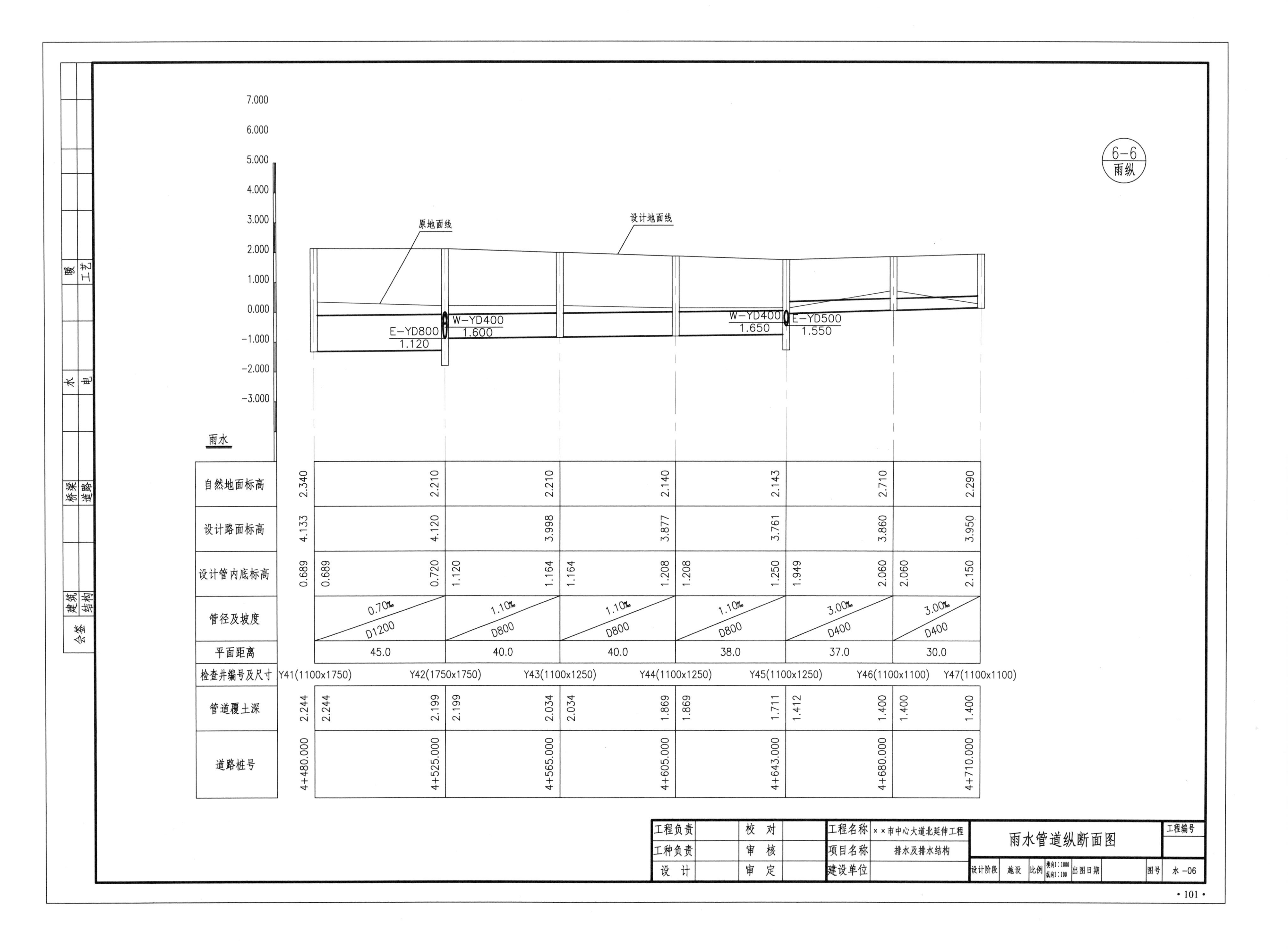

雨水													
自然地面标高	2.340		2.210		2.210		2.140		2.143		2.710		2.290
设计路面标高	4.133		4.120		3.998		3.877		3.761		3.860		3.950
设计管内底标高	0.689 / 0.689		0.720 / 1.120		1.164 / 1.164		1.208 / 1.208		1.250 / 1.949		2.060 / 2.060		2.150
管径及坡度		0.70‰ D1200		1.10‰ D800		1.10‰ D800		1.10‰ D800		3.00‰ D400		3.00‰ D400	
平面距离		45.0		40.0		40.0		38.0		37.0		30.0	
检查井编号及尺寸	Y41(1100x1750)		Y42(1750x1750)		Y43(1100x1250)		Y44(1100x1250)		Y45(1100x1250)		Y46(1100x1100)		Y47(1100x1100)
管道覆土深	2.244 / 2.244		2.199 / 2.199		2.034 / 2.034		1.869 / 1.869		1.711 / 1.412		1.400 / 1.400		1.400
道路桩号	4+480.000		4+525.000		4+565.000		4+605.000		4+643.000		4+680.000		4+710.000

工程负责		校 对		工程名称	××市中心大道北延伸工程	雨水管道纵断面图	工程编号
工种负责		审 核		项目名称	排水及排水结构		
设 计		审 定		建设单位		设计阶段 施设 比例 横向1:1000 纵向1:100 出图日期	图号 水-06

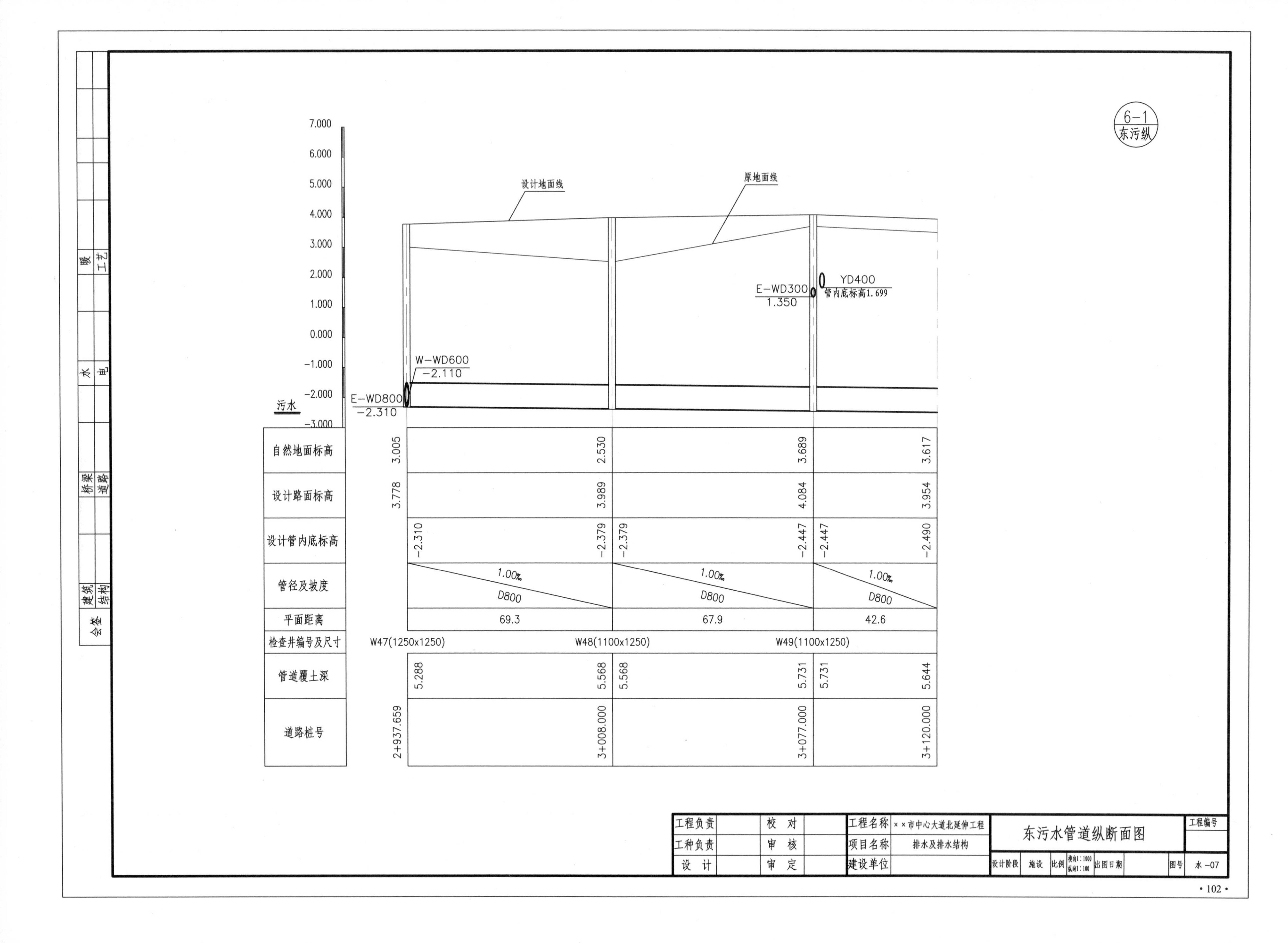

会签
建筑
结构
桥梁
道路
水
电
暖
工艺
6-1
东污纵
7.000
6.000
5.000
4.000
3.000
2.000
1.000
0.000
-1.000
-2.000
-3.000
污水
设计地面线
原地面线
E-WD800
-2.310
W-WD600
-2.110
E-WD300
1.350
YD400
管内底标高1.699
自然地面标高
设计路面标高
设计管内底标高
管径及坡度
平面距离
检查井编号及尺寸
管道覆土深
道路桩号
3.005
2.530
3.689
3.617
3.778
3.989
4.084
3.954
-2.310
-2.379
-2.379
-2.447
-2.447
-2.490
1.00‰
D800
1.00‰
D800
1.00‰
D800
69.3
67.9
42.6
W47(1250x1250)
W48(1100x1250)
W49(1100x1250)
5.288
5.568
5.568
5.731
5.731
5.644
2+937.659
3+008.000
3+077.000
3+120.000
工程负责
工种负责
设 计
校 对
审 核
审 定
工程名称
××市中心大道北延伸工程
项目名称
排水及排水结构
建设单位
东污水管道纵断面图
工程编号
设计阶段
施设
比例
横向1:1000
纵向1:100
出图日期
图号
水-07

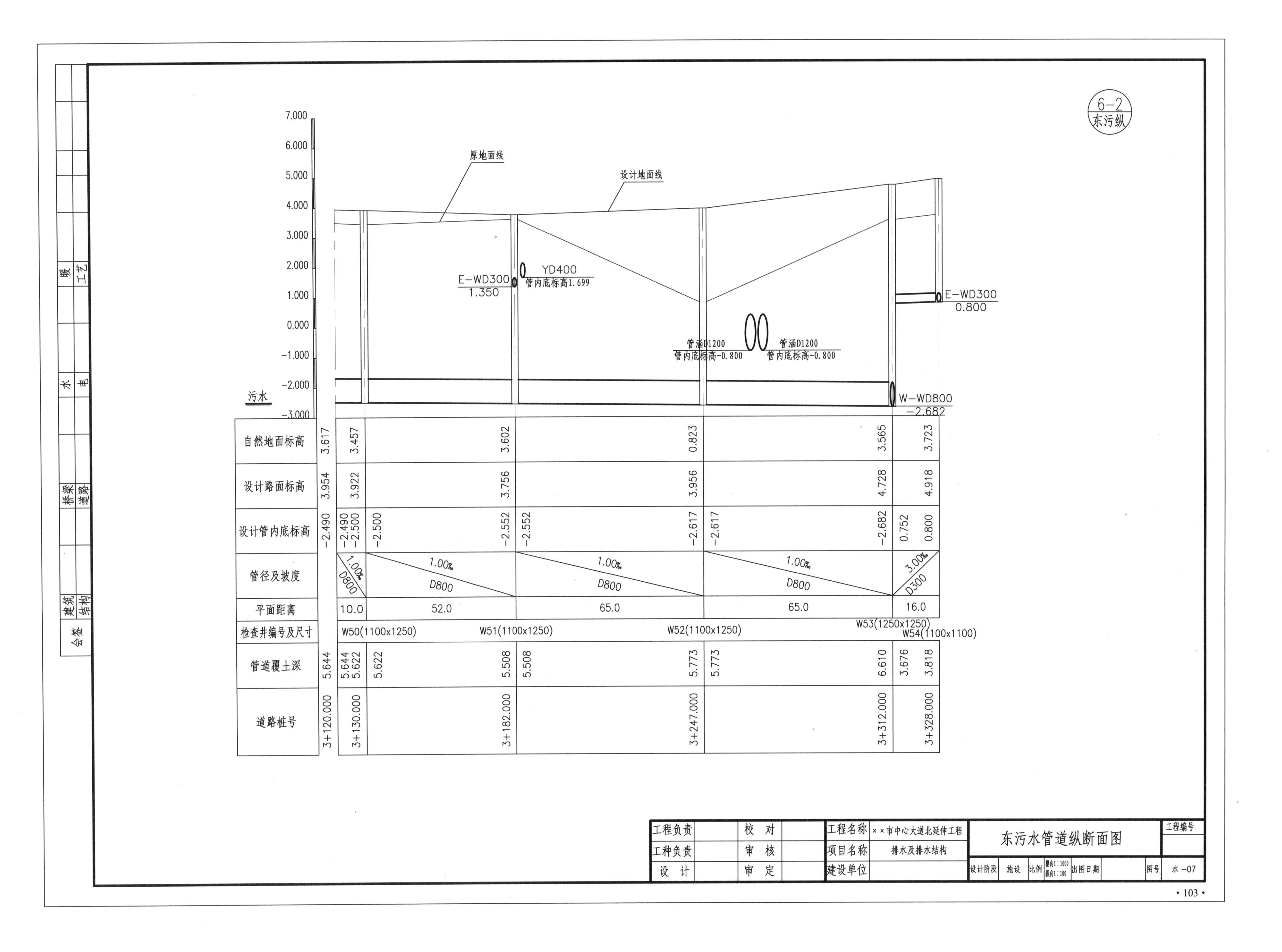
6-2
东污纵
原地面线
设计地面线
E-WD300
1.350
YD400
管内底标高1.699
管涵D1200
管内底标高-0.800
管涵D1200
管内底标高-0.800
E-WD300
0.800
W-WD800
-2.682
污水
7.000
6.000
5.000
4.000
3.000
2.000
1.000
0.000
-1.000
-2.000
-3.000
自然地面标高 3.617 3.457 3.602 0.823 3.565 3.723
设计路面标高 3.954 3.922 3.756 3.956 4.728 4.918
设计管内底标高 -2.490 -2.490 -2.500 -2.500 -2.552 -2.552 -2.617 -2.617 -2.682 0.752 0.800
管径及坡度 1.00‰ D800 1.00‰ D800 1.00‰ D800 1.00‰ D800 3.00‰ D300
平面距离 10.0 52.0 65.0 65.0 16.0
检查井编号及尺寸 W50(1100x1250) W51(1100x1250) W52(1100x1250) W53(1250x1250) W54(1100x1100)
管道覆土深 5.644 5.644 5.622 5.622 5.508 5.508 5.773 5.773 6.610 3.676 3.818
道路桩号 3+120.000 3+130.000 3+182.000 3+247.000 3+312.000 3+328.000
工程负责
工种负责
设计
校对
审核
审定
工程名称 ××市中心大道北延伸工程
项目名称 排水及排水结构
建设单位
东污水管道纵断面图
工程编号
设计阶段 施设
比例 横向1:1000 纵向1:100
出图日期
图号 水-07
会签
建筑
结构
桥梁
道路
水
电
暖
工艺

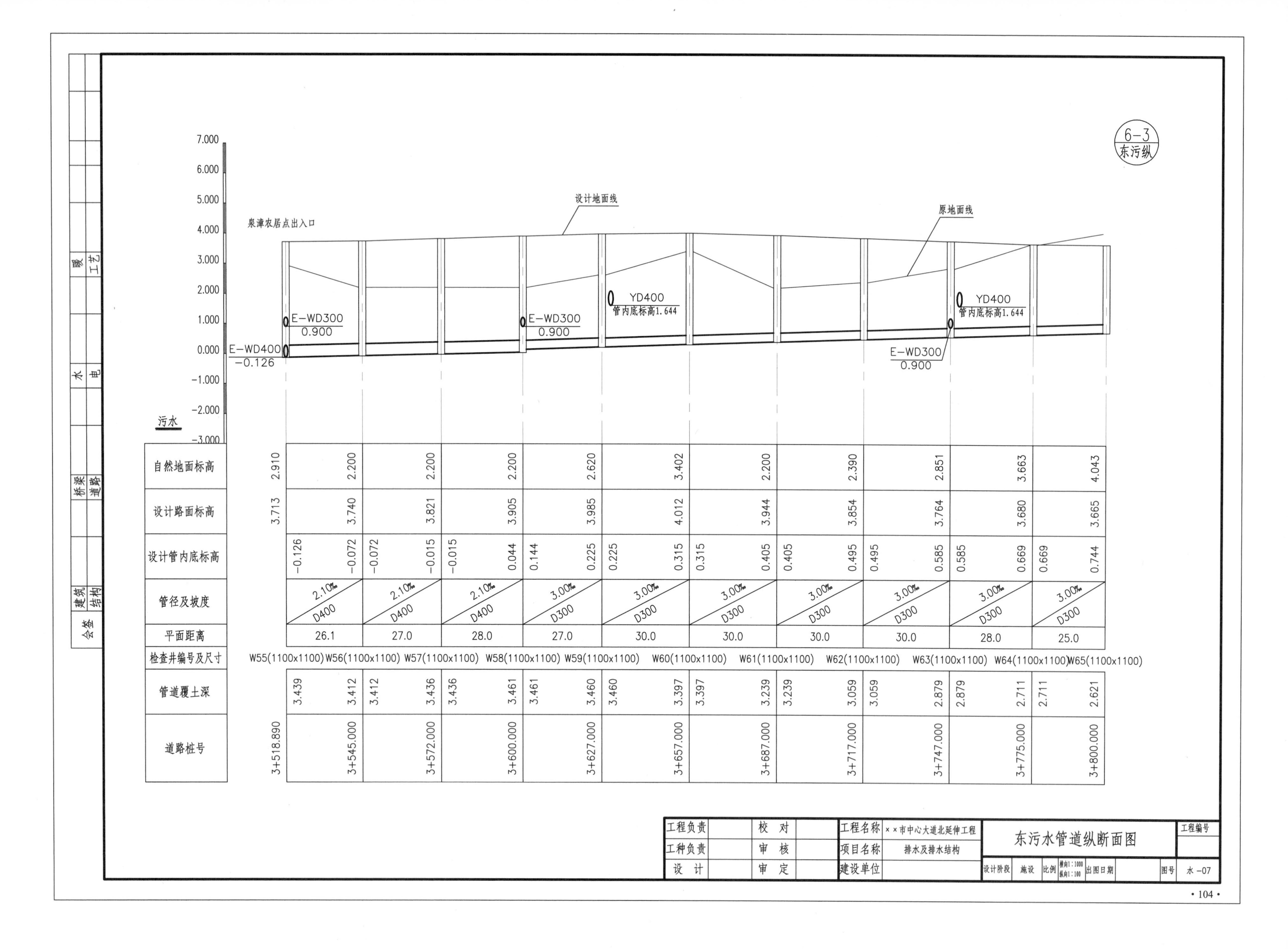

会签
建筑
结构
桥梁
道路
水
电
暖
工艺
6-3
东污纵
7.000
6.000
5.000
4.000
3.000
2.000
1.000
0.000
-1.000
-2.000
-3.000
污水
泉漳农居点出入口
设计地面线
原地面线
E-WD400
-0.126
E-WD300
0.900
E-WD300
0.900
YD400
管内底标高1.644
YD400
管内底标高1.644
E-WD300
0.900
自然地面标高
2.910
2.200
2.200
2.200
2.620
3.402
2.200
2.390
2.851
3.663
4.043
设计路面标高
3.713
3.740
3.821
3.905
3.985
4.012
3.944
3.854
3.764
3.680
3.665
设计管内底标高
-0.126
-0.072
-0.072
-0.015
-0.015
0.044
0.144
0.225
0.225
0.315
0.315
0.405
0.405
0.495
0.495
0.585
0.585
0.669
0.669
0.744
管径及坡度
2.10‰
D400
2.10‰
D400
2.10‰
D400
3.00‰
D300
3.00‰
D300
3.00‰
D300
3.00‰
D300
3.00‰
D300
3.00‰
D300
3.00‰
D300
平面距离
26.1
27.0
28.0
27.0
30.0
30.0
30.0
30.0
28.0
25.0
检查井编号及尺寸
W55(1100x1100)
W56(1100x1100)
W57(1100x1100)
W58(1100x1100)
W59(1100x1100)
W60(1100x1100)
W61(1100x1100)
W62(1100x1100)
W63(1100x1100)
W64(1100x1100)
W65(1100x1100)
管道覆土深
3.439
3.412
3.412
3.436
3.436
3.461
3.461
3.460
3.460
3.397
3.397
3.239
3.239
3.059
3.059
2.879
2.879
2.711
2.711
2.621
道路桩号
3+518.890
3+545.000
3+572.000
3+600.000
3+627.000
3+657.000
3+687.000
3+717.000
3+747.000
3+775.000
3+800.000
工程负责
工种负责
设计
校对
审核
审定
工程名称
××市中心大道北延伸工程
项目名称
排水及排水结构
建设单位
东污水管道纵断面图
工程编号
设计阶段
施设
比例
横向1:1000
纵向1:100
出图日期
图号
水-07

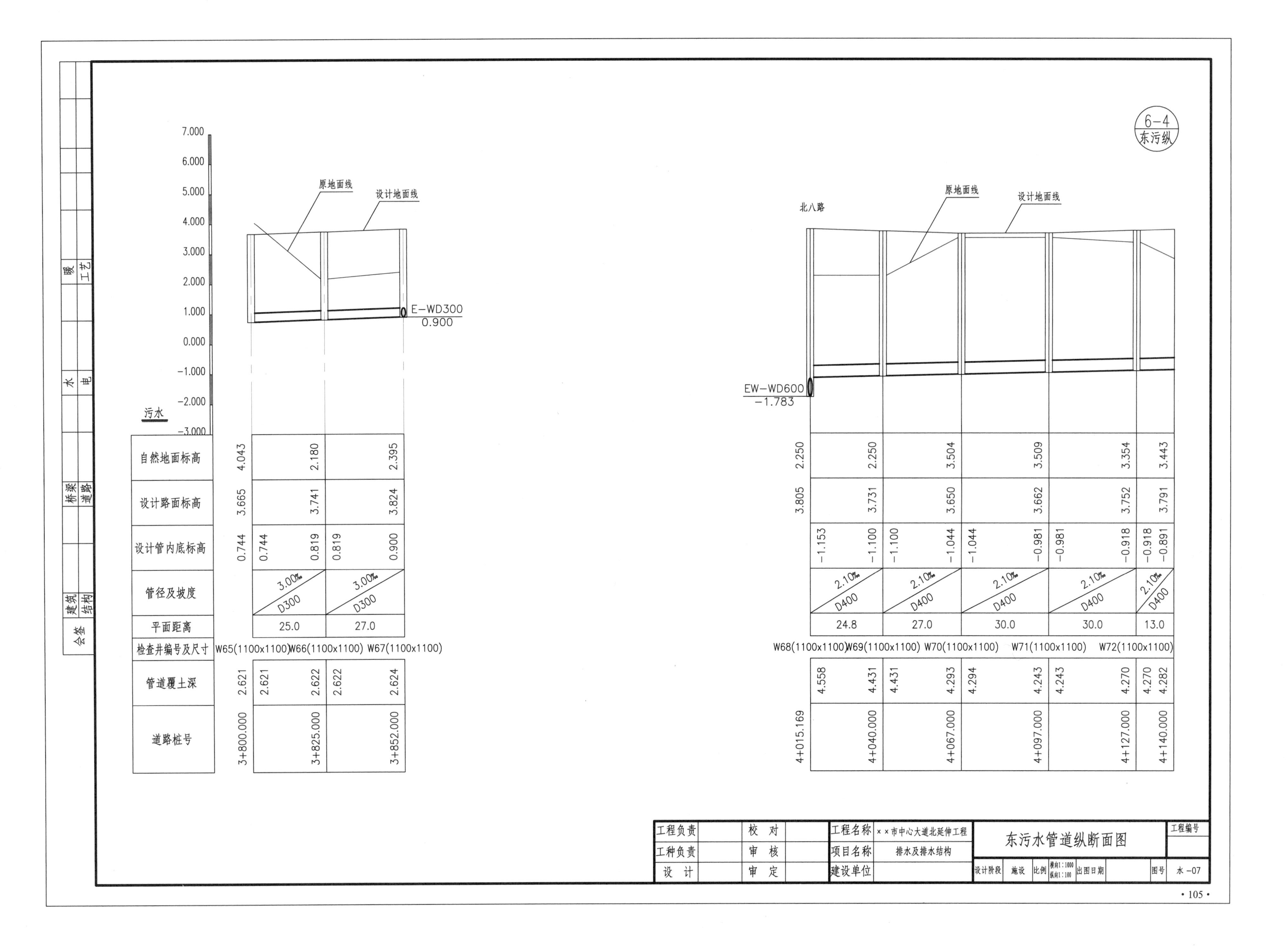

6-4
东污纵
污水
7.000
6.000
5.000
4.000
3.000
2.000
1.000
0.000
−1.000
−2.000
−3.000
原地面线
设计地面线
E−WD300
0.900
北八路
EW−WD600
−1.783
自然地面标高
设计路面标高
设计管内底标高
管径及坡度
平面距离
检查井编号及尺寸
管道覆土深
道路桩号
4.043 2.180 2.395
3.665 3.741 3.824
0.744 0.744 0.819 0.819 0.900
3.00‰ D300 3.00‰ D300
25.0 27.0
W65(1100x1100) W66(1100x1100) W67(1100x1100)
2.621 2.621 2.622 2.622 2.624
3+800.000 3+825.000 3+852.000
2.250 2.250 3.504 3.509 3.354 3.443
3.805 3.731 3.650 3.662 3.752 3.791
−1.153 −1.100 −1.100 −1.044 −1.044 −0.981 −0.981 −0.918 −0.918 −0.891
2.10‰ D400 2.10‰ D400 2.10‰ D400 2.10‰ D400 2.10‰ D400
24.8 27.0 30.0 30.0 13.0
W68(1100x1100) W69(1100x1100) W70(1100x1100) W71(1100x1100) W72(1100x1100)
4.558 4.431 4.431 4.293 4.294 4.243 4.243 4.270 4.270 4.282
4+015.169 4+040.000 4+067.000 4+097.000 4+127.000 4+140.000
会签 建筑 结构 桥梁 道路 水 电 暖 工艺
工程负责
工种负责
设计
校对
审核
审定
工程名称 ××市中心大道北延伸工程
项目名称 排水及排水结构
建设单位
东污水管道纵断面图
工程编号
设计阶段 施设
比例 横向1:1000 纵向1:100
出图日期
图号 水−07

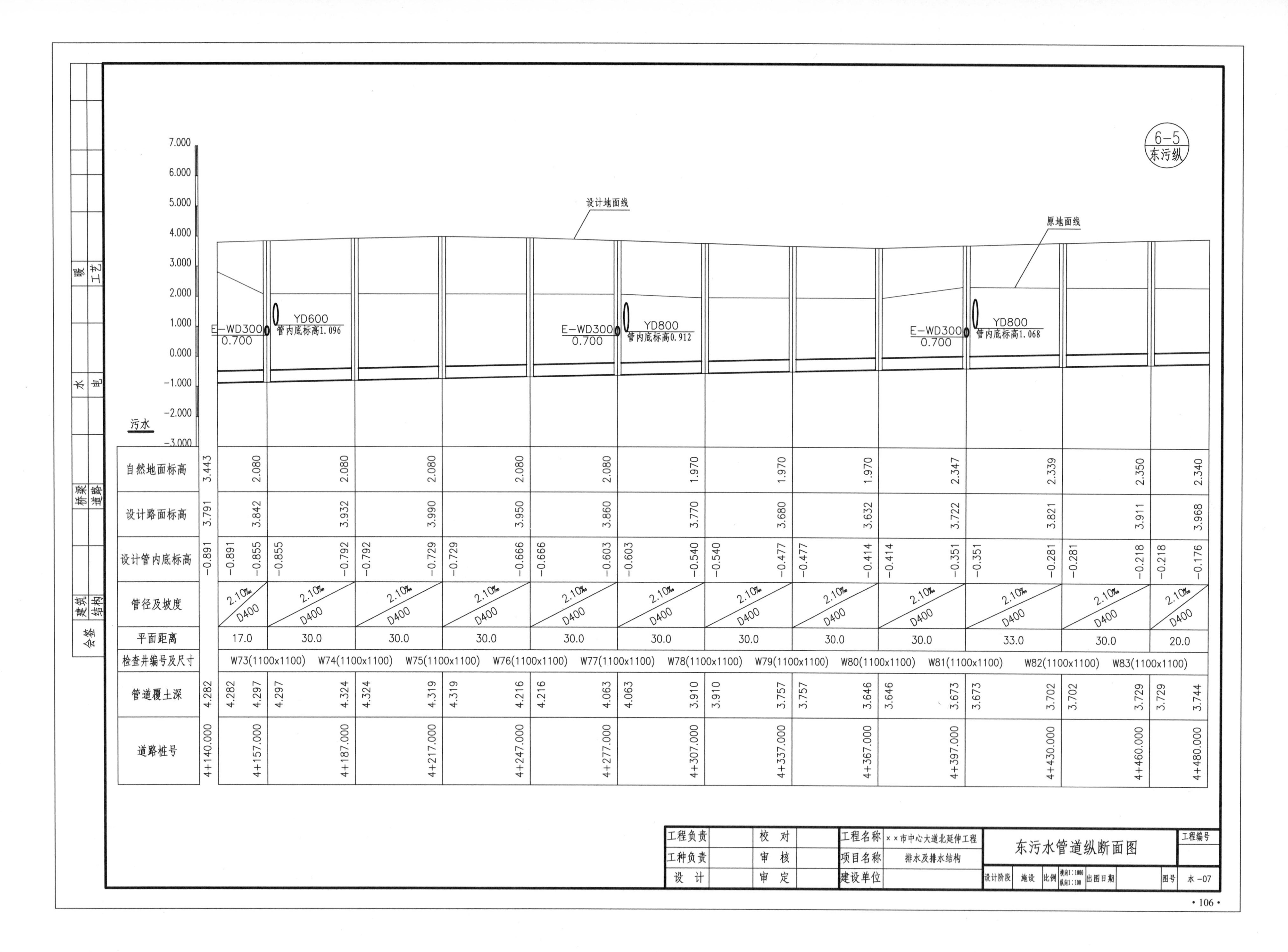

道路桩号	管道覆土深	检查井编号及尺寸	平面距离	管径及坡度	设计管内底标高	设计路面标高	自然地面标高
4+140.000	4.282				−0.891	3.791	3.443
4+157.000	4.282 / 4.297	W73(1100x1100)	17.0	D400 2.10‰	−0.891 / −0.855	3.842	2.080
4+187.000	4.297 / 4.324	W74(1100x1100)	30.0	D400 2.10‰	−0.855 / −0.792	3.932	2.080
4+217.000	4.324 / 4.319	W75(1100x1100)	30.0	D400 2.10‰	−0.792 / −0.729	3.990	2.080
4+247.000	4.319 / 4.216	W76(1100x1100)	30.0	D400 2.10‰	−0.729 / −0.666	3.950	2.080
4+277.000	4.216 / 4.063	W77(1100x1100)	30.0	D400 2.10‰	−0.666 / −0.603	3.860	2.080
4+307.000	4.063 / 3.910	W78(1100x1100)	30.0	D400 2.10‰	−0.603 / −0.540	3.770	1.970
4+337.000	3.910 / 3.757	W79(1100x1100)	30.0	D400 2.10‰	−0.540 / −0.477	3.680	1.970
4+367.000	3.757 / 3.646	W80(1100x1100)	30.0	D400 2.10‰	−0.477 / −0.414	3.632	1.970
4+397.000	3.646 / 3.673	W81(1100x1100)	30.0	D400 2.10‰	−0.414 / −0.351	3.722	2.347
4+430.000	3.673 / 3.702	W82(1100x1100)	33.0	D400 2.10‰	−0.351 / −0.281	3.821	2.339
4+460.000	3.702 / 3.729	W83(1100x1100)	30.0	D400 2.10‰	−0.281 / −0.218	3.911	2.350
4+480.000	3.729 / 3.744		20.0	D400 2.10‰	−0.218 / −0.176	3.968	2.340

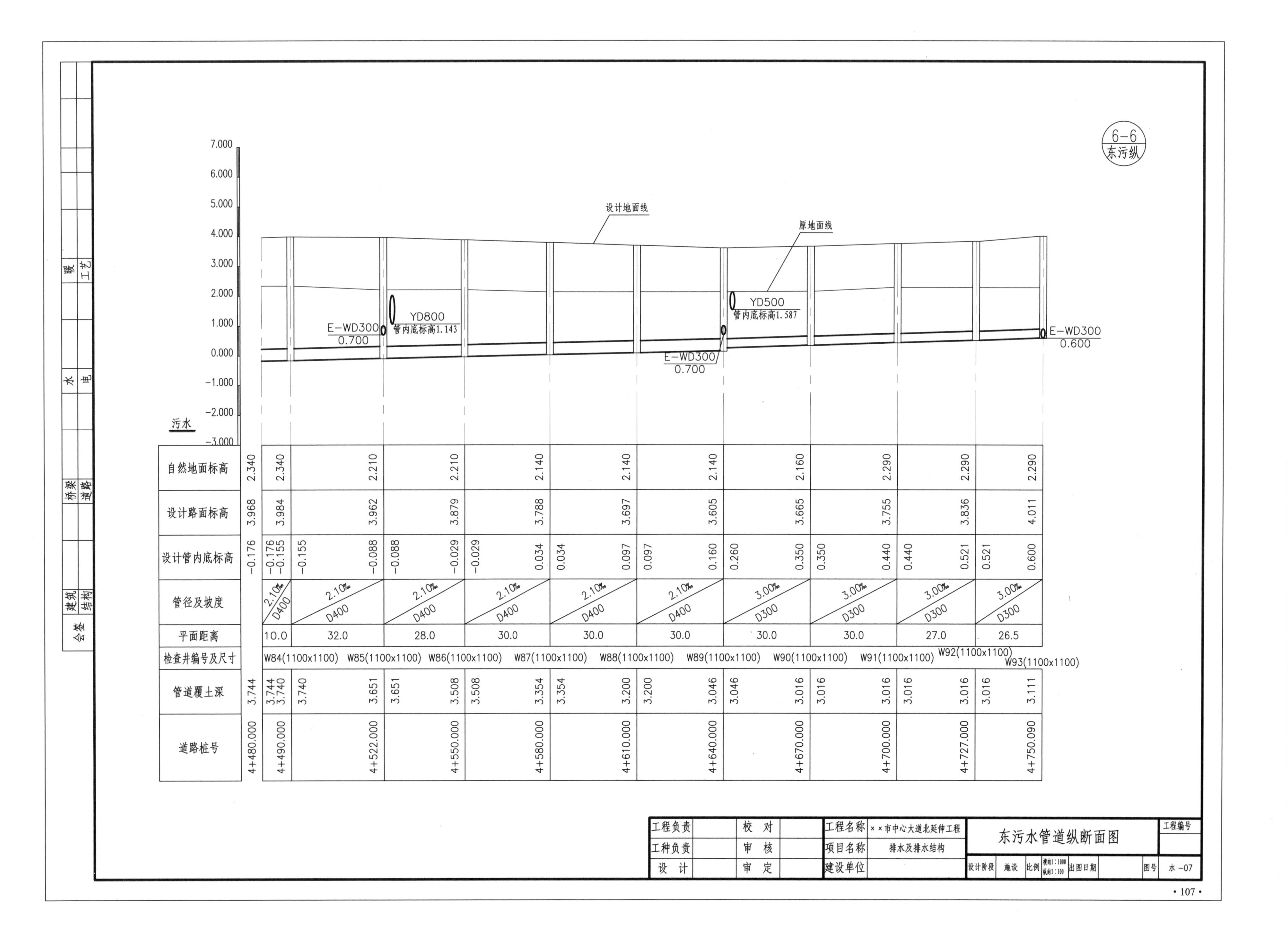
6-6
东污纵
设计地面线
原地面线
YD800
管内底标高1.143
YD500
管内底标高1.587
E-WD300
0.700
E-WD300
0.700
E-WD300
0.600
7.000
6.000
5.000
4.000
3.000
2.000
1.000
0.000
-1.000
-2.000
-3.000
污水
自然地面标高 2.340 2.340 2.210 2.210 2.140 2.140 2.140 2.160 2.290 2.290 2.290
设计路面标高 3.968 3.984 3.962 3.879 3.788 3.697 3.605 3.665 3.755 3.836 4.011
设计管内底标高 -0.176 -0.176 -0.155 -0.155 -0.088 -0.088 -0.029 -0.029 0.034 0.034 0.097 0.097 0.160 0.260 0.350 0.350 0.440 0.440 0.521 0.521 0.600
管径及坡度 2.10‰ D400 2.10‰ D400 2.10‰ D400 2.10‰ D400 2.10‰ D400 2.10‰ D400 3.00‰ D300 3.00‰ D300 3.00‰ D300 3.00‰ D300
平面距离 10.0 32.0 28.0 30.0 30.0 30.0 30.0 30.0 27.0 26.5
检查井编号及尺寸 W84(1100x1100) W85(1100x1100) W86(1100x1100) W87(1100x1100) W88(1100x1100) W89(1100x1100) W90(1100x1100) W91(1100x1100) W92(1100x1100) W93(1100x1100)
管道覆土深 3.744 3.744 3.740 3.740 3.651 3.651 3.508 3.508 3.354 3.354 3.200 3.200 3.046 3.046 3.016 3.016 3.016 3.016 3.016 3.016 3.111
道路桩号 4+480.000 4+490.000 4+522.000 4+550.000 4+580.000 4+610.000 4+640.000 4+670.000 4+700.000 4+727.000 4+750.090
暖
工艺
水
电
桥梁
道路
建筑
结构
会签
工程负责
工种负责
设计
校对
审核
审定
工程名称 ××市中心大道北延伸工程
项目名称 排水及排水结构
建设单位
东污水管道纵断面图
工程编号
设计阶段 施设
比例 横向1:1000 纵向1:100
出图日期
图号 水-07

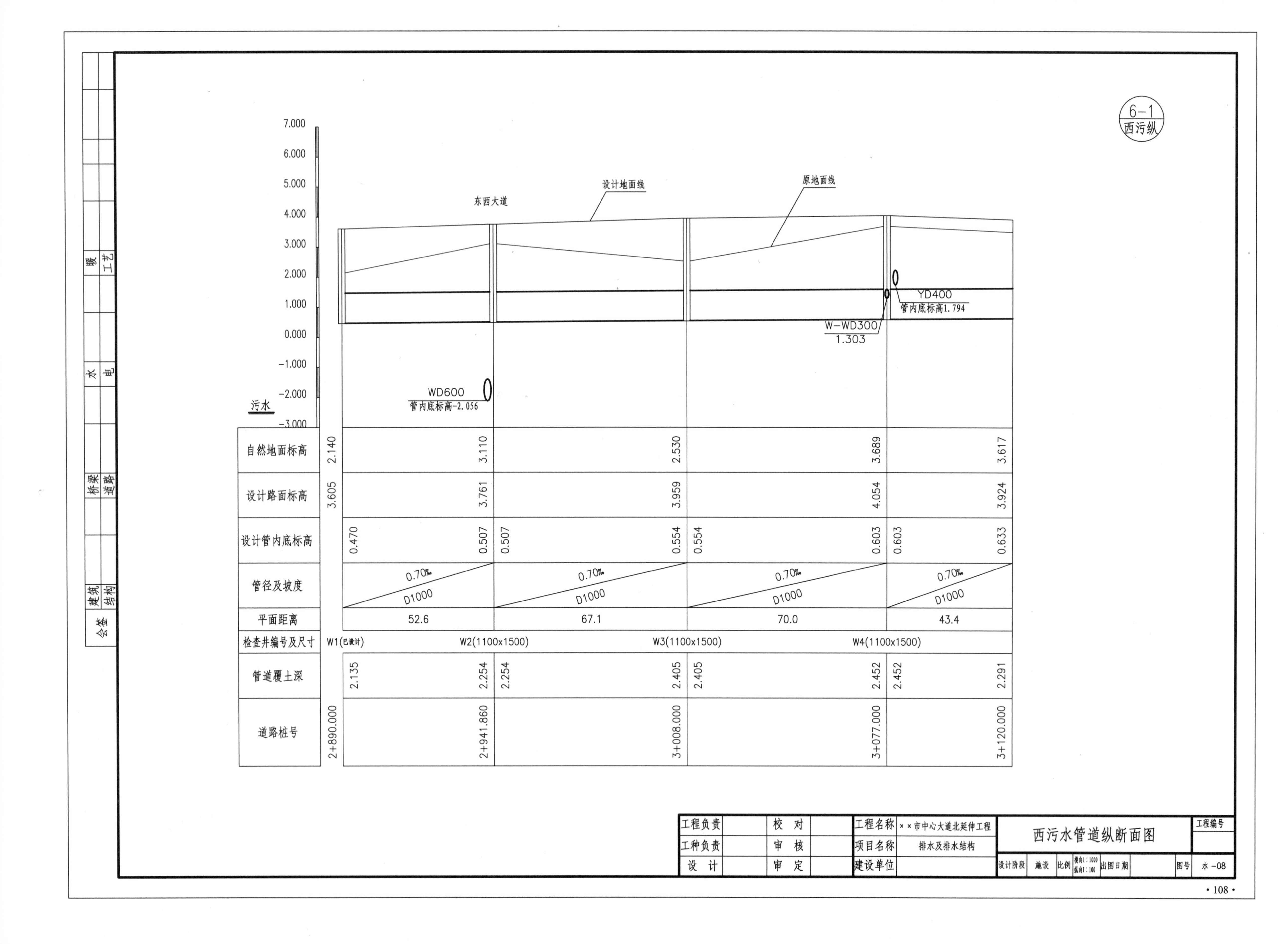

会签
建筑
结构
桥梁
道路
水
电
暖
工艺
6-1
西污纵
7.000
6.000
5.000
4.000
3.000
2.000
1.000
0.000
-1.000
-2.000
-3.000
污水
东西大道
设计地面线
原地面线
YD400
管内底标高1.794
W-WD300
1.303
WD600
管内底标高-2.056
自然地面标高
2.140
3.110
2.530
3.689
3.617
设计路面标高
3.605
3.761
3.959
4.054
3.924
设计管内底标高
0.470
0.507
0.507
0.554
0.554
0.603
0.603
0.633
管径及坡度
0.70‰
D1000
0.70‰
D1000
0.70‰
D1000
0.70‰
D1000
平面距离
52.6
67.1
70.0
43.4
检查井编号及尺寸
W1(已设计)
W2(1100x1500)
W3(1100x1500)
W4(1100x1500)
管道覆土深
2.135
2.254
2.254
2.405
2.405
2.452
2.452
2.291
道路桩号
2+890.000
2+941.860
3+008.000
3+077.000
3+120.000
工程负责
工种负责
设计
校对
审核
审定
工程名称
××市中心大道北延伸工程
项目名称
排水及排水结构
建设单位
西污水管道纵断面图
工程编号
设计阶段
施设
比例
横向1:1000
纵向1:100
出图日期
图号
水-08

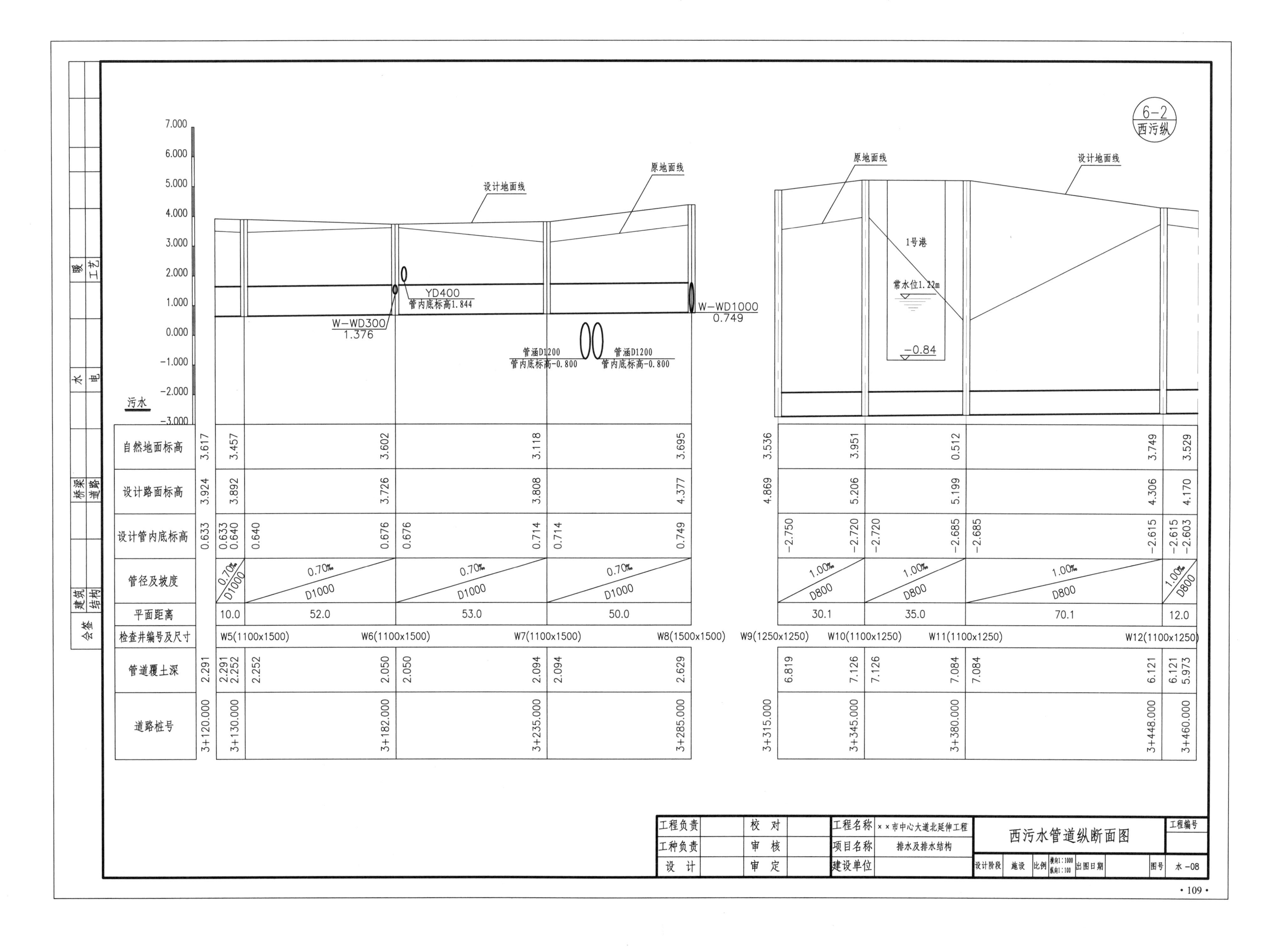

6-2
西污纵
污水
7.000
6.000
5.000
4.000
3.000
2.000
1.000
0.000
-1.000
-2.000
-3.000
设计地面线
原地面线
YD400
管内底标高1.844
W-WD300
1.376
W-WD1000
0.749
管涵D1200
管内底标高-0.800
管涵D1200
管内底标高-0.800
1号港
常水位1.22m
-0.84
自然地面标高
设计路面标高
设计管内底标高
管径及坡度
平面距离
检查井编号及尺寸
管道覆土深
道路桩号
3.617 3.457 3.602 3.118 3.695
3.924 3.892 3.726 3.808 4.377
0.633 0.633 0.640 0.640 0.676 0.676 0.714 0.714 0.749
0.70‰ D1000
10.0 52.0 53.0 50.0
W5(1100x1500) W6(1100x1500) W7(1100x1500) W8(1500x1500)
2.291 2.291 2.252 2.252 2.050 2.050 2.094 2.094 2.629
3+120.000 3+130.000 3+182.000 3+235.000 3+285.000
3.536 3.951 0.512 3.749 3.529
4.869 5.206 5.199 4.306 4.170
-2.750 -2.720 -2.720 -2.685 -2.685 -2.615 -2.615 -2.603
1.00‰ D800
30.1 35.0 70.1 12.0
W9(1250x1250) W10(1100x1250) W11(1100x1250) W12(1100x1250)
6.819 7.126 7.126 7.084 7.084 6.121 6.121 5.973
3+315.000 3+345.000 3+380.000 3+448.000 3+460.000
会签
建筑
结构
桥梁
道路
水
电
暖
工艺
工程负责
工种负责
设计
校对
审核
审定
工程名称
××市中心大道北延伸工程
项目名称
排水及排水结构
建设单位
西污水管道纵断面图
设计阶段
施设
比例
横向1:1000
纵向1:100
出图日期
工程编号
图号
水-08

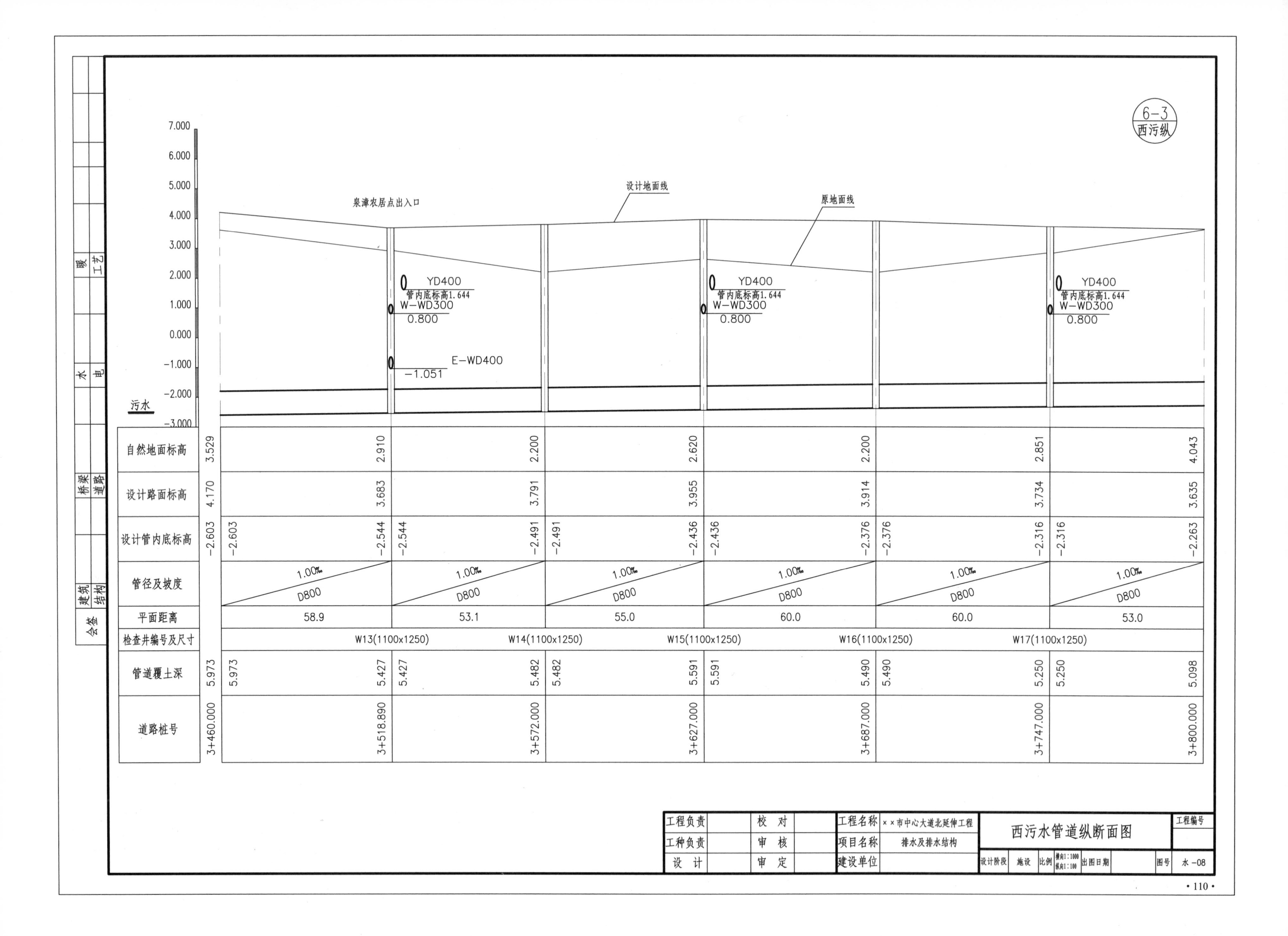
会签
建筑
结构
桥梁
道路
水
电
暖
工艺
6-3
西污纵
污水
7.000
6.000
5.000
4.000
3.000
2.000
1.000
0.000
-1.000
-2.000
-3.000
泉漳农居点出入口
设计地面线
原地面线
YD400
管内底标高1.644
W-WD300
0.800
E-WD400
-1.051
自然地面标高
3.529
2.910
2.200
2.620
2.200
2.851
4.043
设计路面标高
4.170
3.683
3.791
3.955
3.914
3.734
3.635
设计管内底标高
-2.603
-2.603
-2.544
-2.544
-2.491
-2.491
-2.436
-2.436
-2.376
-2.376
-2.316
-2.316
-2.263
管径及坡度
1.00‰
D800
平面距离
58.9
53.1
55.0
60.0
60.0
53.0
检查井编号及尺寸
W13(1100x1250)
W14(1100x1250)
W15(1100x1250)
W16(1100x1250)
W17(1100x1250)
管道覆土深
5.973
5.973
5.427
5.427
5.482
5.482
5.591
5.591
5.490
5.490
5.250
5.250
5.098
道路桩号
3+460.000
3+518.890
3+572.000
3+627.000
3+687.000
3+747.000
3+800.000
工程负责
工种负责
设 计
校 对
审 核
审 定
工程名称
××市中心大道北延伸工程
项目名称
排水及排水结构
建设单位
西污水管道纵断面图
工程编号
设计阶段
施设
比例
横向1:1000
纵向1:100
出图日期
图号
水-08

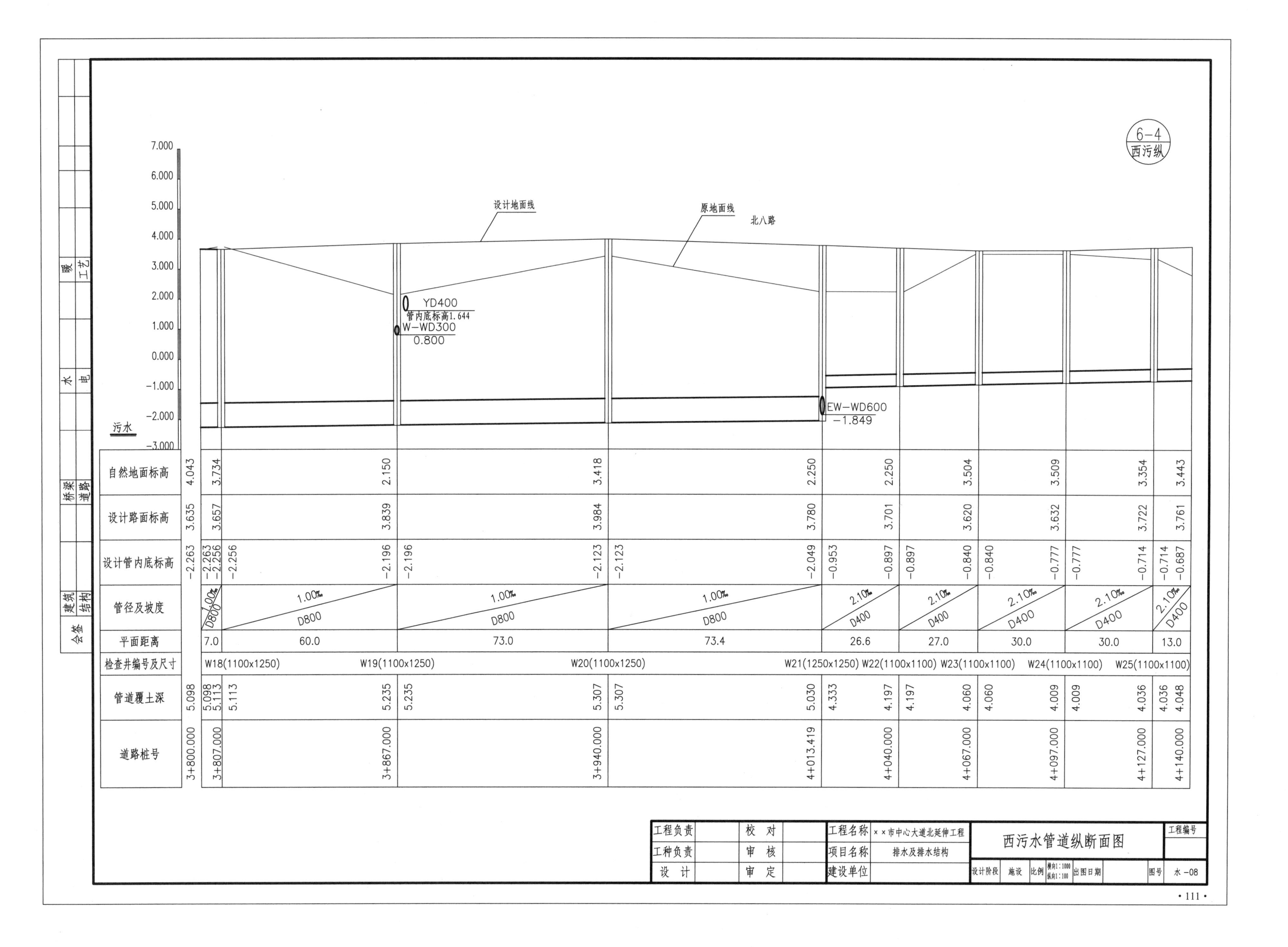

自然地面标高	4.043	3.734	2.150	3.418	2.250	2.250	3.504	3.509	3.354	3.443
设计路面标高	3.635	3.657	3.839	3.984	3.780	3.701	3.620	3.632	3.722	3.761
设计管内底标高	−2.263	−2.263 −2.256	−2.256 −2.196	−2.196 −2.123	−2.123 −2.049	−0.953 −0.897	−0.897 −0.840	−0.840 −0.777	−0.777 −0.714	−0.714 −0.687
管径及坡度		1.00‰ D800	1.00‰ D800	1.00‰ D800	1.00‰ D800	2.10‰ D400	2.10‰ D400	2.10‰ D400	2.10‰ D400	2.10‰ D400
平面距离		7.0	60.0	73.0	73.4	26.6	27.0	30.0	30.0	13.0
检查井编号及尺寸		W18(1100x1250)	W19(1100x1250)	W20(1100x1250)	W21(1250x1250)	W22(1100x1100)	W23(1100x1100)	W24(1100x1100)	W25(1100x1100)	
管道覆土深	5.098	5.098 5.113	5.113 5.235	5.235 5.307	5.307 5.030	4.333 4.197	4.197 4.060	4.060 4.009	4.009 4.036	4.036 4.048
道路桩号	3+800.000	3+807.000	3+867.000	3+940.000	4+013.419	4+040.000	4+067.000	4+097.000	4+127.000	4+140.000

工程负责		校　对		工程名称	××市中心大道北延伸工程	西污水管道纵断面图	工程编号
工种负责		审　核		项目名称	排水及排水结构		
设　计		审　定		建设单位		设计阶段 施设 比例 横向1:1000 纵向1:100 出图日期	图号 水−08

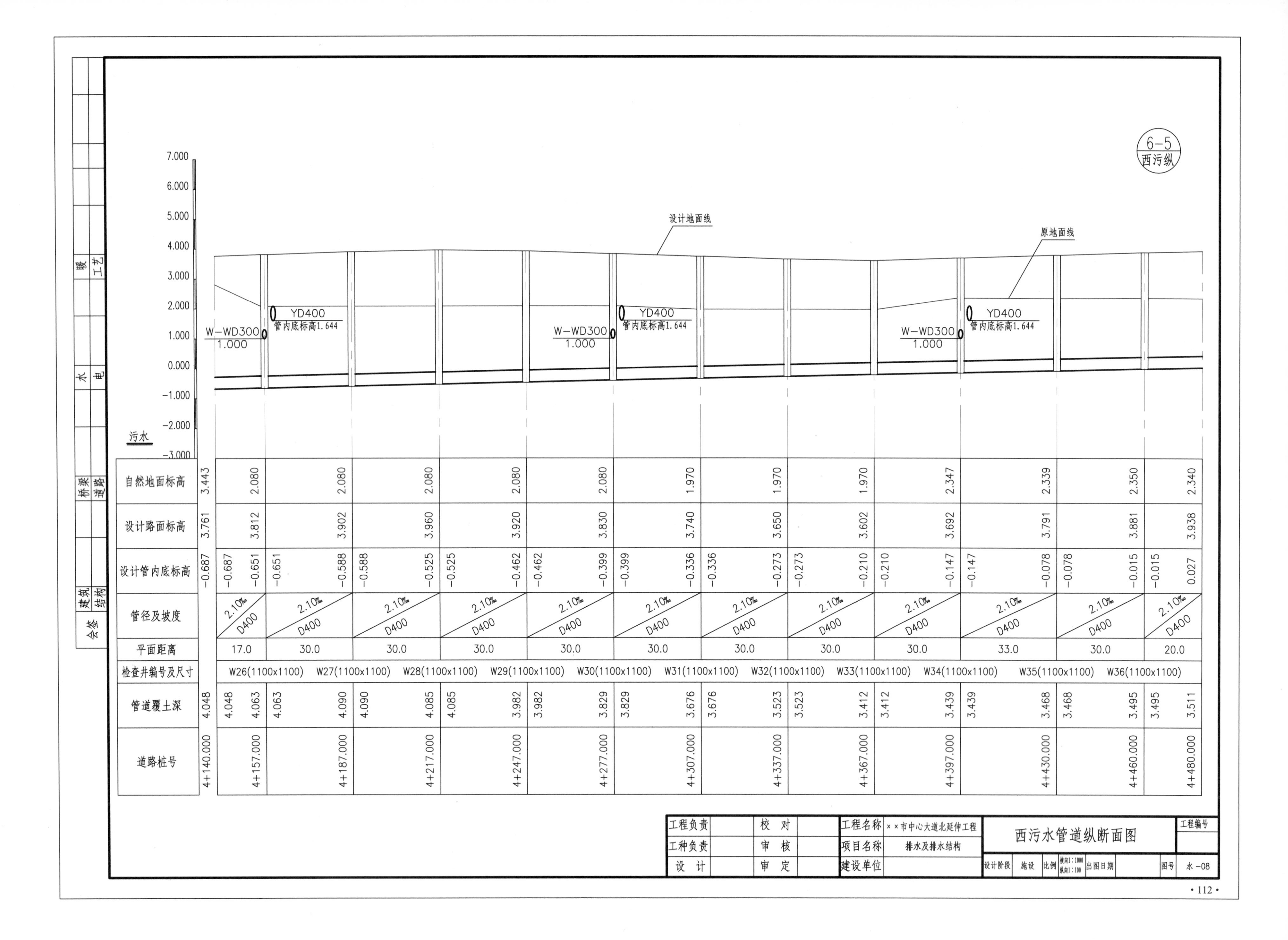

道路桩号	管道覆土深	检查井编号及尺寸	平面距离	管径及坡度	设计管内底标高	设计路面标高	自然地面标高
4+140.000	4.048				-0.687	3.761	3.443
	4.048		17.0	D400 2.10‰	-0.687		
4+157.000	4.063	W26(1100x1100)			-0.651	3.812	2.080
	4.063		30.0	D400 2.10‰	-0.651		
4+187.000	4.090	W27(1100x1100)			-0.588	3.902	2.080
	4.090		30.0	D400 2.10‰	-0.588		
4+217.000	4.085	W28(1100x1100)			-0.525	3.960	2.080
	4.085		30.0	D400 2.10‰	-0.525		
4+247.000	3.982	W29(1100x1100)			-0.462	3.920	2.080
	3.982		30.0	D400 2.10‰	-0.462		
4+277.000	3.829	W30(1100x1100)			-0.399	3.830	2.080
	3.829		30.0	D400 2.10‰	-0.399		
4+307.000	3.676	W31(1100x1100)			-0.336	3.740	1.970
	3.676		30.0	D400 2.10‰	-0.336		
4+337.000	3.523	W32(1100x1100)			-0.273	3.650	1.970
	3.523		30.0	D400 2.10‰	-0.273		
4+367.000	3.412	W33(1100x1100)			-0.210	3.602	1.970
	3.412		30.0	D400 2.10‰	-0.210		
4+397.000	3.439	W34(1100x1100)			-0.147	3.692	2.347
	3.439		33.0	D400 2.10‰	-0.147		
4+430.000	3.468	W35(1100x1100)			-0.078	3.791	2.339
	3.468		30.0	D400 2.10‰	-0.078		
4+460.000	3.495	W36(1100x1100)			-0.015	3.881	2.350
	3.495		20.0	D400 2.10‰	-0.015		
4+480.000	3.511				0.027	3.938	2.340

工程负责		校对		工程名称	××市中心大道北延伸工程	西污水管道纵断面图	工程编号
工种负责		审核		项目名称	排水及排水结构		
设计		审定		建设单位		设计阶段 施设 比例 横向1:1000 纵向1:100 出图日期	图号 水-08

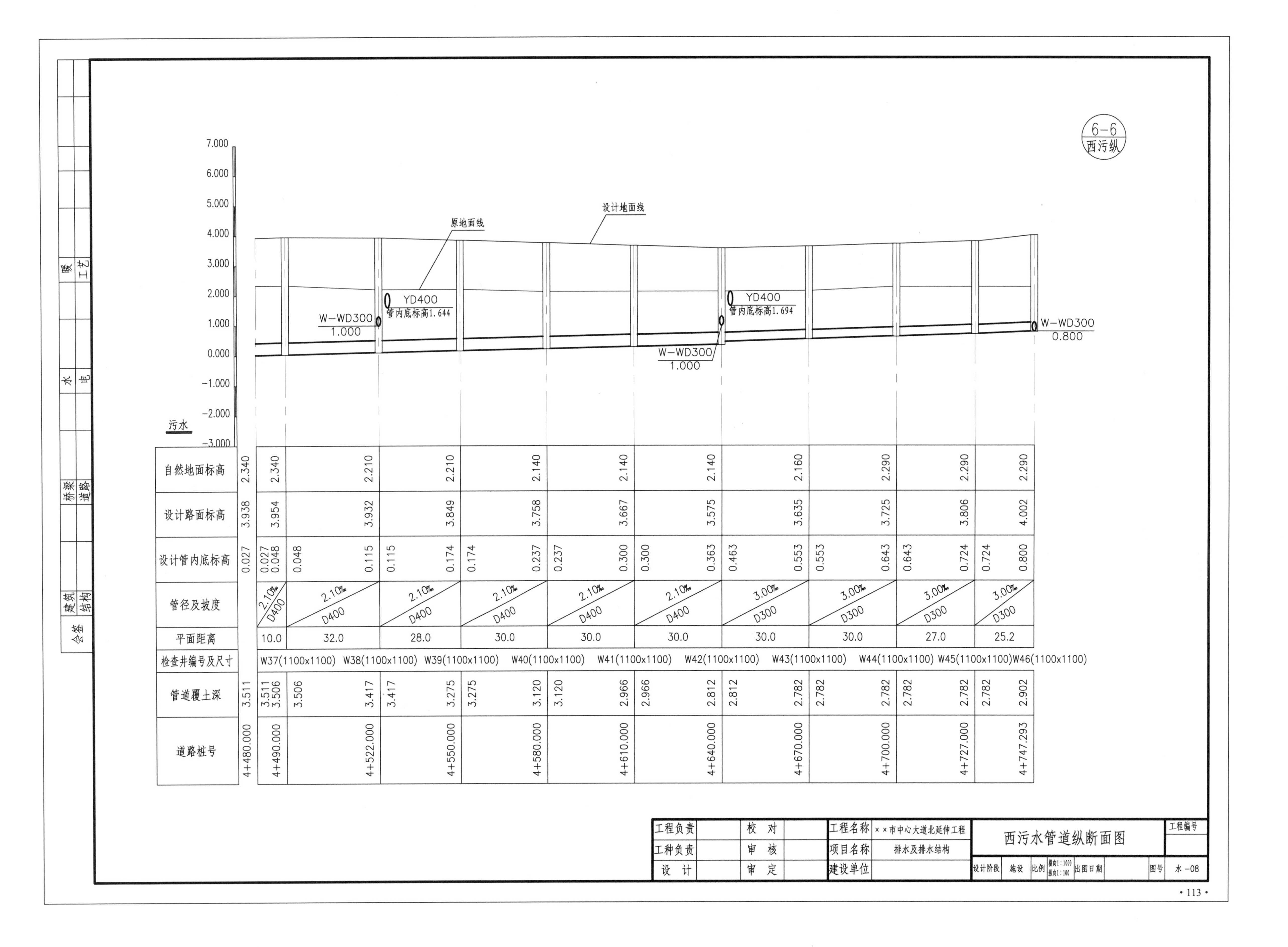

自然地面标高	2.340	2.340	2.210	2.210	2.140	2.140	2.140	2.160	2.290	2.290	2.290
设计路面标高	3.938	3.954	3.932	3.849	3.758	3.667	3.575	3.635	3.725	3.806	4.002
设计管内底标高	0.027	0.027 0.048	0.048 0.115	0.115 0.174	0.174 0.237	0.237 0.300	0.300 0.363	0.463 0.553	0.553 0.643	0.643 0.724	0.724 0.800
管径及坡度		2.10‰ D400	2.10‰ D400	2.10‰ D400	2.10‰ D400	2.10‰ D400	2.10‰ D400	3.00‰ D300	3.00‰ D300	3.00‰ D300	3.00‰ D300
平面距离		10.0	32.0	28.0	30.0	30.0	30.0	30.0	30.0	27.0	25.2
检查井编号及尺寸		W37(1100x1100)	W38(1100x1100)	W39(1100x1100)	W40(1100x1100)	W41(1100x1100)	W42(1100x1100)	W43(1100x1100)	W44(1100x1100)	W45(1100x1100)	W46(1100x1100)
管道覆土深	3.511	3.511 3.506	3.506 3.417	3.417 3.275	3.275 3.120	3.120 2.966	2.966 2.812	2.812 2.782	2.782 2.782	2.782 2.782	2.782 2.902
道路桩号	4+480.000	4+490.000	4+522.000	4+550.000	4+580.000	4+610.000	4+640.000	4+670.000	4+700.000	4+727.000	4+747.293

材料表

序号	名称	规格	材料	单位	数量	备注
雨水部分						
1	雨水管	D225	UPVC管	m	1558	
2	雨水管	D400	UPVC管	m	762	
3	雨水管	D500	钢筋混凝土管	m	109	
4	雨水管	D600	钢筋混凝土管	m	39	
5	雨水管	D800	钢筋混凝土管	m	340	
6	雨水管	D1000	钢筋混凝土管	m	188	
7	雨水管	D1200	钢筋混凝土管	m	393	
8	雨水管	D1500	钢筋混凝土管	m	933	
9	雨水检查井	1100x1100	砖砌井	座	24	
10	雨水检查井	1100x1250	砖砌井	座	9	
11	雨水检查井	1100x1500	砖砌井	座	4	Y7 Y8 Y9 Y10
12	雨水检查井	1100x1750	砖砌井	座	4	Y37 Y38 Y40 Y41
13	雨水检查井	1100x2100	砖砌井	座	20	
14	雨水检查井	1500x1500	砖砌井	座	2	Y11 Y12
15	雨水检查井	1750x1750	砖砌井	座	2	Y39 Y42
16	雨水检查井	2100x2100	砖砌井	座	2	Y33 Y36
17	雨水检查井	2400x2400	砖砌井	座	2	Y13 Y14
18	雨水排出口	D1000	石砌	座	1	Z1
19	雨水排出口	D1200	石砌	座	4	
20	雨水排出口	D1500	石砌	座	1	Z2
21	雨水口	510x390	砖砌	个	81	
22	双箅雨水口		砖砌	个	12	
23	河道驳坎	高 4.55m	石砌	m	40	

序号	名称	规格	材料	单位	数量	备注
污水部分						
1	污水管	D300	UPVC管	m	927	
2	污水管	D400	UPVC管	m	822	
3	污水管	D400	钢筋混凝土管	m	596	W21-W30 W68-W78
4	污水管	D600	钢筋混凝土管	m	197	
5	污水管	D800	钢筋混凝土管	m	1121	
6	污水管	D800	钢管	m	35	壁厚 10mm
7	污水管	D1000	钢筋混凝土管	m	420	
8	污水检查井	1100x1100	砖砌井	座	95	
9	污水检查井	1100x1250	砖砌井	座	5	W17-W20 W47-3
10	污水检查井	1100x1250	钢筋混凝土井	座	13	W10-W16 W48-W52 W53-1
11	污水检查井	1100x1500	砖砌井	座	7	
12	污水检查井	1250x1250	砖砌井	座	1	W21
13	污水检查井	1250x1250	钢筋混凝土井	座	3	W9 W47 W53
14	污水检查井	1500x1500	砖砌井	座	1	W8

注：本材料表仅供参考，实际工程量根据图纸复核。

工程负责		校对		工程名称	××市中心大道北延伸工程	材料表	工程编号
工种负责		审核		项目名称	排水及排水结构		
设计		审定		建设单位		设计阶段 施设 比例 出图日期	图号 水-09

会签：建筑 结构 桥梁 道路 水 电 暖 工艺

排水结构总说明

一、本套图纸尺寸以毫米计，标高以米计(黄海高程)。

二、地质概况

本工程依据××市勘测设计研究院提供的《××市中心大道工程岩土工程勘察报告(详勘阶段)》进行设计。沿线各土层分述如下:

1-2层耕土:褐灰、灰黄色，湿，松软状，层厚0.35～0.85m。

1-3层素填土:褐灰、灰黄色，湿～饱和，松软状，层厚0.40～1.90m。

2-1层粘质粉土:灰黄色，很湿，稍密状，层厚0.70～4.10m。[σ]=120kPa。

2-2层粉质粘土:灰黄～灰色，饱和，软塑状，层厚0.80～2.60m。[σ]=100kPa。

3-2粘质粉土：灰色，很湿，稍密状，层厚0.30～3.00m。[σ]=110kPa。

3-3粘质粉土夹粉砂：灰色，很湿，稍密～中密状，层厚1.35～12.70m。[σ]=140kPa。

3-3粘质粉土夹粘土：灰色，很湿，稍密状，层厚0.70～3.00m。[σ]=95kPa。

三、排水管道基础及检查井

本工程管线及检查井基础座落在1-3层时，超挖600mm后夯实填土，分层回填砂石（中粗砂50%，石子50%），密实度≥95%；坐落在1-2层时，应挖尽耕值土后分层回填砂石（中粗砂50%，石子50%），密实度≥95%；坐落在其余土层时，采用原状土。

D225、D300、D400UPVC管采用砂基础，橡胶圈接口，详见结-25图。

雨水D500、D600、D800、D1000、D1200、D1500和污水D1000钢筋混凝土承插管采用100mm厚C10混凝土垫层，135° C20钢筋混凝土基础，橡胶圈接口，详见结-26图。

过河钢管D800采用钢筋混凝土方包。

污水D400、D600、D800钢筋混凝土承插管采用100mm厚C10混凝土垫层，180° C20钢筋混凝土基础，橡胶圈接口，详见结-28图。

W9～16，W47～53，W53-1采用C25钢筋混凝土检查井。

其余检查井采用砖砌井壁，C20钢筋混凝土顶板及底板，100mm厚C10素混凝土垫层，详见检查井施工图(结-2～结-24图)。检查井每一侧第一节管子设沉降缝，该节管基础与井底板浇成一体，管基钢筋伸入井底板，与底板钢筋绑在一起，伸入长度250mm，详见结-40，41，43图；管道及基础每20m设一道沉降缝；带形基础应断开20mm，内填聚乙烯泡沫塑料板。

管道两侧回填土要求同步回填，分层夯实，严禁单侧填高，密实度不低于95%，管顶以上不低于85%，500mm以上均按路基要求回填，严禁回填淤泥质土和垃圾。

当检查井井筒高度取最小高度600mm时，如实际井室高度小于1800mm，则井室高度按实际高度施工。

四、雨水排出口及管道交叉处理

雨水排出口详见结-35图、结-36图。

上下交叉管道外壁净距≤500mm时，采用交叉处理，详见结-37图。

五、施工注意事项

本工程管线及检查井均为开槽埋设，要求管基下为原状土，且在施工排水过程中未受扰动；若用机械挖土，严禁超挖，要求人工清底；施工时做好排水降水工作。基槽开挖后，严禁晾槽，应马上回填砂石或做垫层，施工时应掌握天气变化，基槽不应泡水。管基深的地段，施工时必须采取必要的维护且不得堆载，防止涌土和塌方。

六、材料

混凝土：除图中注明外，均为C20；垫层混凝土为C10。

钢筋：ϕHPB235，ф HRB335。

钢材：Q235钢。

焊条：采用E43焊条。

砌体：采用M10水泥砂浆砌MU10机砖。

砖砌检查井，勾缝，座浆，抹三角均用1∶2水泥砂浆，井内壁，外壁抹面厚20mm。

主筋净保护层：基础及井底板下层为40m，其余为30mm。

七、注意事项

排水管及排水检查井施工，必须严格按国家现行的施工和验收规范进行。施工时遇到地质情况与地质资料不符时，请及时与建设单位、设计单位联系，以便作出适当的处理。

工程负责		校对	工程名称	××市中心大道北延伸工程	排水结构总说明				工程编号
工种负责		审核	项目名称	排水及排水结构					
设计		审定	建设单位		设计阶段 施设	比例	出图日期		图号 结-01

会签	
建筑	
结构	
桥梁	
道路	
水	
电	
暖	
工艺	

检查井结构说明

1. 检查井图尺寸除说明外均为毫米。

2. 排水检查井内容

(1) 检查井分为砖砌矩形检查井和方形检查井。

(2) 检查井分落底井和不落底井两种。根据井筒高度不同（≤2.0m和>2.0m）分成两类。

3. 适用条件

(1) 设计荷载：汽-20。

(2) 土容重：干容重：18kN/m^3，饱和容重：20kN/m^3。

(3) 地下水位：地面下1.0m。

(4) 检查井顶板上覆土厚度：井筒总高度小于等于2.0m的井筒顶板及井筒总高度大于2.0m的二级井筒顶板适用覆土厚度：0.6~2.0m。井筒总高度大于2.0m的一级井筒顶板适用覆土厚度：2.0~3.5m。小于0.6m或大于3.5m的顶板应另行设计。

(5) 地基承载力≥80kPa。

4. 材料

(1) 砖砌检查井用M10水泥砂浆砌筑MU10机砖，检查井内外表面及抹三角灰用1∶2水泥砂浆抹面，厚20mm。

(2) 钢筋混凝土构件：预制与现浇均采用C20混凝土，钢筋：ϕHPB235，ΦHRB335。

(3) 混凝土垫层：C10。

5. 检查井配用ϕ700的双关节翻盖式铸铁井座及井盖板。

6. 检查井底板均选用钢筋混凝土底板，并与主干管的第一节管子或半节长管子基础浇注成整体。

7. 检查井处在混凝土道路上时，铸铁井座周围应有钢筋加固。

8. 管子上半圆砌发砖券，当管道D≤800mm时，券高δ为120mm；当D≥1000mm时，券高δ为240mm。

9. 施工注意事项：

(1) 预制或现浇盖板必须保证底面平整光洁，不得有蜂窝麻面。

(2) 安装井座须座浆。井盖顶板要求与路面平。

(3) 砖砌井筒必须按模数高度设置，若最后砌至顶部尚留大于20mm小于60mm间隙，应用C30细石混凝土找平再放置预制井座或直接现浇钢筋混凝土井座。

10. 除图中已注明外，其余垫层作法与接入主管基础垫层相同（企口管除外）。

会签	建筑		桥梁		水		暖	
	结构		道路		电		工艺	

工程负责		校对	工程名称		××市中心大道北延伸工程	检查井结构说明				工程编号
工种负责		审核	项目名称		排水及排水结构					
设计		审定	建设单位			设计阶段 施设	比例	出图日期	图号	结-02

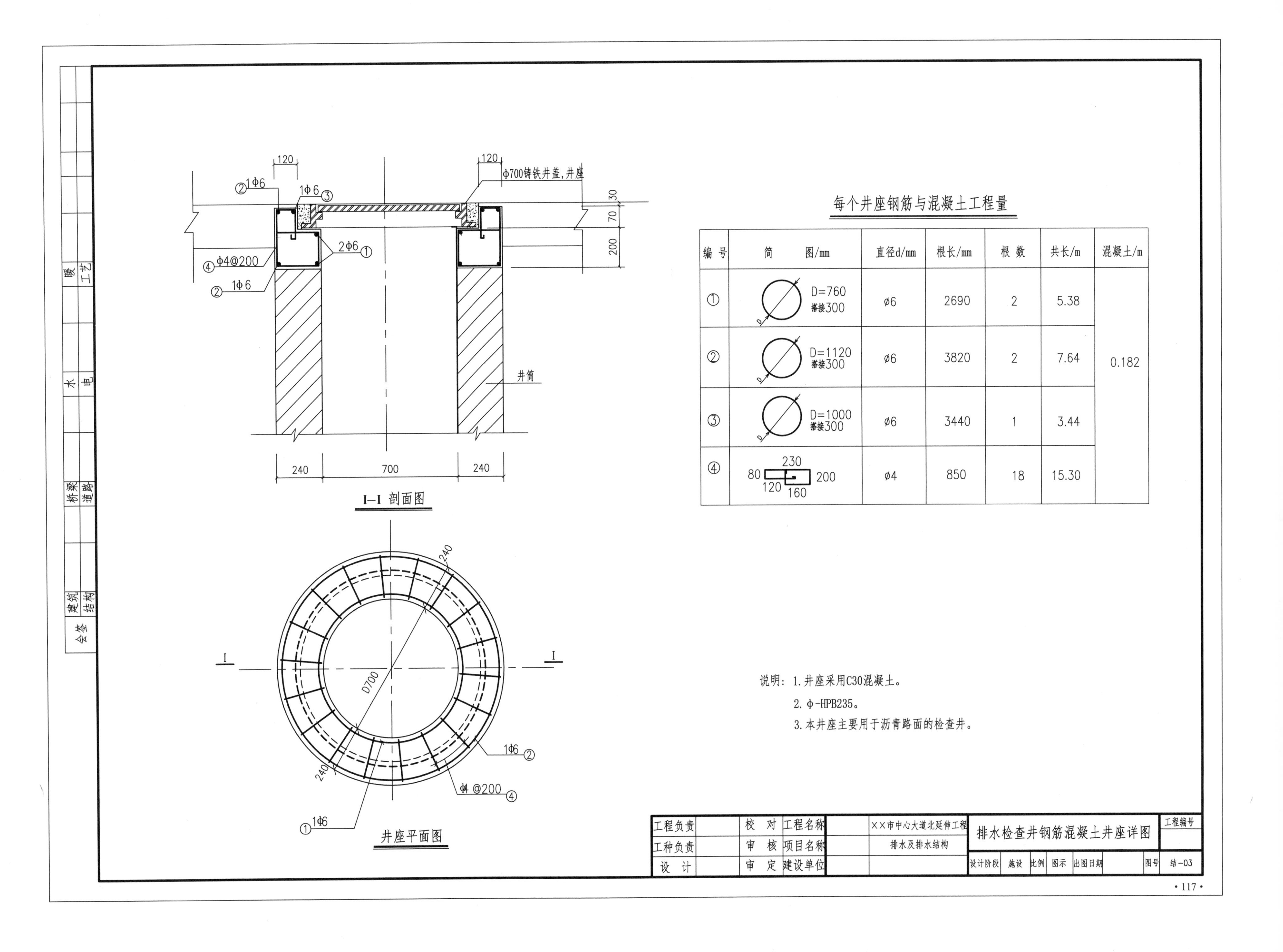

每个井座钢筋与混凝土工程量

编号	简图/mm	直径d/mm	根长/mm	根数	共长/m	混凝土/m
①	D=760 搭接300	ϕ6	2690	2	5.38	0.182
②	D=1120 搭接300	ϕ6	3820	2	7.64	
③	D=1000 搭接300	ϕ6	3440	1	3.44	
④	80 230 200 120 160	ϕ4	850	18	15.30	

说明：1. 井座采用C30混凝土。

2. Φ-HPB235。

3. 本井座主要用于沥青路面的检查井。

工程负责		校对	工程名称	××市中心大道北延伸工程	排水检查井钢筋混凝土井座详图	工程编号
工种负责		审核	项目名称	排水及排水结构	设计阶段 施设 比例 图示 出图日期	图号 结-03
设计		审定	建设单位			

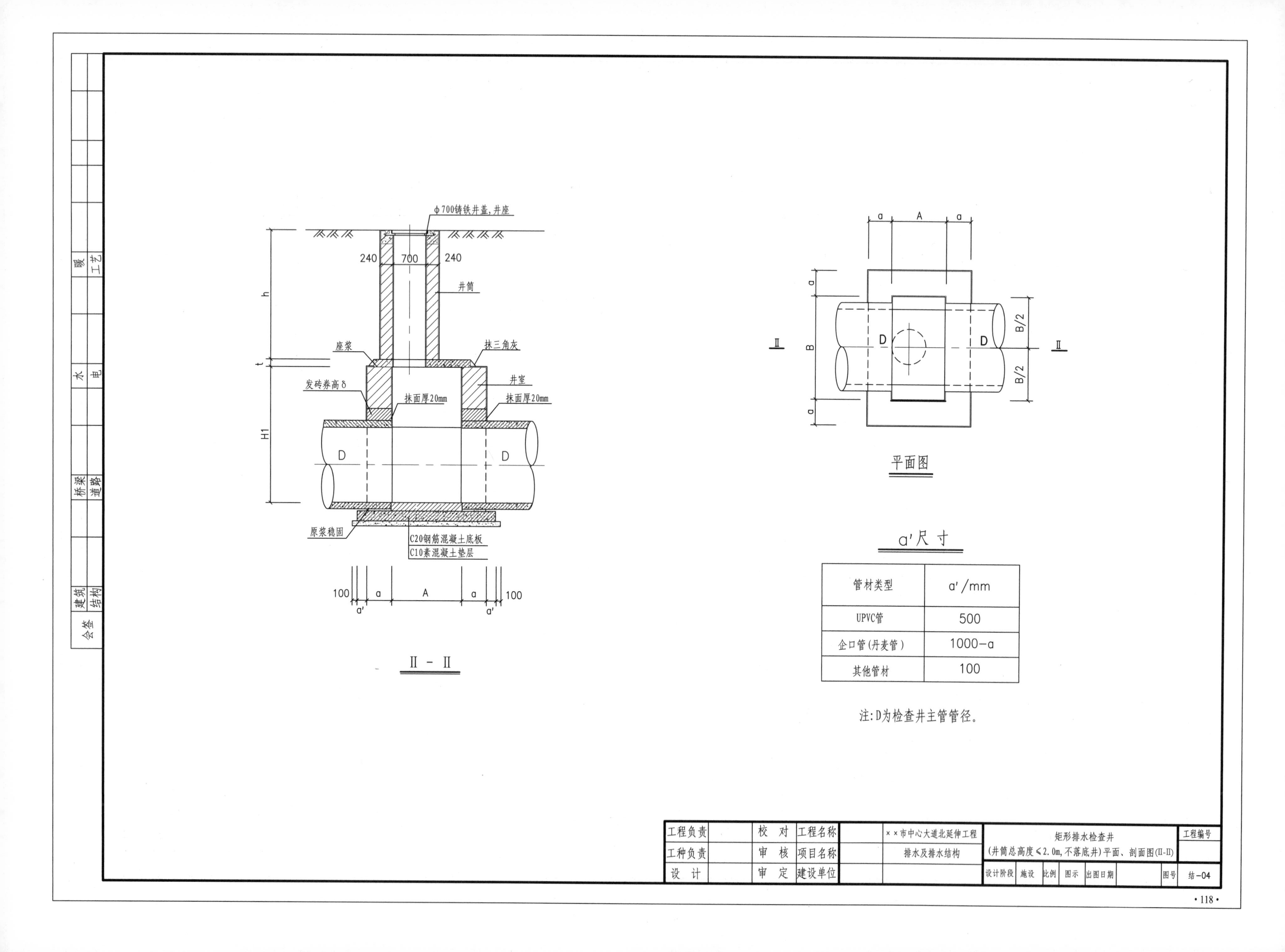

a'尺寸

管材类型	a'/mm
UPVC管	500
企口管(丹麦管)	1000−a
其他管材	100

注:D为检查井主管管径。

各部尺寸

管　径 D/mm	井室平面尺寸 AxB/(mmxmm)	井壁厚度 a/mm	井室高度 H1/mm	井筒高度 h/mm
≤600	1100x1100	370	1800~2400	600~2000
800	1100x1250	370	1800~2400	600~2000
1000	1100x1500	370	1800~2600	600~2000
1200	1100x1750	370	1800~2800	600~2000
1500	1100x2100	370	2200~3200	600~2000

工程数量表

管　径 D/mm	井室平面尺寸 AxB/(mmxmm)	井壁厚度 a/mm	井室砖砌体/ (m^3/m)	井室砂浆抹面/ (m^2/m)	流槽砖砌体/ m^3	流槽砂浆抹面/ m^2	井筒砖砌体/ (m^3/m)	井筒砂浆抹面/ (m^2/m)	顶板数量/块	井盖井座数量/套
≤600	1100x1100	370	2.18	11.76	0.35	2.14	0.71	5.91	1	1
800	1100x1250	370	2.29	12.36	0.58	2.76			1	1
1000	1100x1500	370	2.47	13.36	0.83	3.38			1	1
1200	1100x1750	370	2.66	14.36	1.13	4.00			1	1
1500	1100x2100	370	2.92	15.76	1.66	4.90			1	1

工程负责		校　对	工程名称	××市中心大道北延伸工程	矩形排水检查井(井筒总高度≤2.0m,不落底井) 各部尺寸及工程数量表(II-II剖面)	工程编号
工种负责		审　核	项目名称	排水及排水结构		
设　计		审　定	建设单位		设计阶段 施设 比例 图示 出图日期 图号	结-05

暖 工艺 | 水 电 | 桥梁 道路 | 建筑 结构 | 会签

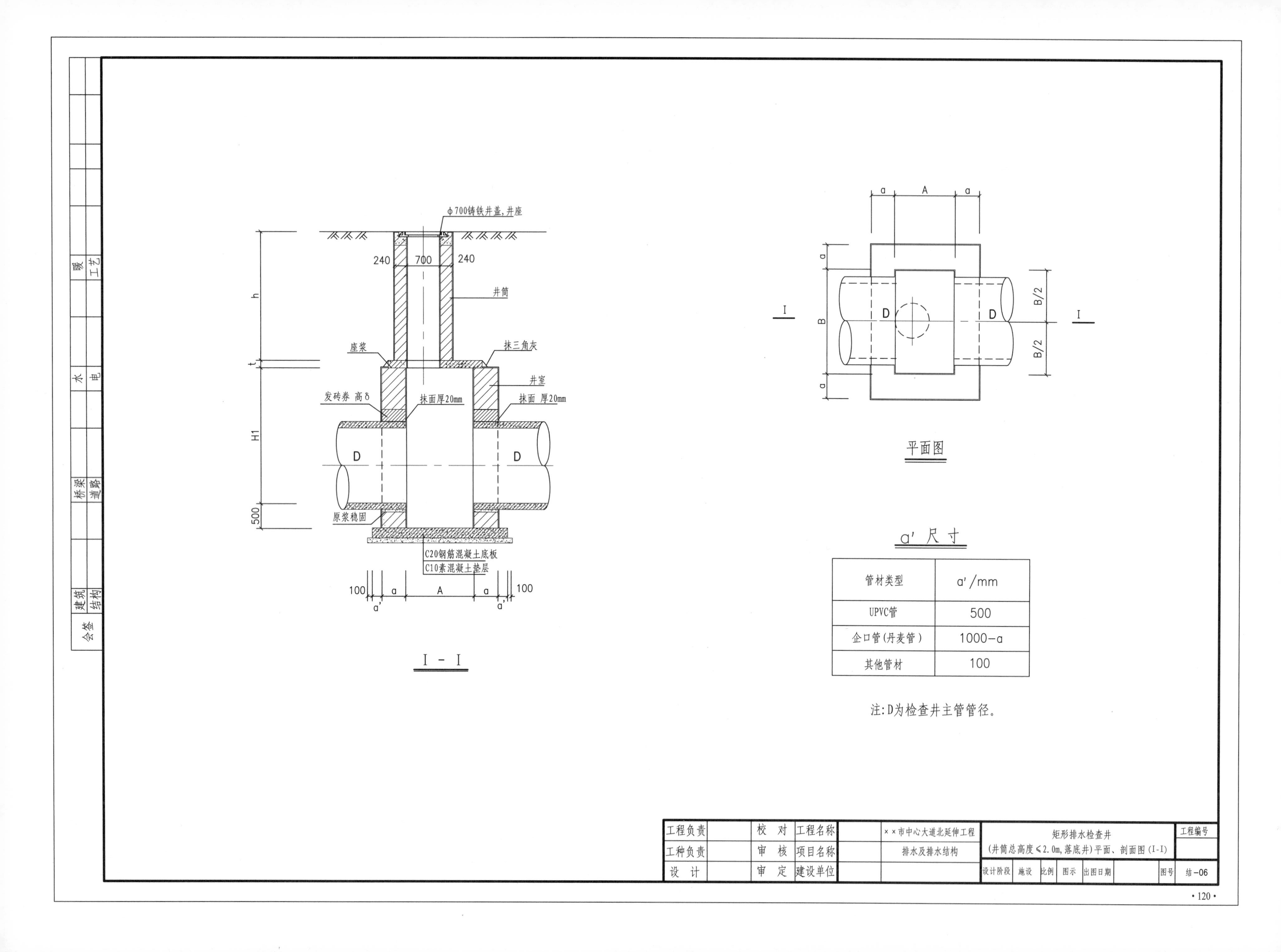

管材类型	a'/mm
UPVC管	500
企口管(丹麦管)	1000-a
其他管材	100

各部尺寸

管　径 D/mm	井室平面尺寸 AxB/(mmxmm)	井壁厚度 a/mm	井室高度 H1/mm	井筒高度 h/mm
≤600	1100x1100	370	1800~1900	600~2000
800	1100x1250	370	1800~1900	600~2000
1000	1100x1500	370	1800~2100	600~2000
1200	1100x1750	370	1800~2300	600~1600
		490		1600~2000
1500	1100x2100	370	2200~2700	600~800
		490		800~2000

工程数量表

管　径 D/mm	井室平面尺寸 AxB/(mmxmm)	井壁厚度 a/mm	井室砖砌体/ (m^3/m)	井室砂浆抹面/ (m^2/m)	井筒砖砌体/ (m^3/m)	井筒砂浆抹面/ (m^2/m)	顶板数量/块	井盖井座数量/套
≤600	1100x1100	370	2.18	11.76	0.71	5.91	1	1
800	1100x1250	370	2.29	12.36			1	1
1000	1100x1500	370	2.47	13.36			1	1
1200	1100x1750	370	2.66	14.36			1	1
		490	3.75	15.32			1	1
1500	1100x2100	370	2.92	15.76			1	1
		490	4.10	16.72			1	1

工程负责		校　对	工程名称		××市中心大道北延伸工程	矩形排水检查井(井筒总高度≤2.0m,落底井) 各部尺寸及工程数量表(I-I剖面)	工程编号
工种负责		审　核	项目名称		排水及排水结构		
设　计		审　定	建设单位			设计阶段 施设 比例 图示 出图日期	图号 结-07

会签：建筑 结构 桥梁 道路 水 电 暖 工艺

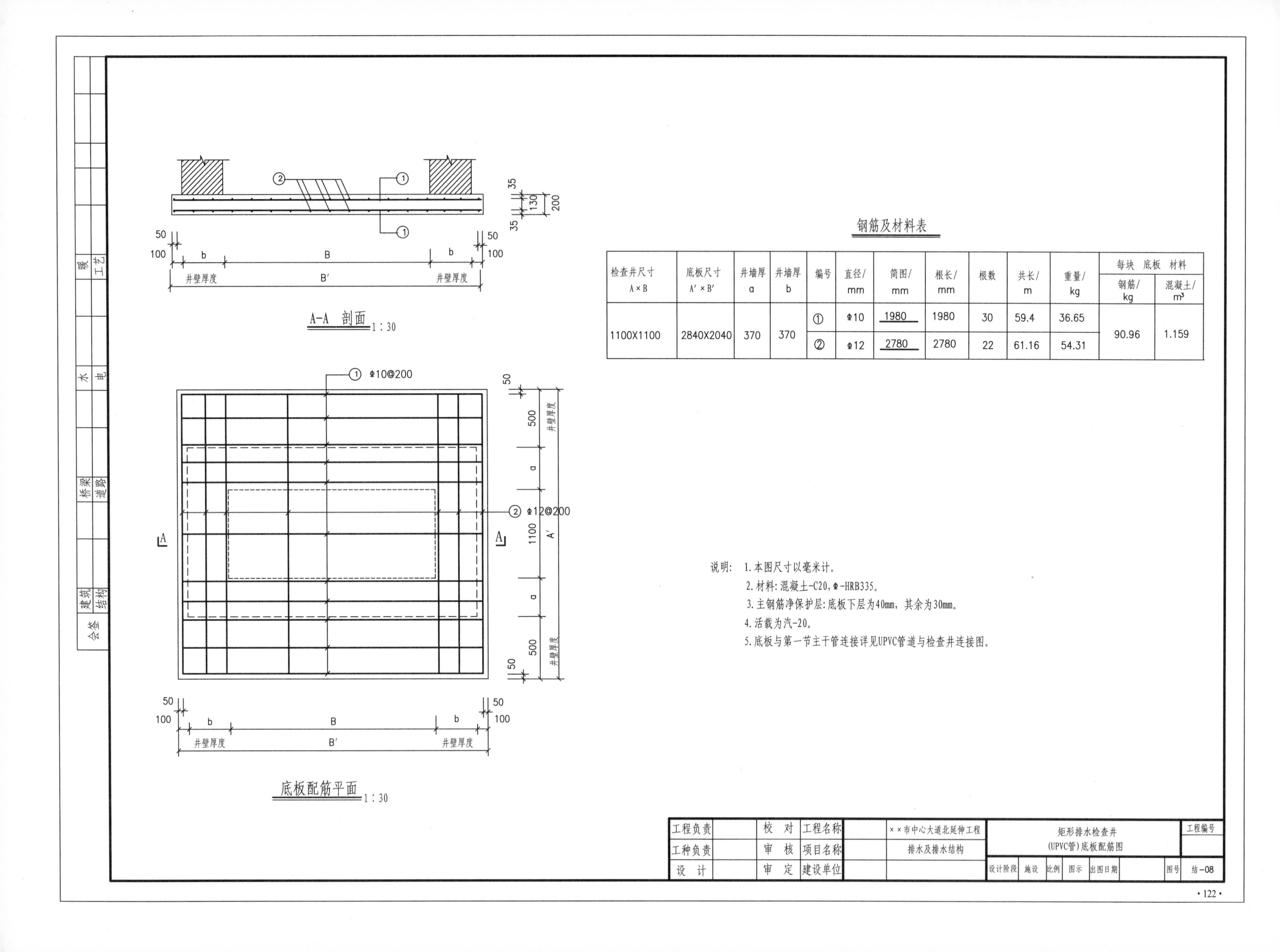

钢筋及材料表

检查井尺寸 A×B	底板尺寸 A′×B′	井墙厚 a	井墙厚 b	编号	直径/mm	简图/mm	根长/mm	根数	共长/m	重量/kg	每块底板材料 钢筋/kg	每块底板材料 混凝土/m³
1100X1100	2840X2040	370	370	①	Φ10	1980	1980	30	59.4	36.65	90.96	1.159
				②	Φ12	2780	2780	22	61.16	54.31		

说明：1. 本图尺寸以毫米计。
2. 材料：混凝土-C20，Φ-HRB335。
3. 主钢筋净保护层：底板下层为40mm，其余为30mm。
4. 活载为汽-20。
5. 底板与第一节主干管连接详见UPVC管道与检查井连接图。

工程负责		校 对	工程名称	××市中心大道北延伸工程	矩形排水检查井 (UPVC管)底板配筋图	工程编号
工种负责		审 核	项目名称	排水及排水结构		
设 计		审 定	建设单位		设计阶段 施设 比例 图示 出图日期	图号 结-08

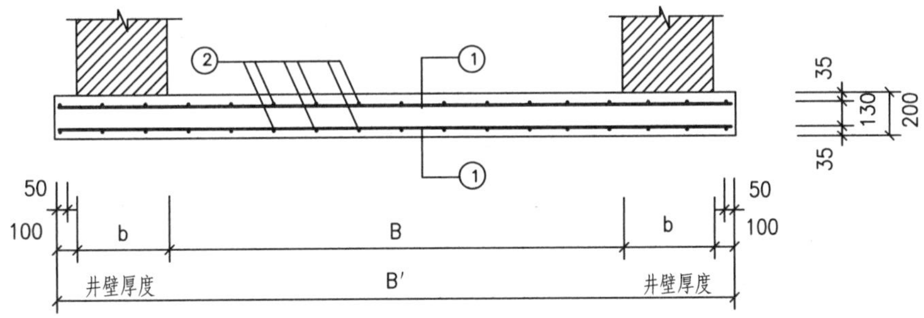

A-A 剖面 1:30

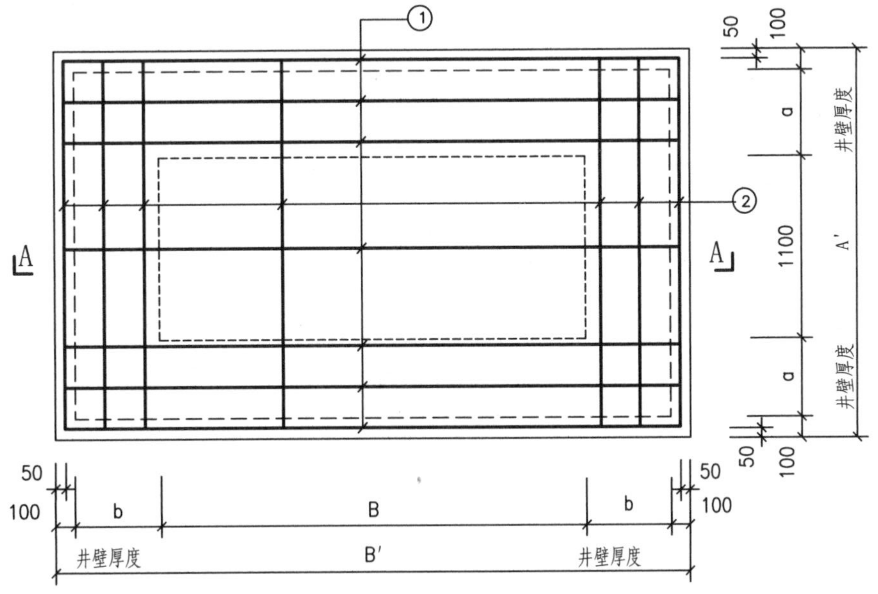

底板配筋平面 1:30

钢筋及材料表

检查井尺寸 A×B	底板尺寸 A′×B′	井墙厚 a	井墙厚 b	编号	直径/mm	简图/mm	根长/mm	根数	共长/m	重量/kg	每块底板材料 钢筋/kg	每块底板材料 混凝土/m³
1100X1100	2040X2040	370	370	①	Φ10	1980	1980	22	43.56	26.877	53.754	0.832
				②	Φ10	1980	1980	22	43.56	26.877		
1100X1250	2040X2190	370	370	①	Φ10	2130	2130	22	46.86	28.913	58.233	0.894
				②	Φ10	1980	1980	24	47.52	29.320		
1100X1500	2040X2440	370	370	①	Φ10	2380	2380	22	52.36	32.306	64.069	0.996
				②	Φ10	1980	1980	26	51.48	31.763		
1100X1750	2040X2690	370	370	①	Φ10	2630	2630	22	57.86	35.700	69.906	1.098
				②	Φ10	1980	1980	28	55.44	34.206		
	2280X2930	490	490	①	Φ10	2870	2870	24	68.88	42.499	83.591	1.336
				②	Φ10	2220	2220	30	66.60	41.092		
1100X2100	2040X3040	370	370	①	Φ10	2980	2980	22	65.56	40.451	79.544	1.240
				②	Φ10	1980	1980	32	63.36	39.093		
	2280X3280	490	490	①	Φ10	3220	3220	24	77.28	47.682	96.993	1.496
				②	Φ10	2220	2220	36	79.92	49.311		

说明：1. 本图尺寸以毫米计。

2. 材料：混凝土-C20，Φ-HRB335。

3. 主钢筋净保护层：底板下层为40mm，其余为30mm。

4. 活载为汽-20。

5. 底板与检查井两侧第一节管连接，详见结-30图。

工程负责		校对	工程名称	××市中心大道北延伸工程	矩形排水检查井（钢筋混凝土管）底板配筋图	工程编号
工种负责		审核	项目名称	排水及排水结构		
设计		审定	建设单位		设计阶段 施设 比例 图示 出图日期	图号 结-09

会签 建筑 结构 桥梁 道路 水 电 暖 工艺

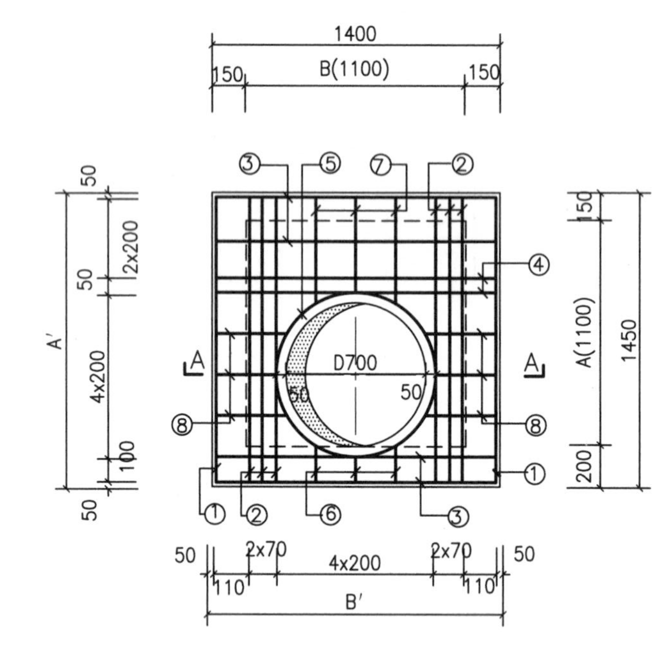

钢筋及工程数量表

检查井尺寸 A×B/ (mmxmm)	盖板尺寸 A′×B′/ (mmxmm)	编号	直径/ mm	简图/ mm	根长/ mm	根数	共长/ m	重量/ kg	每块顶板材料用量 钢筋/ kg	混凝土/ m^3
1100x1100	1450x1400	①	Φ10	1390	1390	2	2.780	1.715	23.454	0.197
		②	Φ12	1390	1390	6	8.340	7.406		
		③	Φ10	1340	1340	4	5.360	3.307		
		④	Φ12	1340	1340	2	2.680	2.380		
		⑤	Φ12	D800 搭接 46d	3065	2	6.130	5.443		
		⑥	Φ10	50 80 均长 140	均长 270	3	0.810	0.500		
		⑦	Φ10	50 80 均长 490	均长 620	3	1.86	1.148		
		⑧	Φ10	50 80 均长 290	均长 420	6	2.52	1.555		

说明：1. 本图尺寸以毫米计。
2. 材料：混凝土-C20，ΦHRB335。
3. 主钢筋净保护层为30mm。
4. 板顶覆土厚度为600～2000mm。
5. 活载为汽-20。

会签	建筑		桥梁		水		暖	
	结构		道路		电		工艺	

工程负责		校 对	工程名称	××市中心大道北延伸工程	1100×1100矩形排水检查井 顶板配筋图	工程编号
工种负责		审 核	项目名称	排水及排水结构		
设 计		审 定	建设单位		设计阶段 施设 比例 图示 出图日期	图号 结-10

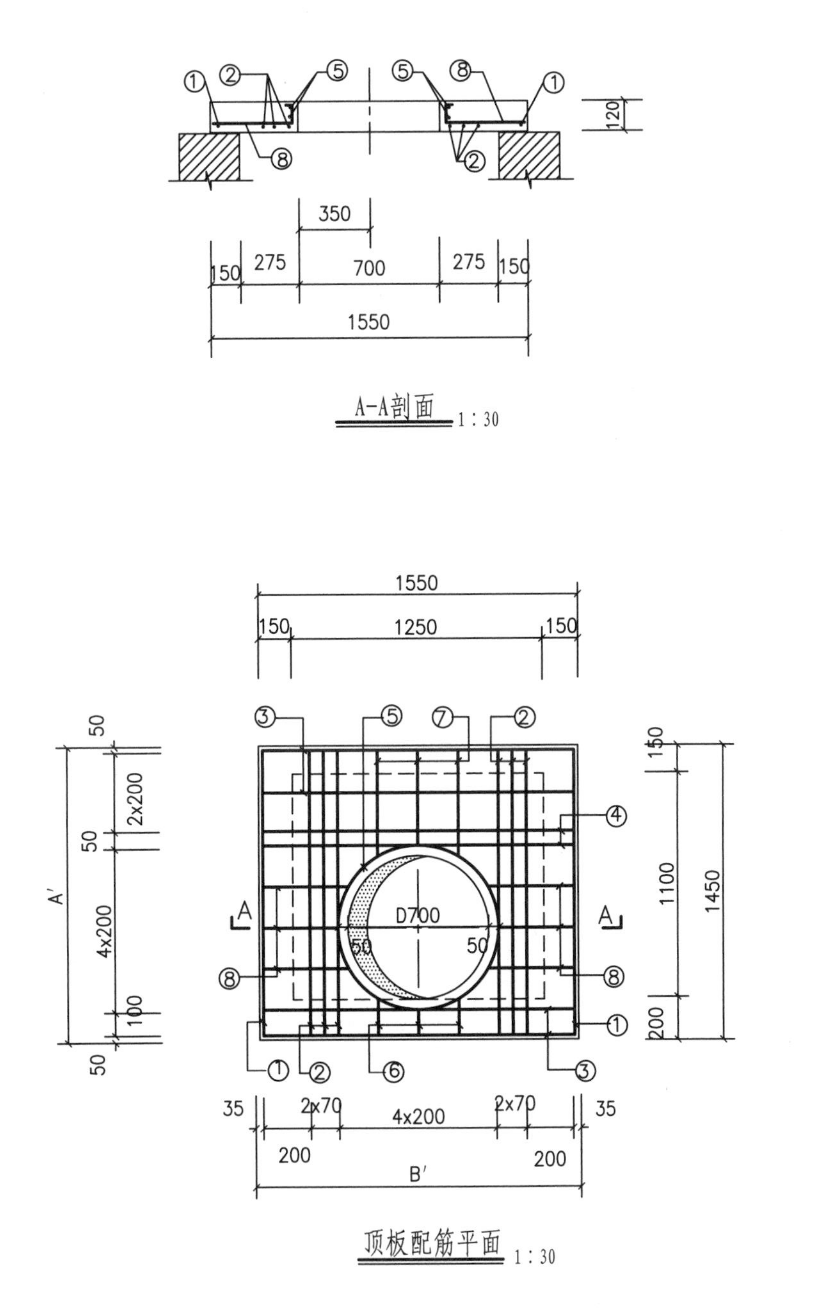

钢筋及工程数量表

检查井尺寸 A×B/(mmxmm)	盖板尺寸 A′×B′/(mmxmm)	编号	直径/mm	简图/mm	根长/mm	根数	共长/m	重量/kg	每块顶板材料用量 钢筋/kg	每块顶板材料用量 混凝土/m³
1100x1250	1450x1550	①	Φ10	1390	1390	2	2.780	1.715	24.386	0.224
		②	Φ12	1390	1390	6	8.340	7.406		
		③	Φ10	1490	1490	4	5.960	3.677		
		④	Φ12	1490	1490	2	2.980	2.646		
		⑤	Φ12	D800 搭接 46d	3065	2	6.130	5.443		
		⑥	Φ10	50 80 均长140	均长270	3	0.810	0.500		
		⑦	Φ10	50 80 均长490	均长620	3	1.860	1.148		
		⑧	Φ10	50 80 均长370	均长500	6	3.000	1.851		

说明：1. 本图尺寸以毫米计。
2. 材料：混凝土-C20，ΦHRB335。
3. 主钢筋净保护层为30mm。
4. 板顶覆土厚度为600～2000mm。
5. 活载为汽-20。

工程负责		校对	工程名称	××市中心大道北延伸工程	1100×1250矩形排水检查井 顶板配筋图	工程编号
工种负责		审核	项目名称	排水及排水结构		
设计		审定	建设单位		设计阶段 施设 比例 图示 出图日期	图号 结-11

会签：建筑 结构 桥梁 道路 水 电 暖 工艺

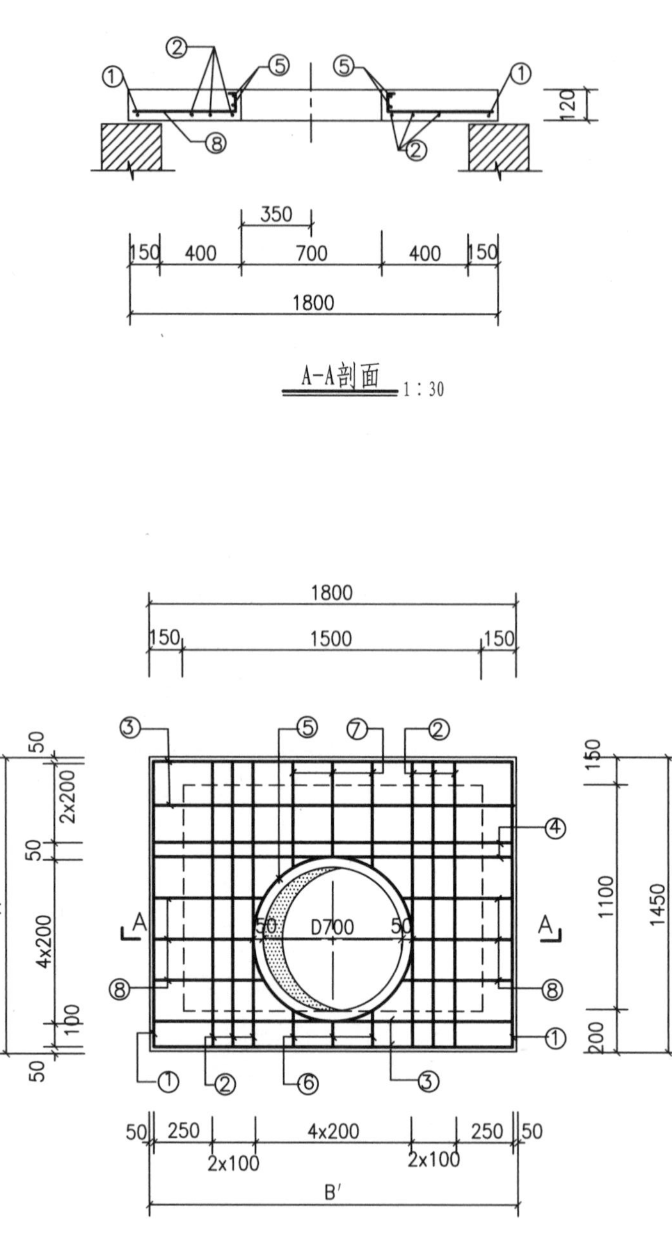

钢筋及工程数量表

检查井尺寸 A×B/(mmxmm)	盖板尺寸 A′×B′/(mmxmm)	编号	直径/mm	简图/mm	根长/mm	根数	共长/m	重量/kg	每块顶板材料用量 钢筋/kg	混凝土/m^3
1100x1500	1450x1800	①	φ10	1390	1390	2	2.780	1.715	25.891	0.267
		②	φ12	1390	1390	6	8.340	7.406		
		③	φ10	1740	1740	4	6.960	4.294		
		④	φ12	1740	1740	2	3.480	3.090		
		⑤	φ12	D800 搭接 46d	3065	2	6.130	5.443		
		⑥	φ10	80 50 均长 140	均长 270	3	0.810	0.500		
		⑦	φ10	80 50 均长 490	均长 620	3	1.860	1.148		
		⑧	φ10	80 50 均长 490	均长 620	6	3.720	2.295		

说明：1. 本图尺寸以毫米计。
2. 材料：混凝土-C20，ΦHRB335。
3. 主钢筋净保护层为30mm。
4. 板顶覆土厚度为600~2000mm。
5. 活载为汽-20。

工程负责		校 对	工程名称	××市中心大道北延伸工程	1100×1500矩形排水检查井 顶板配筋图	工程编号
工种负责		审 核	项目名称	排水及排水结构		
设 计		审 定	建设单位		设计阶段 施设 比例 图示 出图日期	图号 结-12

会签	建筑	桥梁	水	暖
	结构	道路	电	工艺

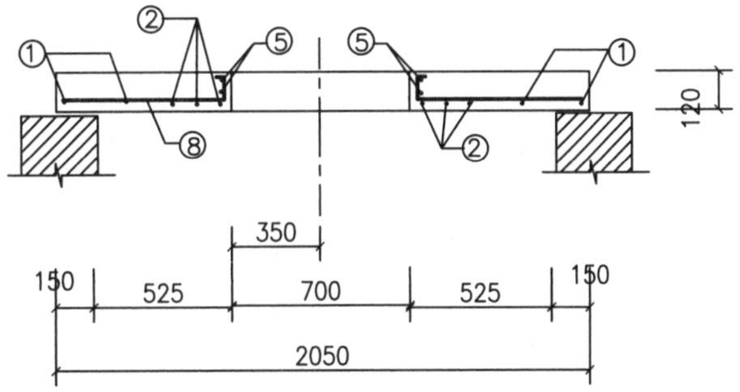

A-A剖面 1:30

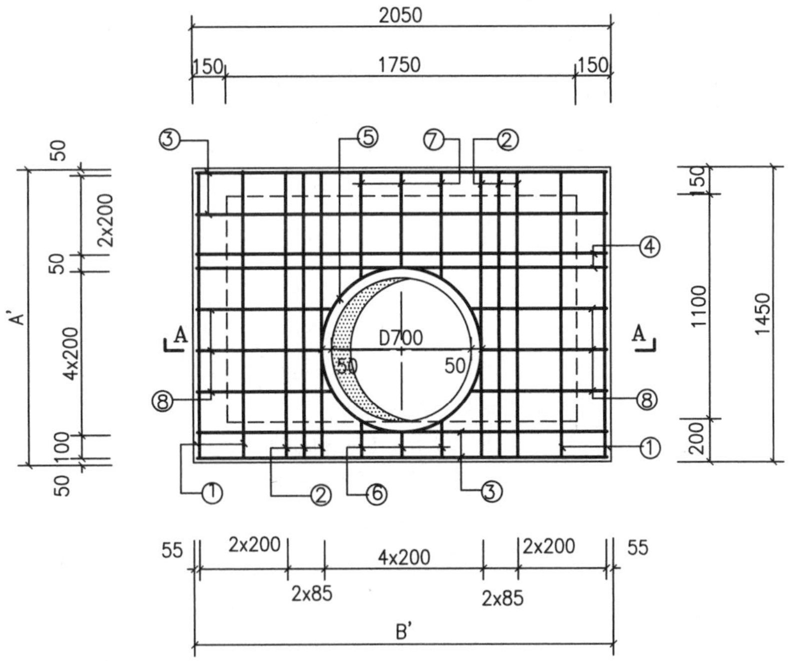

顶板配筋平面 1:30

钢筋及工程数量表

检查井尺寸 A×B/ (mmxmm)	盖板尺寸 A'×B'/ (mmxmm)	编号	直径/ mm	简图/ mm	根长/ mm	根数	共长/ m	重量/ kg	每块顶板材料用量 钢筋/ kg	混凝土/ m³
1100x1750	1450x2050	①	φ10	1390	1390	4	5.560	3.431	29.150	0.342
		②	φ12	1390	1390	6	8.340	7.406		
		③	φ10	1990	1990	4	7.960	4.911		
		④	φ12	1990	1990	2	3.980	3.534		
		⑤	φ12	D800 搭接 46d	3065	2	6.130	5.443		
		⑥	φ10	50 80 均长 140	均长 270	3	0.810	0.500		
		⑦	φ10	50 80 均长 490	均长 620	3	1.860	1.148		
		⑧	φ10	50 80 均长 620	均长 750	6	4.500	2.777		

说明：1. 本图尺寸以毫米计。
2. 材料：混凝土-C20，ΦHRB335。
3. 主钢筋净保护层为30mm。
4. 板顶覆土厚度为600～2000mm。
5. 活载为汽-20。

工程负责		校 对	工程名称	××市中心大道北延伸工程	1100×1750矩形排水检查井 顶板配筋图	工程编号
工种负责		审 核	项目名称	排水及排水结构		
设 计		审 定	建设单位		设计阶段 施设 比例 图示 出图日期	图号 结-13

会签：暖 工艺 水 电 桥梁 道路 建筑 结构

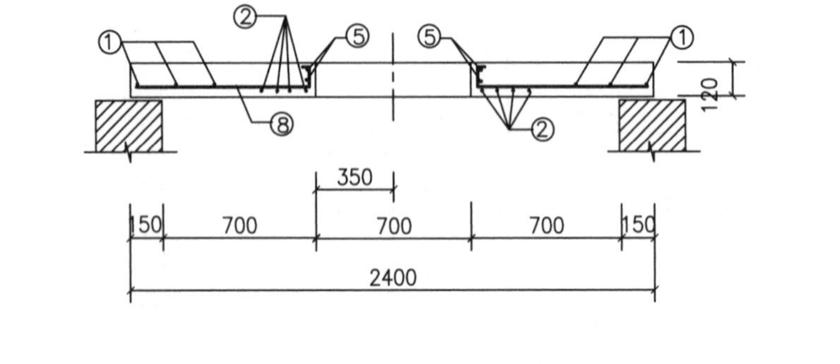

A-A剖面 1：30

顶板配筋平面 1：30

钢筋及工程数量表

检查井尺寸 A×B/ (mmxmm)	盖板尺寸 A′×B′/ (mmxmm)	编号	直径/ mm	简图/ mm	根长/ mm	根数	共长/ m	重量/ kg	每块顶板材料用量 钢筋/ kg	混凝土/ m^3
1100x2100	1450x2400	①	φ10	1390	1390	6	8.340	5.146	35.997	0.371
		②	φ12	1390	1390	8	11.120	9.875		
		③	φ10	2340	2340	4	9.360	5.775		
		④	φ12	2340	2340	2	4.680	4.156		
		⑤	φ12	D800 搭接 46d	3065	2	6.130	5.443		
		⑥	φ10	50 80 均长 140	均长 270	4	1.080	0.666		
		⑦	φ10	50 80 均长 490	均长 620	4	2.480	1.530		
		⑧	φ10	50 80 均长 790	均长 920	6	5.520	3.406		

说明：1. 本图尺寸以毫米计。
2. 材料：混凝土-C20，ΦHRB335。
3. 主钢筋净保护层为30mm。
4. 板顶覆土厚度为600～2000mm。
5. 活载为汽-20。

工程负责		校　对	工程名称	××市中心大道北延伸工程	1100×2100矩形排水检查井 顶板配筋图	工程编号
工种负责		审　核	项目名称	排水及排水结构		
设　计		审　定	建设单位		设计阶段 施设 比例 图示 出图日期	图号 结-14

会签	建筑	桥梁	水	暖
	结构	道路	电	工艺

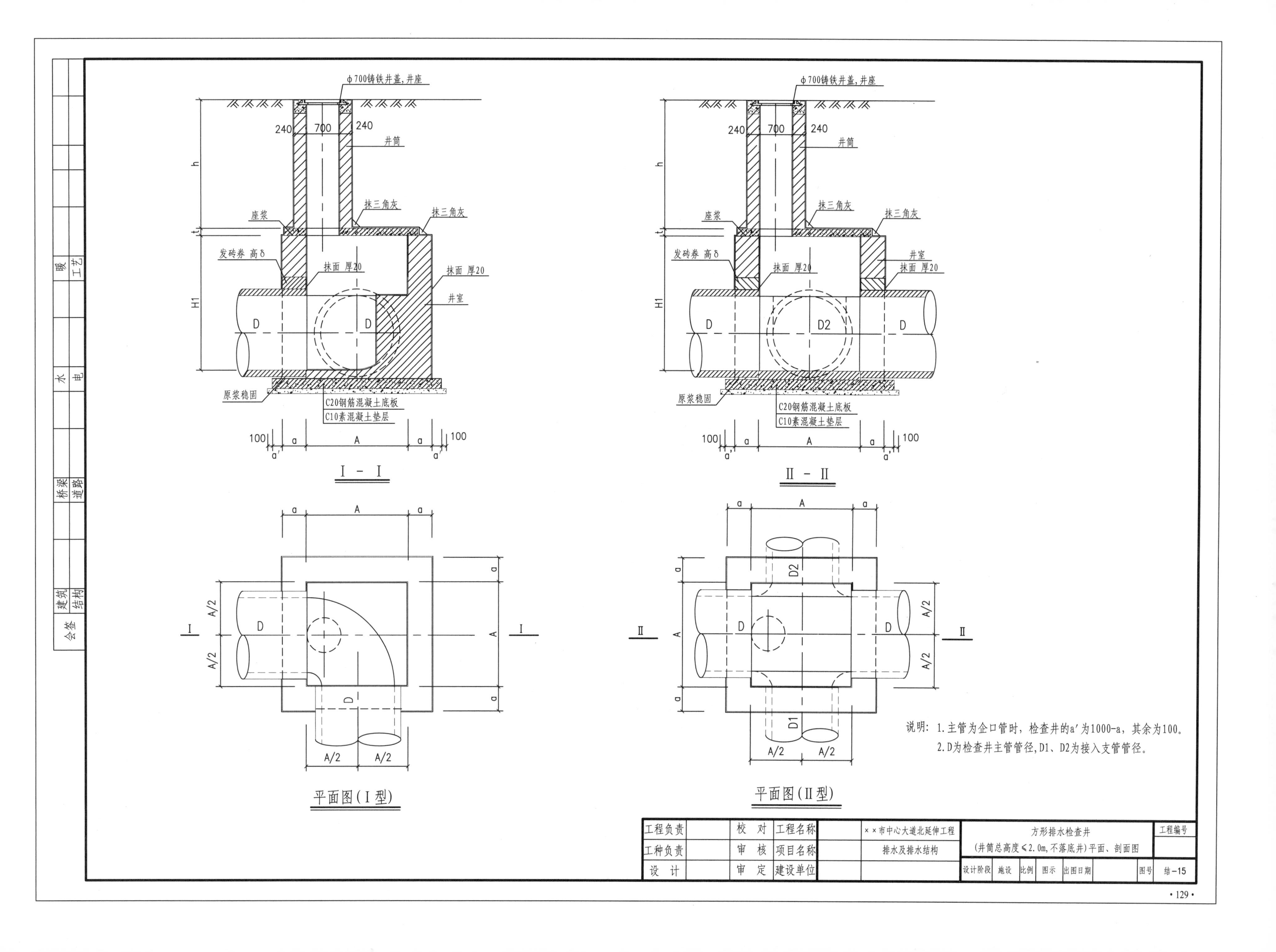

φ700铸铁井盖,井座
240
700
240
井筒
h
座浆
抹三角灰
抹三角灰
t
发砖券 高δ
抹面 厚20
抹面 厚20
井室
H1
D
D
D2
原浆稳固
C20钢筋混凝土底板
C10素混凝土垫层
100
a
A
a'
I - I
II - II
A/2
平面图(I型)
平面图(II型)
D1
说明: 1.主管为企口管时，检查井的a′为1000-a，其余为100。
2.D为检查井主管管径,D1、D2为接入支管管径。
工程负责
工种负责
设 计
校 对
审 核
审 定
工程名称
项目名称
建设单位
××市中心大道北延伸工程
排水及排水结构
方形排水检查井
(井筒总高度≤2.0m,不落底井)平面、剖面图
工程编号
设计阶段
施设
比例
图示
出图日期
图号
结-15
会签
建筑
结构
桥梁
道路
水
电
暖
工艺

会签	建筑		桥梁		水		暖	
	结构		道路		电		工艺	

各部尺寸

管 径 D/mm	井室平面尺寸 A/mm	井壁厚度 a/mm	井室高度 H1/mm	井筒高度 h/mm
800	1250	370	1800~2400	600~2000
1000	1500	370	1800~2600	600~2000
1200	1750	370	1800~2800	600~2000
1500	2100	370	2200~3200	600~2000
1800	2400	490	2500~3300	600~1700

工程数量表

管 径 D/mm	井室平面尺寸 A/mm	井壁厚度 a/mm	井室砖砌体/ (m^3/m)	井室砂浆抹面/ (m^2/m)	流槽砖砌体/ m^3		流槽砂浆抹面/ m^2		井筒砖砌体/ (m^3/m)	井筒砂浆抹面/ (m^2/m)	顶板数量/块	井盖井座数量/套
					Ⅰ型	Ⅱ,Ⅲ型	Ⅰ型	Ⅱ,Ⅲ型				
800	1250	370	2.40	12.96	0.81	0.66	2.80	3.13	0.71	5.91	1	1
1000	1500	370	2.77	14.96	1.42	1.14	4.10	4.61			1	1
1200	1750	370	3.14	16.96	2.28	1.79	5.65	6.36			1	1
1500	2100	370	3.66	19.76	4.07	3.17	8.30	9.36			1	1
1800	2400	490	5.66	23.12	6.07	4.58	11.08	12.54			1	1

说明：Ⅱ型检查井流槽工程量可因接入支管管径不同而做部分调整。

工程负责		校 对	工程名称	××市中心大道北延伸工程	方形排水检查井(井筒总高度≤2.0m,不落底井) 各部尺寸及工程数量表	工程编号
工种负责		审 核	项目名称	排水及排水结构		
设 计		审 定	建设单位		设计阶段 施设 比例 图示 出图日期	图号 结-16

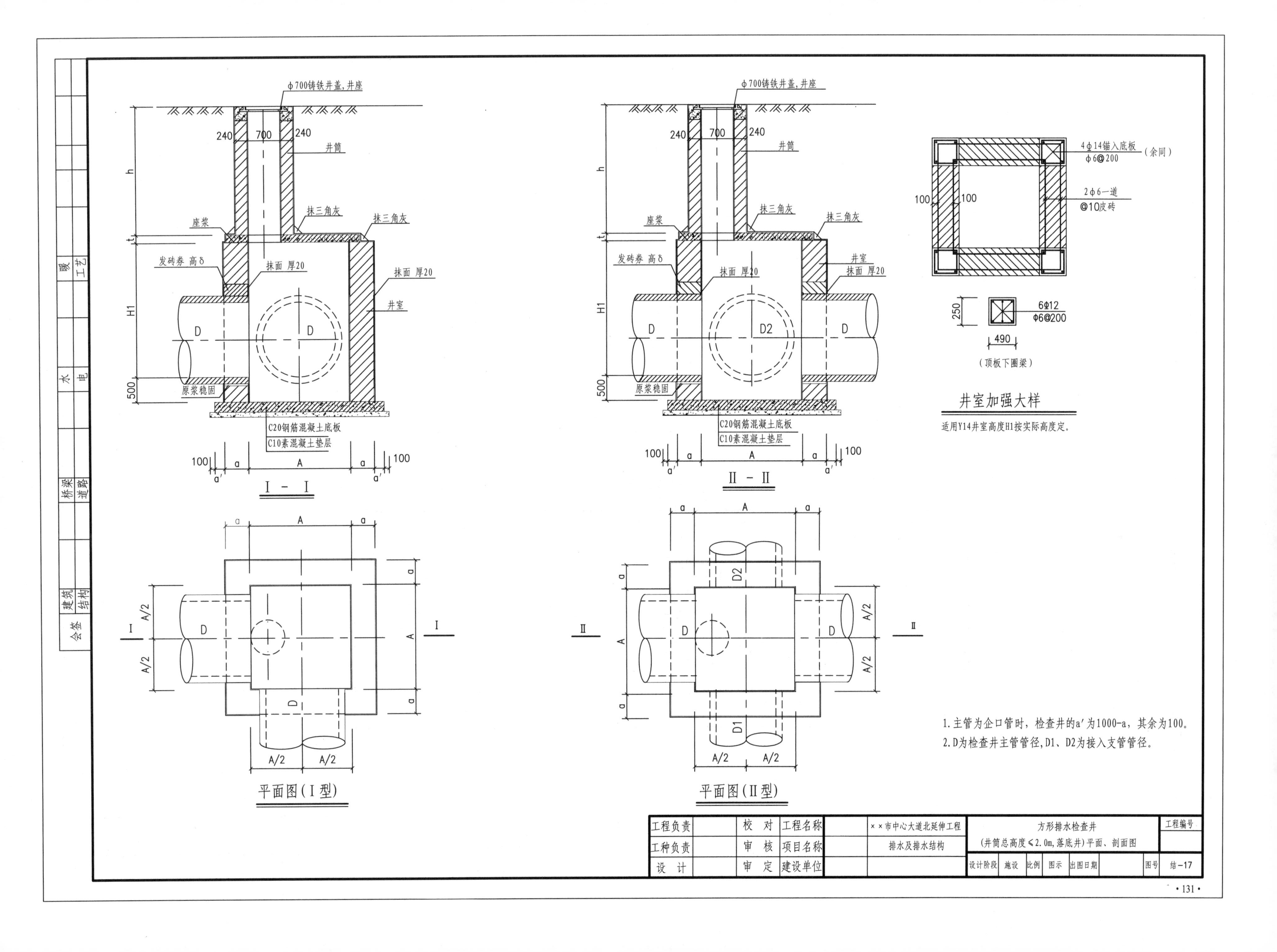

φ700铸铁井盖，井座
240
700
井筒
抹三角灰
座浆
发砖券 高δ
抹面 厚20
井室
原浆稳固
C20钢筋混凝土底板
C10素混凝土垫层
I - I
II - II
平面图(I型)
平面图(II型)
4φ14锚入底板
φ6@200
(余同)
2φ6一道
@10皮砖
6Φ12
Φ6@200
(顶板下圈梁)
井室加强大样
适用Y14井室高度H1按实际高度定。
1.主管为企口管时，检查井的a'为1000-a，其余为100。
2.D为检查井主管管径，D1、D2为接入支管管径。
工程负责
工种负责
设计
校对
审核
审定
工程名称
项目名称
建设单位
××市中心大道北延伸工程
排水及排水结构
方形排水检查井
(井筒总高度≤2.0m,落底井)平面、剖面图
工程编号
设计阶段
施设
比例
图示
出图日期
图号
结-17
会签
建筑
结构
桥梁
道路
水
电
暖
工艺

会签	建筑		桥梁		水		暖	
	结构		道路		电		工艺	

各部尺寸

管径 D/mm	井室平面尺寸 A/mm	井壁厚度 a/mm	井室高度 H1/mm	井筒高度 h/mm
800	1250	370	1800~1900	600~2000
1000	1500	370	1800~2100	600~2000
1200	1750	370	1800~2300	600~1600
		490		1600~2000
1500	2100	370	2200~2700	600~800
		490		800~2000
	2400	490	2500~2800	600~1700

工程数量表

管径 D/mm	井室平面尺寸 A/mm	井壁厚度 a/mm	井室砖砌体/ (m^3/m)	井室砂浆抹面/ (m^2/m)	井筒砖砌体/ (m^3/m)	井筒砂浆抹面/ (m^2/m)	顶板数量/块	井盖井座数量/套
800	1250	370	2.40	12.96	0.71	5.91	1	1
1000	1500	370	2.77	14.96			1	1
1200	1750	370	3.14	16.96			1	1
		490	4.39	17.92			1	1
1500	2100	370	3.66	19.76			1	1
		490	5.08	20.72			1	1
1800	2400	490	5.66	23.12			1	1

工程负责		校对	工程名称		××市中心大道北延伸工程	方形排水检查井(井筒总高度≤2.0m,落底井) 各部尺寸及工程数量表	工程编号
工种负责		审核	项目名称		排水及排水结构		
设计		审定	建设单位			设计阶段 施设 比例 图示 出图日期	图号 结-18

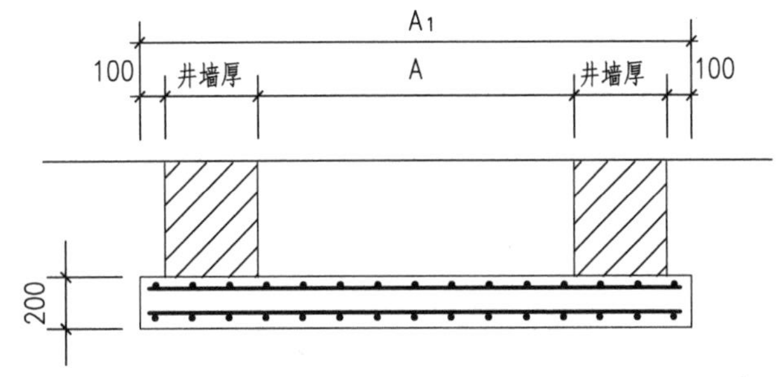

1-1 剖面 1∶30

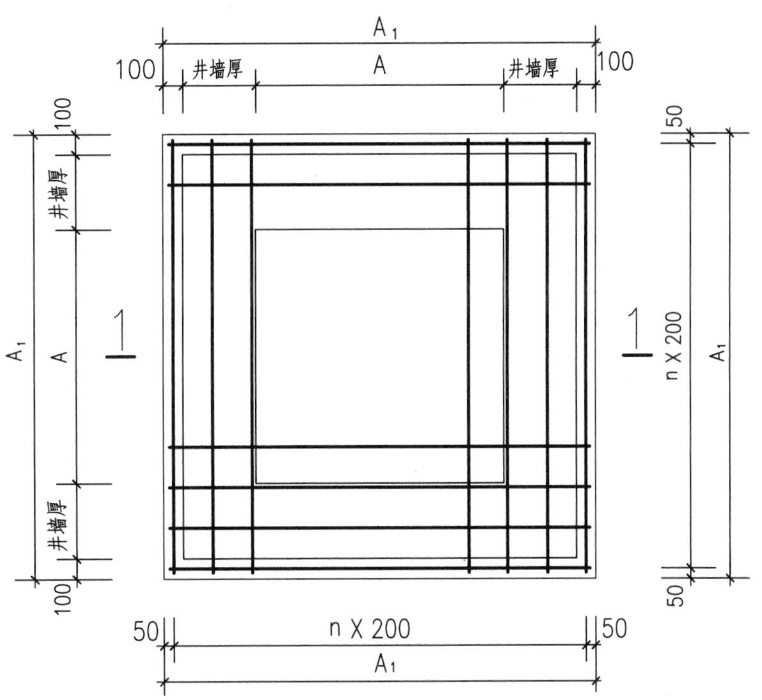

底板配筋图 1∶30

检查井尺寸 A×A/ (mmxmm)	底板尺寸 A′×A′/ (mmxmm)	井墙厚/ mm	直径/ mm	根 长 mm	根 数	共 长/ m	每块底板材料用量	
							钢 筋/ kg	混凝土/ m^3
1250X1250	2190X2190	370	Φ10	2130	48	102.24	63.08	0.96
1500X1500	2440X2440	370	Φ10	2380	52	123.76	76.36	1.19
1750X1750	2690X2690	370	Φ10	2660	56	148.96	91.91	1.45
	2930X2930	490	Φ10	2870	64	183.68	113.33	1.72
2100X2100	3040X3040	370	Φ10	3010	64	192.64	118.86	1.85
	3280X3280	490	Φ10	3220	68	218.96	135.10	2.15
2400X2400	3580X3580	490	Φ10	3520	76	267.52	165.06	2.56

说明：1. 本图尺寸以毫米计。
2. 材料：混凝土-C20，ΦHRB335。
3. 主钢筋净保护层：底板下层为40mm，其余为30mm。
4. 活载为汽-20。
5. 底板与检查井两侧第一节管连接，详见结-30。

工程负责		校 对		工程名称	××市中心大道北延伸工程	方形排水检查井（钢筋混凝土管）底板配筋图	工程编号
工种负责		审 核		项目名称	排水及排水结构		
设 计		审 定		建设单位		设计阶段 施设 比例 图示 出图日期	图号 结-19

会签：建筑 结构 桥梁 道路 水 电 暖 工艺

会签	建筑			桥梁			水			暖				
	结构			道路			电			工艺				

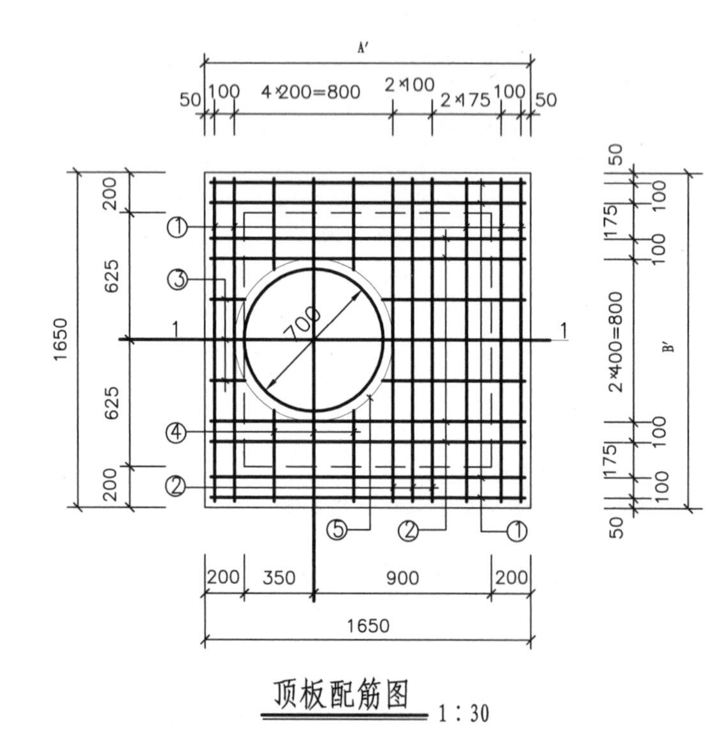

钢筋及工程数量表

检查井尺寸 A×B/(mm×mm)	顶板尺寸 A′×B′/(mm×mm)	编号	直径/mm	简图/mm	根长/mm	根数	共长/m	重量/kg	每块顶板材料用量 钢筋/kg	混凝土/m³
1250×1250	1650×1650	①	Φ10	1590	1590	9	14.31	8.83	28.27	0.28
		②	Φ12	1590	1590	7	11.13	9.88		
		③	Φ10	50 50 平均170 60 60 平均720	1110	3	3.33	2.06		
		④	Φ10	50 50 平均445 60 60 平均445	1110	3	3.33	2.06		
		⑤	Φ12	800 搭接46d	3065	2	6.13	5.44		

说 明：1. 本图尺寸以毫米计。

2. 材料：混凝土-C20，Φ-HPB235，Φ-HRB335。

3. 主钢筋净保护层30mm。

4. 活载：汽-20。

5. 板顶覆土厚：600～2000mm。

工程负责		校 对		工程名称	××市中心大道北延伸工程	1250×1250方形排水检查井 顶板配筋图（井筒总高度≤2.0m）	工程编号
工种负责		审 核		项目名称	排水及排水结构		
设 计		审 定		建设单位		设计阶段 施设 比例 图示 出图日期	图号 结-20

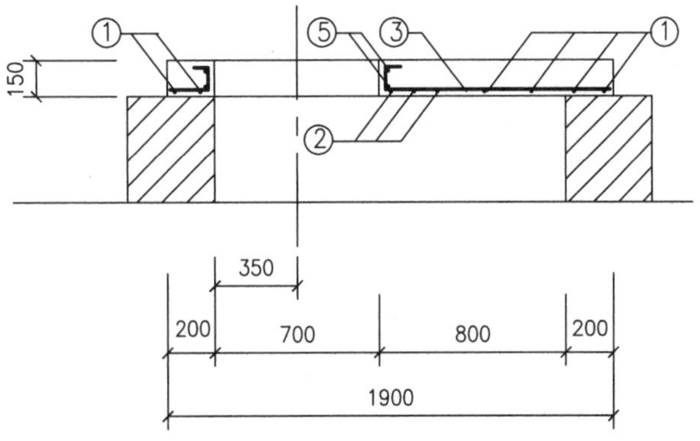

1-1 剖面 1:30

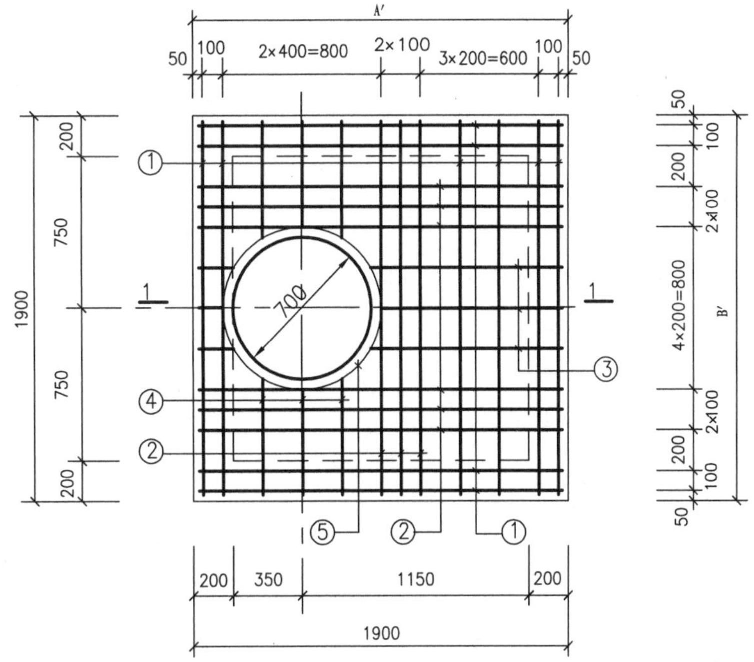

顶板配筋图 1:30

钢筋及工程数量表

检查井尺寸 A×B/ (mm×mm)	顶板尺寸 A′×B′/ (mm×mm)	编号	直径/ mm	简图/ mm	根长/ mm	根数	共长/ m	重量/ kg	每块顶板材料用量 钢筋/ kg	混凝土/ m^3
1500×1500	1900×1900	①	Φ10	1840	1840	10	18.40	11.35	36.76	0.48
		②	Φ12	1840	1840	9	16.56	14.71		
		③	Φ10	50 50 90 90 平均170 平均970	1420	3	4.26	2.63		
		④	Φ10	50 50 90 90 平均570 平均570	1420	3	4.26	2.63		
		⑤	Φ12	800 搭接46d	3065	2	6.13	5.44		

说　明：1.本图尺寸以毫米计。

2.材料：混凝土-C20，Φ-HPB235，Φ-HRB335。

3.主钢筋净保护层30mm。

4.活载：汽-20。

5.板顶覆土厚：600～2000mm。

工程负责		校　对		工程名称	××市中心大道北延伸工程	1500×1500方形排水检查井 顶板配筋图(井筒总高度≤2.0m)	工程编号
工种负责		审　核		项目名称	排水及排水结构		
设　计		审　定		建设单位		设计阶段 施设 比例 图示 出图日期	图号 结-21

会签 建筑 结构 桥梁 道路 水 电 暖 工艺

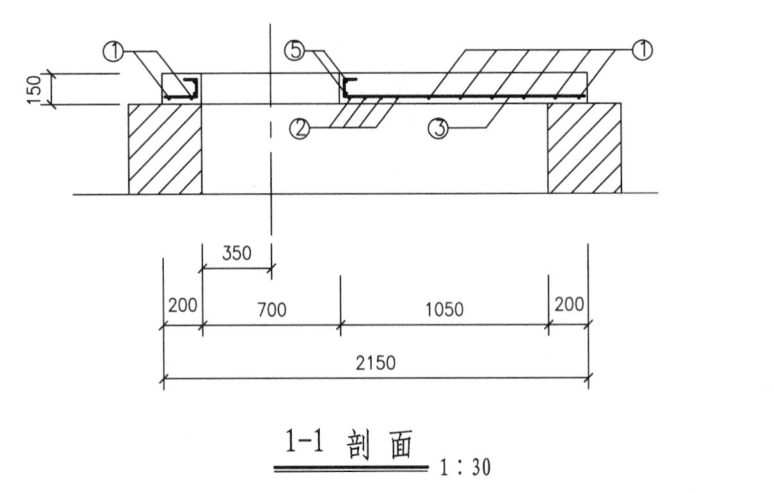

1-1 剖面 1∶30

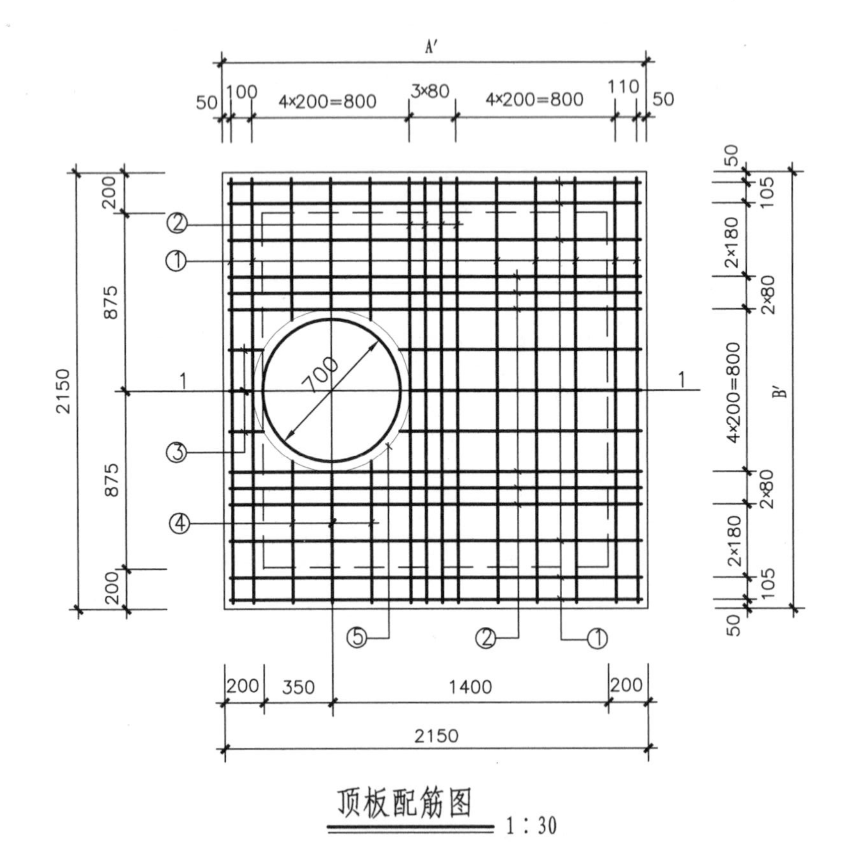

顶板配筋图 1∶30

钢筋及工程数量表

检查井尺寸 A×B/ (mm×mm)	顶板尺寸 A′×B′/ (mm×mm)	编号	直径/ mm	简图/ mm	根长/ mm	根数	共长/ m	重量/ kg	每块顶板材料用量 钢筋/ kg	混凝土/ m³
1750×1750	2150×2150	①	Φ10	2090	2090	13	27.17	16.76	46.94	0.64
		②	Φ12	2090	2090	10	20.90	18.56		
		③	Φ10	50 50 平均170 90 90 平均1220	1670	3	5.01	3.09		
		④	Φ10	50 50 平均695 90 90 平均695	1670	3	5.01	3.09		
		⑤	Φ12	800 搭接46d	3065	2	6.13	5.44		

说明：1. 本图尺寸以毫米计。

2. 材料：混凝土-C20，Φ-HPB235，Φ-HRB335。

3. 主钢筋净保护层30mm。

4. 活载：汽-20。

5. 板顶覆土厚：600～2000mm。

会签	建筑		桥梁		水		暖	
	结构		道路		电		工艺	

工程负责		校对		工程名称	××市中心大道北延伸工程	1750×1750方形排水检查井 顶板配筋图(井筒总高度≤2.0m)	工程编号
工种负责		审核		项目名称	排水及排水结构		
设计		审定		建设单位		设计阶段 施设 比例 图示 出图日期	图号 结-22

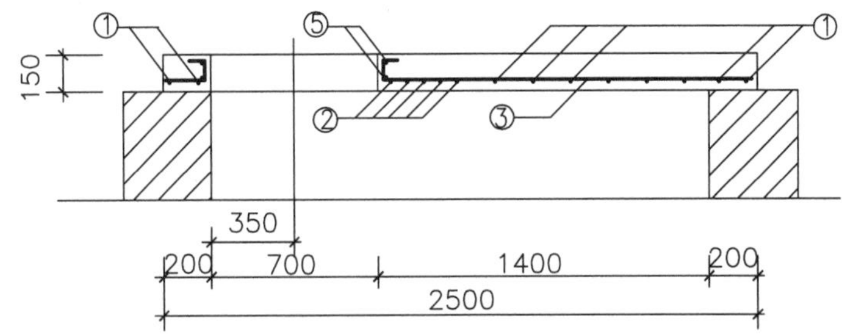

1-1 剖面 1:30

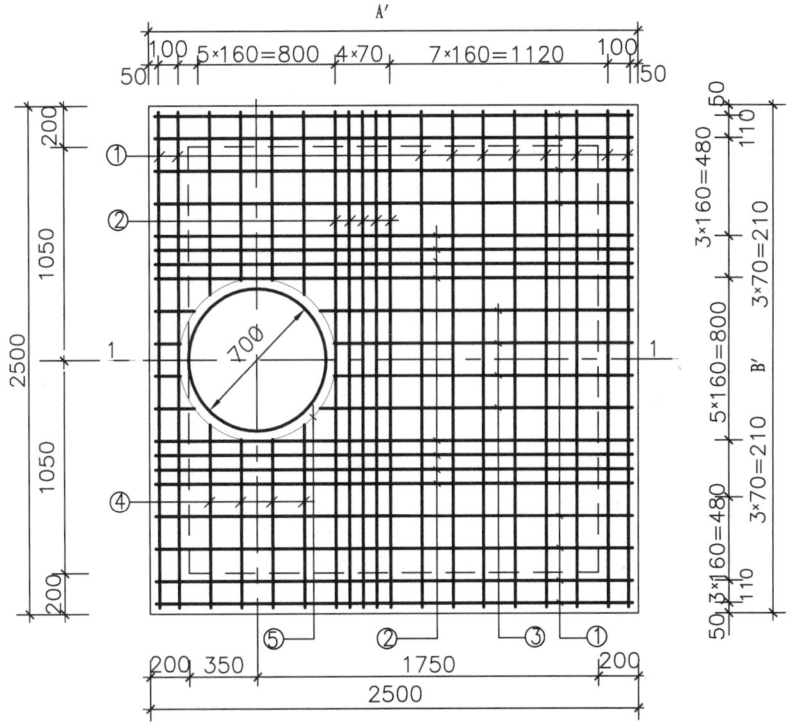

顶板配筋图 1:30

钢筋及工程数量表

检查井尺寸 A×B/(mm×mm)	顶板尺寸 A′×B′/(mm×mm)	编号	直径/mm	简图/mm	根长/mm	根数	共长/m	重量/kg	每块顶板材料用量	
									钢筋/kg	混凝土/m³
2100×2100	2500×2500	①	Φ10	2440	2440	18	43.91	27.10	70.69	0.88
		②	Φ12	2440	2440	13	31.72	28.17		
		③	Φ10	50 50 90 90 平均170 平均1570	2020	4	8.08	4.99		
		④	Φ10	50 50 90 90 平均870 平均870	2020	4	8.08	4.99		
		⑤	Φ12	800 搭接46d	3065	2	6.13	5.44		

说明：1.本图尺寸以毫米计。

2.材料：混凝土-C20,Φ-HPB235，Φ-HRB335。

3.主钢筋净保护层30mm。

4.活载:汽-20。

5.板顶覆土厚:600~2000mm。

工程负责		校对		工程名称	××市中心大道北延伸工程	2100×2100方形排水检查井 顶板配筋图(井筒总高度≤2.0m)	工程编号
工种负责		审核		项目名称	排水及排水结构		
设计		审定		建设单位		设计阶段 施设 比例 图示 出图日期	图号 结-23

会签：建筑 结构 桥梁 道路 水 电 暖 工艺

会签	建筑		桥梁		水		暖	
	结构		道路		电		工艺	

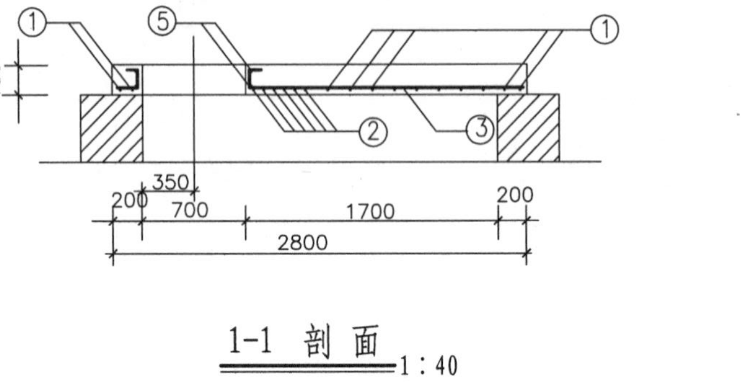

1-1 剖面 1:40

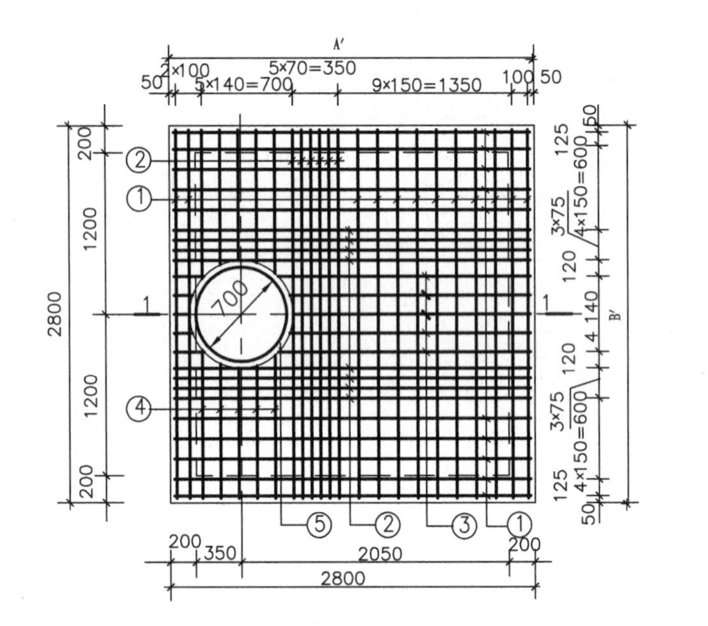

顶板配筋图 1:40

钢筋及工程数量表

检查井尺寸 A×B/ (mm×mm)	顶板尺寸 A′×B′/ (mm×mm)	编号	直径/ mm	简图/ mm	根长/ mm	根数	共长/ m	重量/ kg	每块顶板材料用量 钢筋/ kg	混凝土/ m³
2400×2400	2800×2800	①	Φ10	2740	2740	22	60.28	37.19	91.49	1.34
		②	Φ12	2740	2740	14	38.36	34.06		
		③	Φ10	50 50 120 120 平均180 平均1880	2400	5	12.00	7.40		
		④	Φ10	50 50 120 120 平均1030 平均1030	2400	5	12.00	7.40		
		⑤	Φ12	800 搭接46d	3065	2	6.13	5.44		

说 明：1. 本图尺寸以毫米计。

2. 材料：混凝土-C20，Φ-HPB235，Φ-HRB335。

3. 主钢筋净保护层30mm。

4. 活载：汽-20。

5. 板顶覆土厚：600～2000mm。

工程负责		校对		工程名称	××市中心大道北延伸工程	2400×2400方形排水检查井 顶板配筋图(井筒总高度≤2.0m)	工程编号
工种负责		审核		项目名称	排水及排水结构		
设计		审定		建设单位		设计阶段 施设 比例 图示 出图日期	图号 结-24

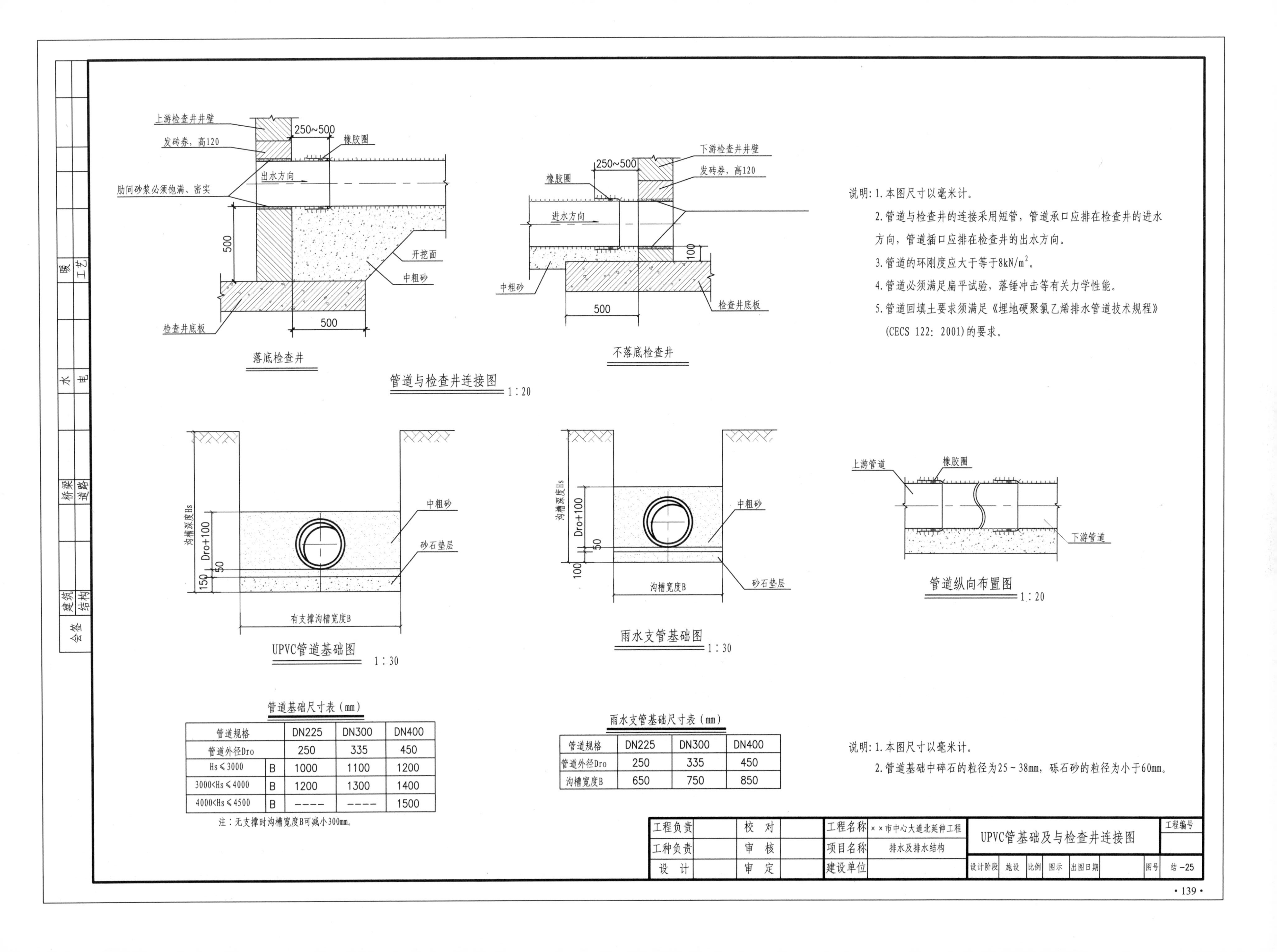

说明：1. 本图尺寸以毫米计。

2. 管道与检查井的连接采用短管，管道承口应排在检查井的进水方向，管道插口应排在检查井的出水方向。

3. 管道的环刚度应大于等于8kN/m^2。

4. 管道必须满足扁平试验，落锤冲击等有关力学性能。

5. 管道回填土要求须满足《埋地硬聚氯乙烯排水管道技术规程》(CECS 122：2001)的要求。

管道基础尺寸表（mm）

管道规格		DN225	DN300	DN400
管道外径Dro		250	335	450
Hs≤3000	B	1000	1100	1200
3000<Hs≤4000	B	1200	1300	1400
4000<Hs≤4500	B	----	----	1500

注：无支撑时沟槽宽度B可减小300mm。

雨水支管基础尺寸表（mm）

管道规格	DN225	DN300	DN400
管道外径Dro	250	335	450
沟槽宽度B	650	750	850

说明：1. 本图尺寸以毫米计。

2. 管道基础中碎石的粒径为25～38mm，砾石砂的粒径为小于60mm。

工程负责		校 对		工程名称	××市中心大道北延伸工程	UPVC管基础及与检查井连接图	工程编号
工种负责		审 核		项目名称	排水及排水结构		
设 计		审 定		建设单位		设计阶段 施设 比例 图示 出图日期 图号	结-25

会签	建筑			桥梁			水			暖				
	结构			道路			电			工艺				

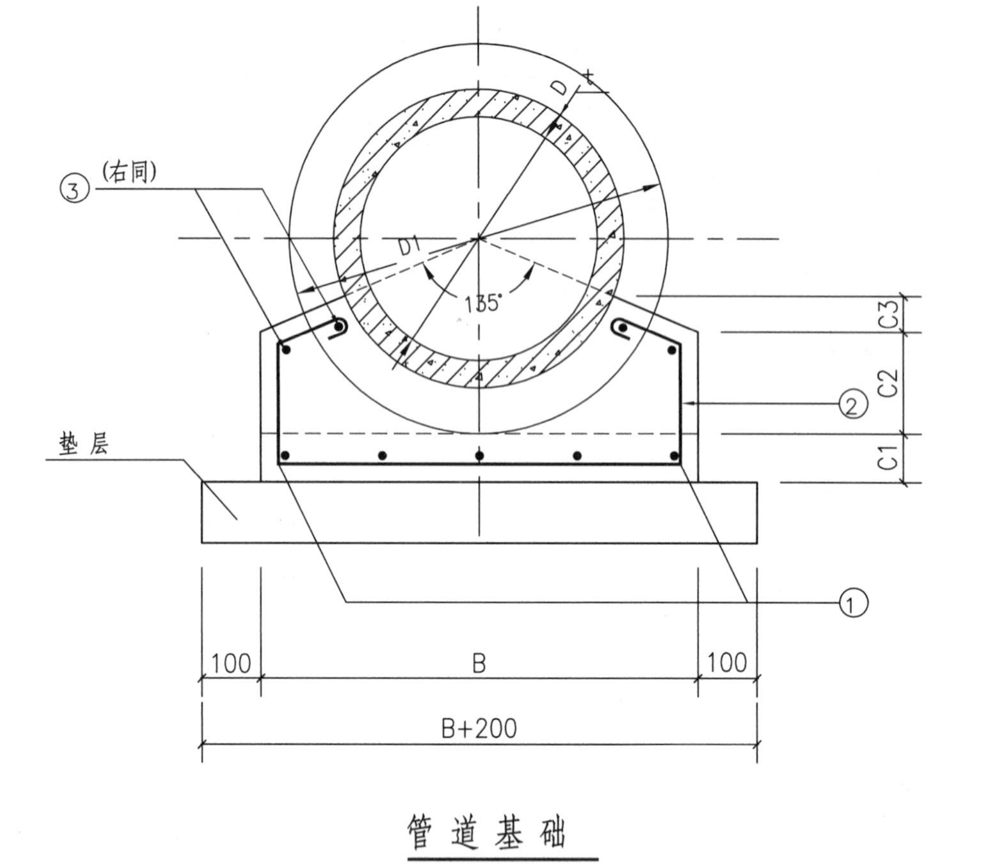

管道基础

说明：1.本图尺寸以毫米计。

2.适用条件：

(1) 管顶覆土D200～D600为0.7～4.0m，D800～D1500为0.7～6.0m。

(2) 开槽埋设的排水管道。

(3) 地基为原状土。

3.材料 混凝土：C20；钢筋：Φ为HPB235级钢，Φ为HRB335级钢。

4.主筋净保护层：下层为40mm，其他为30mm。

5.垫层 C10素混凝土垫层，厚100mm。

6.管槽回填土的密实度：管子两侧不低于95%，严禁单侧填高，管顶以上500mm内，不低于85%，管顶500mm以上按路基要求回填。

7.管基础与管道必须结合良好。

8.当施工过程中需在C1层面处留施工缝时，则在继续施工时应将间歇面凿毛刷净，以使整个管基结为一体。

9.管道带形基础每隔15～20m断开20mm，内填沥青木丝板。

基础尺寸及材料表

D	D'	D1	t	B	C1	C2	C3	①	②	③	每米管道基础工程量			
(mm)	(mm)	(mm)	(mm)	(mm)	(mm)	(mm)	(mm)			单侧	C20混凝土 /m³	①筋长/m	②筋长/m	③筋长/m
200	260	365	30	465	60	86	47	2Φ10	Φ8@200	1Φ10	0.070	2.00	4.105	2.00
300	380	510	40	610	70	129	54	3Φ10	Φ8@200	1Φ10	0.112	3.00	5.450	2.00
400	490	640	45	740	80	167	60	4Φ10	Φ8@200	2Φ10	0.169	4.00	6.740	4.00
500	610	780	55	880	80	208	66	5Φ10	Φ8@200	2Φ10	0.224	5.00	8.005	4.00
600	720	910	60	1010	80	246	71	6Φ10	Φ8@200	2Φ10	0.282	6.00	9.165	4.00
800	930	1104	65	1204	80	303	71	7Φ10	Φ8@200	2Φ10	0.356	7.00	10.71	4.00
1000	1150	1346	75	1446	80	374	79	8Φ10	Φ8@200	2Φ10	0.483	8.00	12.84	4.00
1200	1380	1616	90	1716	80	453	91	9Φ10	Φ8@200	2Φ10	0.658	9.00	15.29	4.00
1500	1730	2008	115	2108	80	567	106	11Φ10	Φ8@200	2Φ10	0.946	11.00	18.50	4.00

工程负责		校 对		工程名称	××市中心大道北延伸工程	D200～D1500承插管 135° 钢筋混凝土基础	工程编号
工种负责		审 核		项目名称	排水及排水结构		
设 计		审 定		建设单位		设计阶段 施设 比例 图示 出图日期	图号 结-26

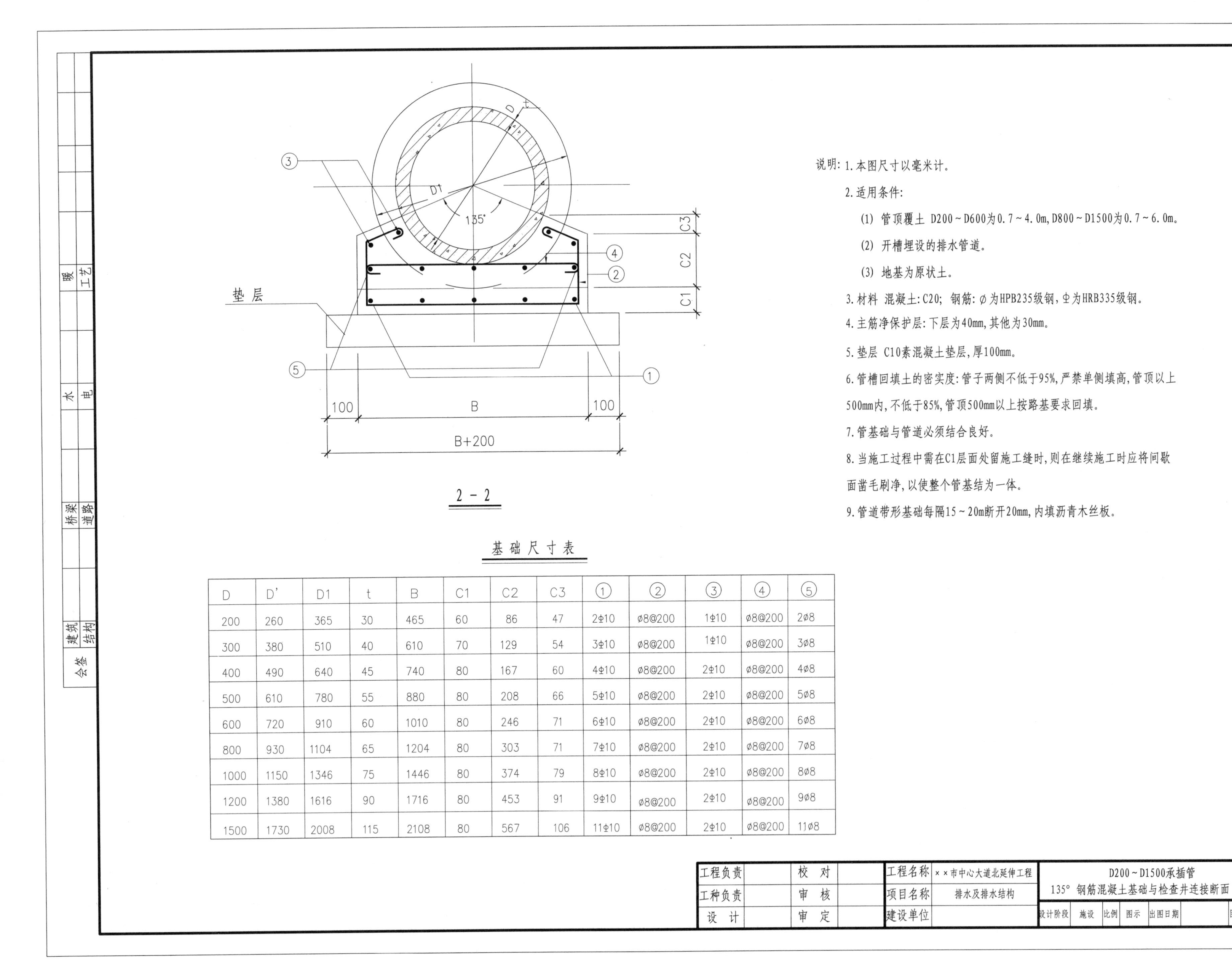

2－2

基础尺寸表

D	D'	D1	t	B	C1	C2	C3	①	②	③	④	⑤
200	260	365	30	465	60	86	47	2Φ10	φ8@200	1Φ10	φ8@200	2φ8
300	380	510	40	610	70	129	54	3Φ10	φ8@200	1Φ10	φ8@200	3φ8
400	490	640	45	740	80	167	60	4Φ10	φ8@200	2Φ10	φ8@200	4φ8
500	610	780	55	880	80	208	66	5Φ10	φ8@200	2Φ10	φ8@200	5φ8
600	720	910	60	1010	80	246	71	6Φ10	φ8@200	2Φ10	φ8@200	6φ8
800	930	1104	65	1204	80	303	71	7Φ10	φ8@200	2Φ10	φ8@200	7φ8
1000	1150	1346	75	1446	80	374	79	8Φ10	φ8@200	2Φ10	φ8@200	8φ8
1200	1380	1616	90	1716	80	453	91	9Φ10	φ8@200	2Φ10	φ8@200	9φ8
1500	1730	2008	115	2108	80	567	106	11Φ10	φ8@200	2Φ10	φ8@200	11φ8

说明：1.本图尺寸以毫米计。

2.适用条件：

(1) 管顶覆土 D200～D600为0.7～4.0m，D800～D1500为0.7～6.0m。

(2) 开槽埋设的排水管道。

(3) 地基为原状土。

3.材料 混凝土：C20；钢筋：φ为HPB235级钢，Φ为HRB335级钢。

4.主筋净保护层：下层为40mm，其他为30mm。

5.垫层 C10素混凝土垫层，厚100mm。

6.管槽回填土的密实度：管子两侧不低于95%，严禁单侧填高，管顶以上500mm内，不低于85%，管顶500mm以上按路基要求回填。

7.管基础与管道必须结合良好。

8.当施工过程中需在C1层面处留施工缝时，则在继续施工时应将间歇面凿毛刷净，以使整个管基结为一体。

9.管道带形基础每隔15～20m断开20mm，内填沥青木丝板。

工程负责		校 对		工程名称	××市中心大道北延伸工程	D200～D1500承插管 135° 钢筋混凝土基础与检查井连接断面	工程编号
工种负责		审 核		项目名称	排水及排水结构		
设 计		审 定		建设单位		设计阶段 施设 比例 图示 出图日期	图号 结－27

会签：建筑 结构 桥梁 道路 水 电 暖 工艺

会签	建筑			桥梁			水			暖				
	结构			道路			电			工艺				

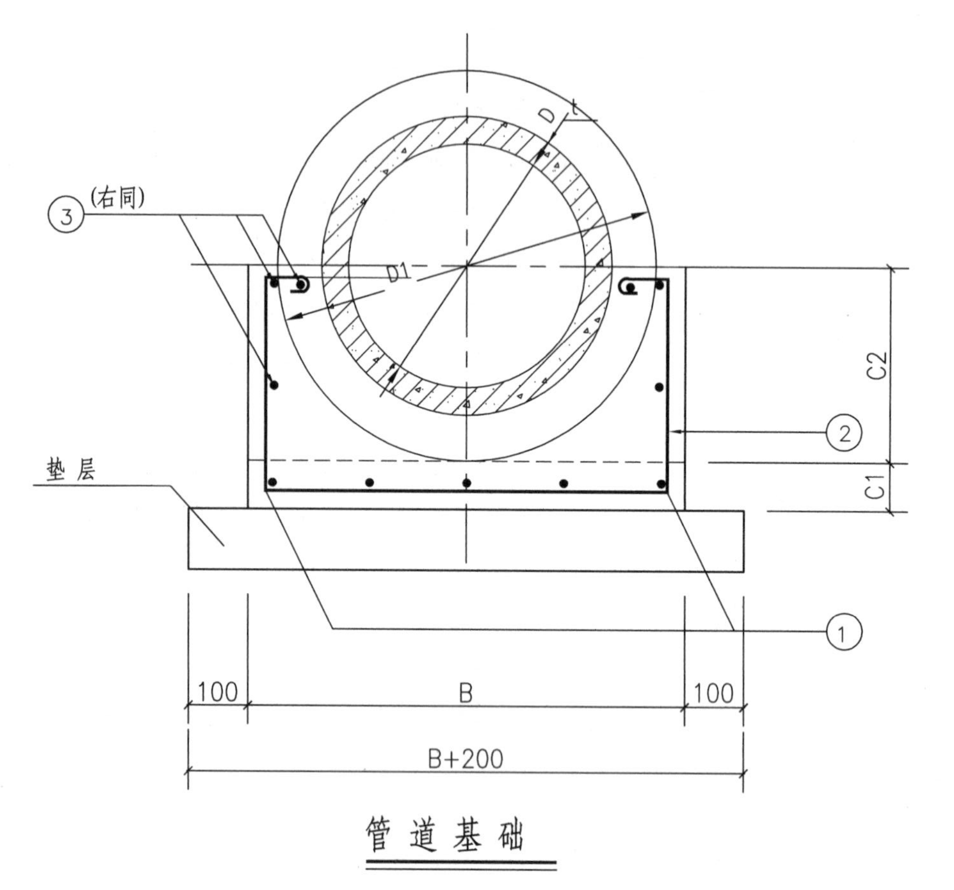

管道基础

说明：1. 本图尺寸以毫米计。

2. 适用条件：

(1) 管顶覆土D200～D600为4.0～5.0m, D800～D1500为6.0～7.0m。

(2) 开槽埋设的排水管道。

(3) 地基为原状土。

3. 材料 混凝土：C20；钢筋：ф为HPB235级钢，ф为HRB335级钢。

4. 主筋净保护层：下层为40mm，其他为30mm。

5. 垫层 C10素混凝土垫层，厚100mm。

6. 管槽回填土的密实度：管子两侧不低于95%，严禁单侧填高，管顶以上500mm内，不低于85%，管顶500mm以上按路基要求回填。

7. 管基础与管道必须结合良好。

8. 当施工过程中需在C1层面处留施工缝时，则在继续施工时应将间歇面凿毛刷净，以使整个管基结为一体。

9. 管道带形基础每隔15～20m断开20mm，内填沥青木丝板。

基础尺寸及材料表

D (mm)	D' (mm)	D1 (mm)	t (mm)	B (mm)	C1 (mm)	C2 (mm)	①	②	③	每米管道基础工程量 C20混凝土 /m³	①筋长/m	②筋长/m	③筋长/m
400	490	640	45	740	80	320	4Φ10	⌀8@200	3Φ10	0.169	4.00	8.950	6.00
600	720	910	60	1010	80	455	6Φ10	⌀8@200	3Φ10	0.282	6.00	11.85	6.00
800	930	1104	65	1204	80	552	7Φ10	⌀8@200	4Φ10	0.356	7.00	12.71	8.00

工程负责		校　对		工程名称	××市中心大道北延伸工程	D400～D800承插管 180° 钢筋混凝土基础	工程编号
工种负责		审　核		项目名称	排水及排水结构		
设　计		审　定		建设单位		设计阶段 施设 比例 图示 出图日期	图号 结-28

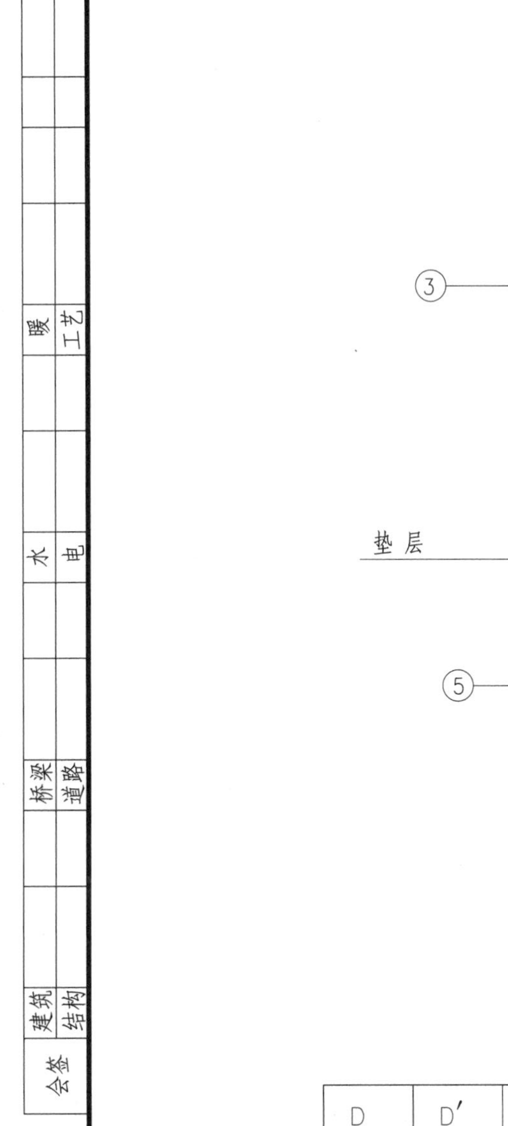

2－2

基础尺寸表

D	D′	D1	t	B	C1	C2	①	②	③	④	⑤
400	490	640	45	740	80	320	4Φ10	φ8@200	2Φ10	φ8@200	4φ8
600	720	910	60	1010	80	455	6Φ10	φ8@200	2Φ10	φ8@200	6φ8
800	930	1104	65	1204	80	552	7Φ10	φ8@200	2Φ10	φ8@200	7φ8

说明：1. 本图尺寸以毫米计。

2. 适用条件：

(1) 管顶覆土D200～D600为4.0～5.0m，D800～D1500为6.0～7.0m。

(2) 开槽埋设的排水管道。

(3) 地基为原状土。

3. 材料 混凝土：C20； 钢筋：φ为HPB235级钢，Φ为HRB335级钢。

4. 主筋净保护层：下层为40mm，其他为30mm。

5. 垫层 C10素混凝土垫层，厚100mm。

6. 管槽回填土的密实度：管子两侧不低于95%，严禁单侧填高，管顶以上500mm内，不低于85%，管顶500mm以上按路基要求回填。

7. 管基础与管道必须结合良好。

8. 当施工过程中需在C1层面处留施工缝时，则在继续施工时应将间歇面凿毛刷净，以使整个管基结为一体。

9. 管道带形基础每隔15～20m断开20mm，内填沥青木丝板。

工程负责		校 对		工程名称	××市中心大道北延伸工程	D400～D800承插管 180° 钢筋混凝土基础与检查井连接断面	工程编号
工种负责		审 核		项目名称	排水及排水结构		
设 计		审 定		建设单位		设计阶段 施设 比例 图示 出图日期	图号 结－29

会签：建筑 结构 桥梁 道路 水 电 暖 工艺

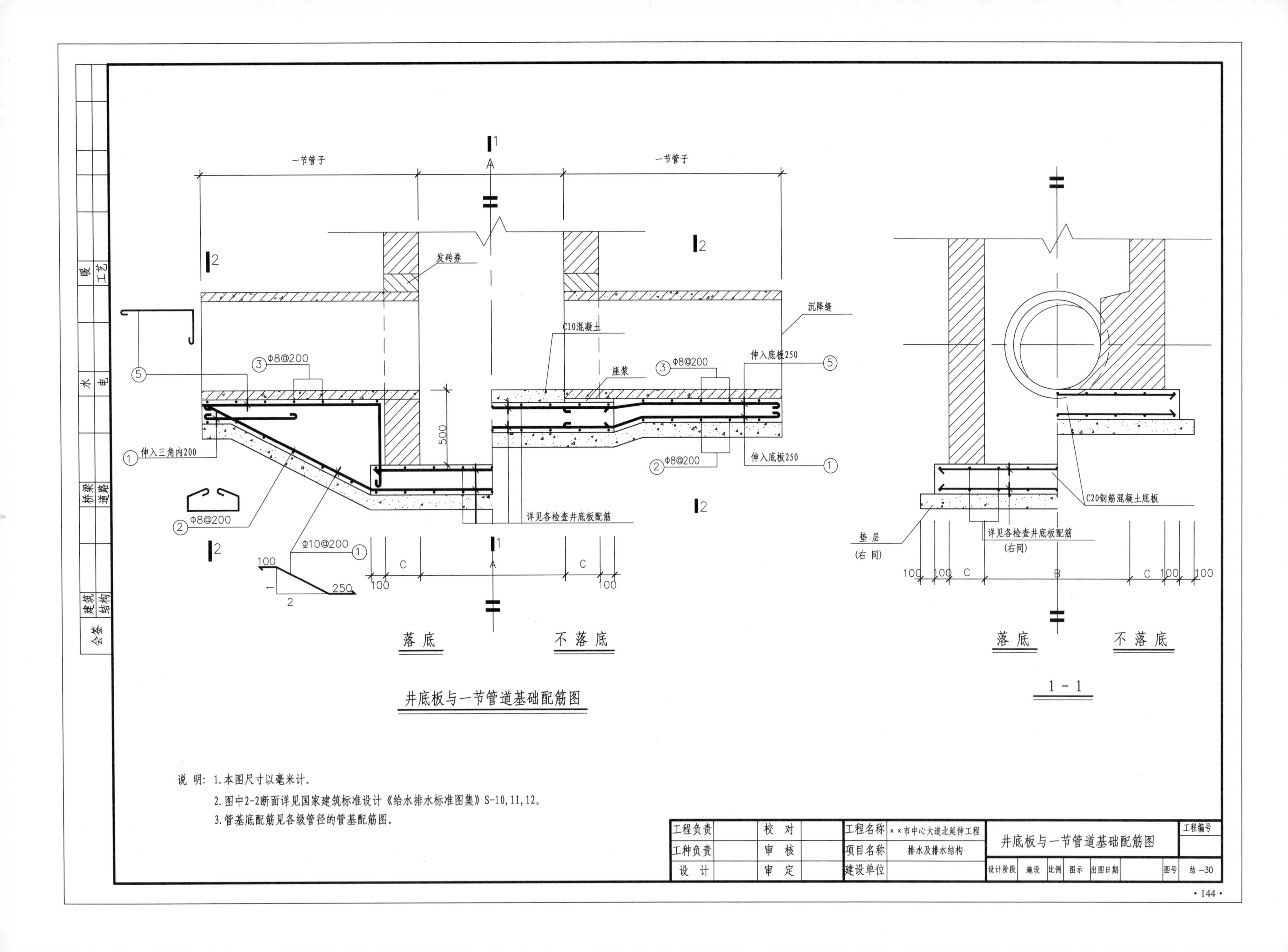

井底板与一节管道基础配筋图

1－1

说 明：1. 本图尺寸以毫米计。

2. 图中2-2断面详见国家建筑标准设计《给水排水标准图集》S-10,11,12。

3. 管基底配筋见各级管径的管基配筋图。

工程负责		校 对		工程名称	××市中心大道北延伸工程	井底板与一节管道基础配筋图	工程编号
工种负责		审 核		项目名称	排水及排水结构		
设 计		审 定		建设单位		设计阶段 施设 比例 图示 出图日期	图号 结-30

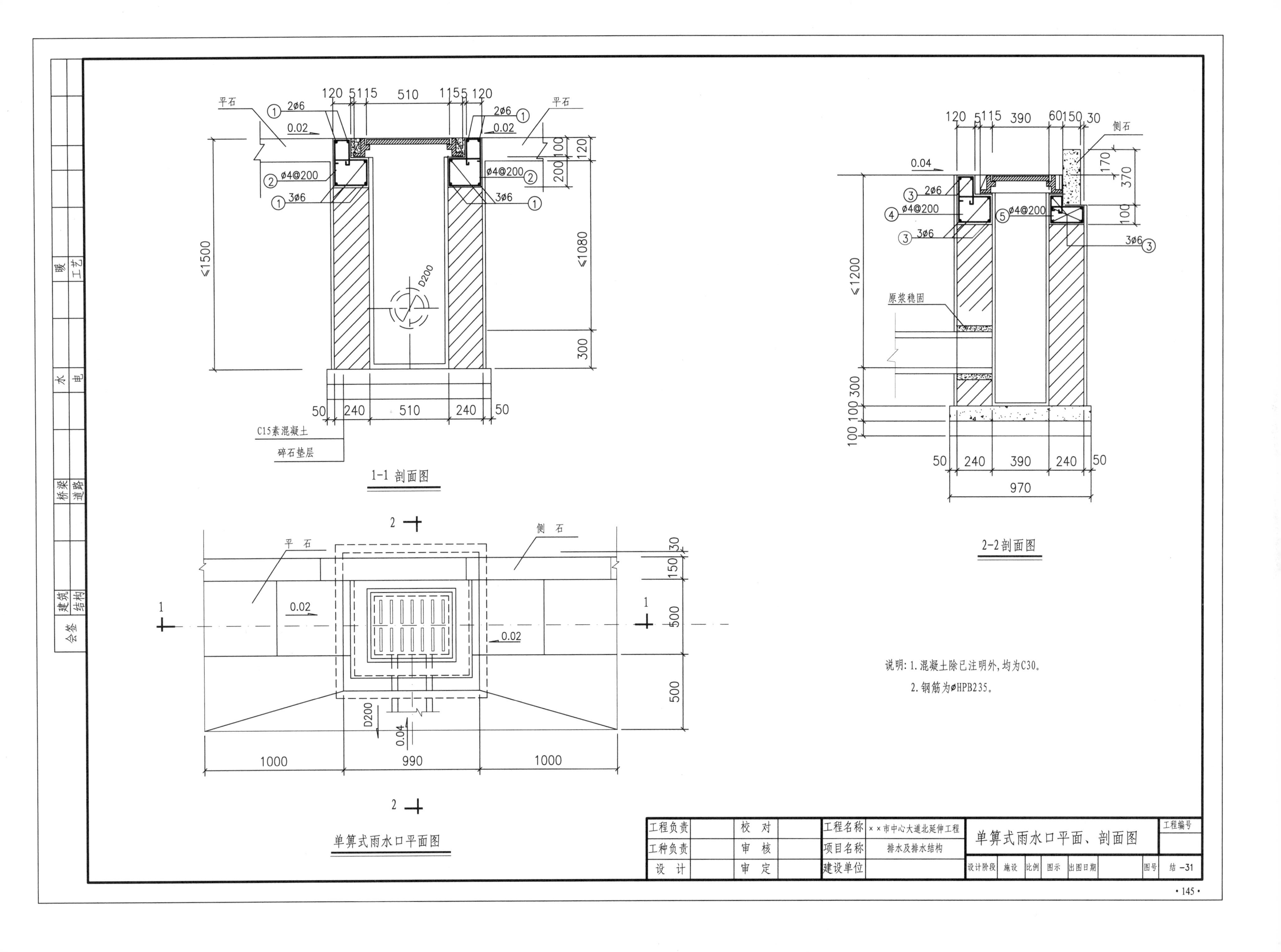

平石
侧石
1-1 剖面图
2-2剖面图
单箅式雨水口平面图
C15素混凝土
碎石垫层
原浆稳固
2ø6
ø4@200
3ø6
D200
0.02
0.04
说明：1.混凝土除已注明外，均为C30。
2.钢筋为øHPB235。
工程负责
工种负责
设计
校对
审核
审定
工程名称 ××市中心大道北延伸工程
项目名称 排水及排水结构
建设单位
单箅式雨水口平面、剖面图
工程编号
设计阶段 施设
比例
图示
出图日期
图号 结-31
会签
建筑
结构
桥梁
道路
水
电
暖
工艺

会签	建筑		桥梁		水		暖	
	结构		道路		电		工艺	

钢筋明细表

编号	简图	直径	根数
①	810	ϕ6	10
②	260, 80, 150, 160, 200	ϕ4	10
③	930	ϕ6	10
④	260, 80, 150, 160, 200	ϕ4	6
⑤	160, 45, 150, 60, 200	ϕ4	6

注：①号筋遇侧石折弯。

主要工程数量表

序号	材料名称		单位	数量	备注
1	碎石垫层		m^3	0.106	
2	C15混凝土		m^3	0.106	
3	砖砌体		m^3/m	0.662	
4	砂浆抹面	底面	m^2	0.199	
		内外侧面	m^2/m	5.52	
5	雨水口箅子及底座		套	1	防盗式
6	C30钢筋混凝土		m^3	0.136	

说明：1. 本图尺寸以毫米计。

2. 本图适用于沥青路面，当为混凝土路面时，则取消平石，箅子周围应浇注钢筋混凝土加固。

3. 砖砌体用M10水泥砂浆砌筑MU10机砖，井内外壁抹面厚20mm。

4. 勾缝、座浆和抹面均用1∶2水泥砂浆。

5. 本图配用雨水口箅子和箅座由市政设施管理处组织生产。

6. 要求雨水口箅面比周围道路低2～3cm，并与路面接顺，以利排水。

7. 安装箅座时，下面应座浆；箅座与侧石，平石之间应用砂浆填缝。

8. 雨水口管：随接入井方向设置D200，i=0.01。

工程负责		校对		工程名称	××市中心大道北延伸工程	单箅式雨水口工程量表	工程编号
工种负责		审核		项目名称	排水及排水结构		
设计		审定		建设单位		设计阶段 施设 比例 图示 出图日期	图号 结-32

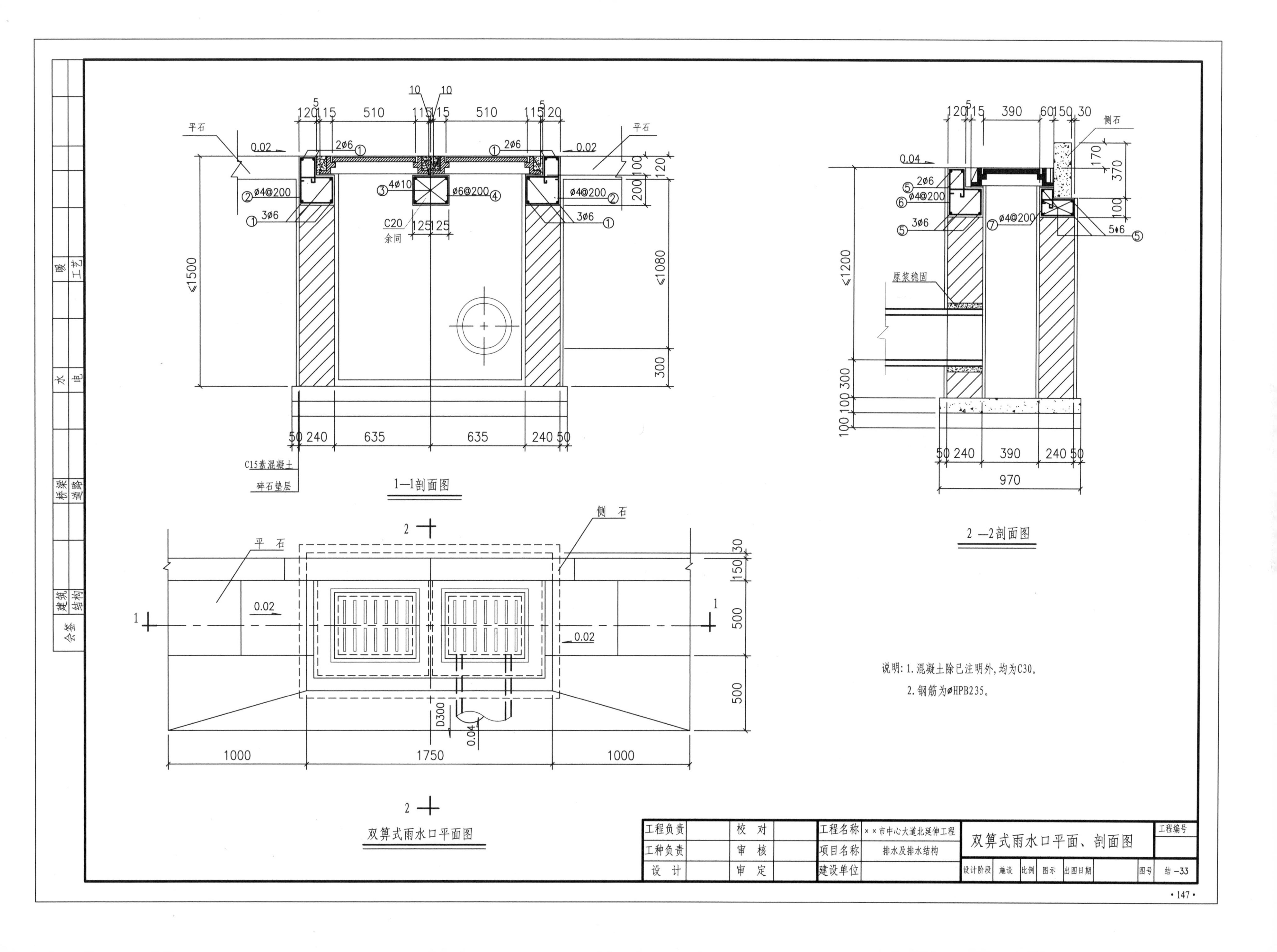
平石
0.02
2ø6
①
②ø4@200
①3ø6
③4ø10
ø6@200④
C20
余同
125125
≤1500
≤1080
300
50 240
635
635
240 50
C15素混凝土
碎石垫层
1—1剖面图
侧石
0.04
⑤2ø6
⑥ø4@200
⑤3ø6
⑦ø4@200
5ø6⑤
原浆稳固
≤1200
970
2—2剖面图
平 石
侧 石
0.02
D300
0.04
1000
1750
1000
500
500
150
30
双箅式雨水口平面图
说明:1.混凝土除已注明外,均为C30。
2.钢筋为øHPB235。
工程负责
工种负责
设 计
校 对
审 核
审 定
工程名称
××市中心大道北延伸工程
项目名称
排水及排水结构
建设单位
双箅式雨水口平面、剖面图
工程编号
设计阶段
施设
比例
图示
出图日期
图号
结-33
会签
建筑
结构
桥梁
道路
水
电
暖
工艺

会签 | 建筑 | 结构 | 桥梁 | 道路 | 水 | 电 | 暖 | 工艺

钢筋明细表

编号	简图	直径	根数
①	810	ø6	10
②	260, 80, 150, 160, 200	ø4	10
③	810	Φ10	4
④	275, 225, 150, 200	ø6	5
⑤	1690	ø6	10
⑥	260, 85, 150, 160, 200	ø4	12
⑦	160, 45, 150, 60, 200	ø4	12

注：①号筋遇侧石折弯。

主要工程数量表

序号	材料名称		单位	数量	备注
1	碎石垫层		m^3	0.179	
2	C15混凝土		m^3	0.179	
3	砖砌体		m^3/m	1.027	
4	砂浆抹面	底面	m^2	0.5	
		内外侧面	m^2/m	8.48	
5	雨水口算子及底座		套	2	防盗式
6	C30钢筋混凝土		m^3	0.326	

说明：1. 本图尺寸以毫米计。

2. 本图适用于沥青路面，当为混凝土路面时，则取消平石，算子周围应浇注钢筋混凝土加固。

3. 砖砌体用M10水泥砂浆砌筑MU10机砖，井内外壁抹面厚20mm。

4. 勾缝，座浆和抹面均用1：2水泥砂浆。

5. 本图配用雨水口算子和算座由市政设施管理处组织生产。

6. 要求雨水口算面比周围道路低2～3cm，并与路面接顺，以利排水。

7. 安装算座时，下面应座浆；算座与侧石，平石之间应用砂浆填缝。

8. 雨水口管：随接入井方向设置D300，i=0.005。

工程负责		校对		工程名称	××市中心大道北延伸工程	双算式雨水口工程量表	工程编号
工种负责		审核		项目名称	排水及排水结构		
设计		审定		建设单位		设计阶段 施设 比例 图示 出图日期	图号 结-34

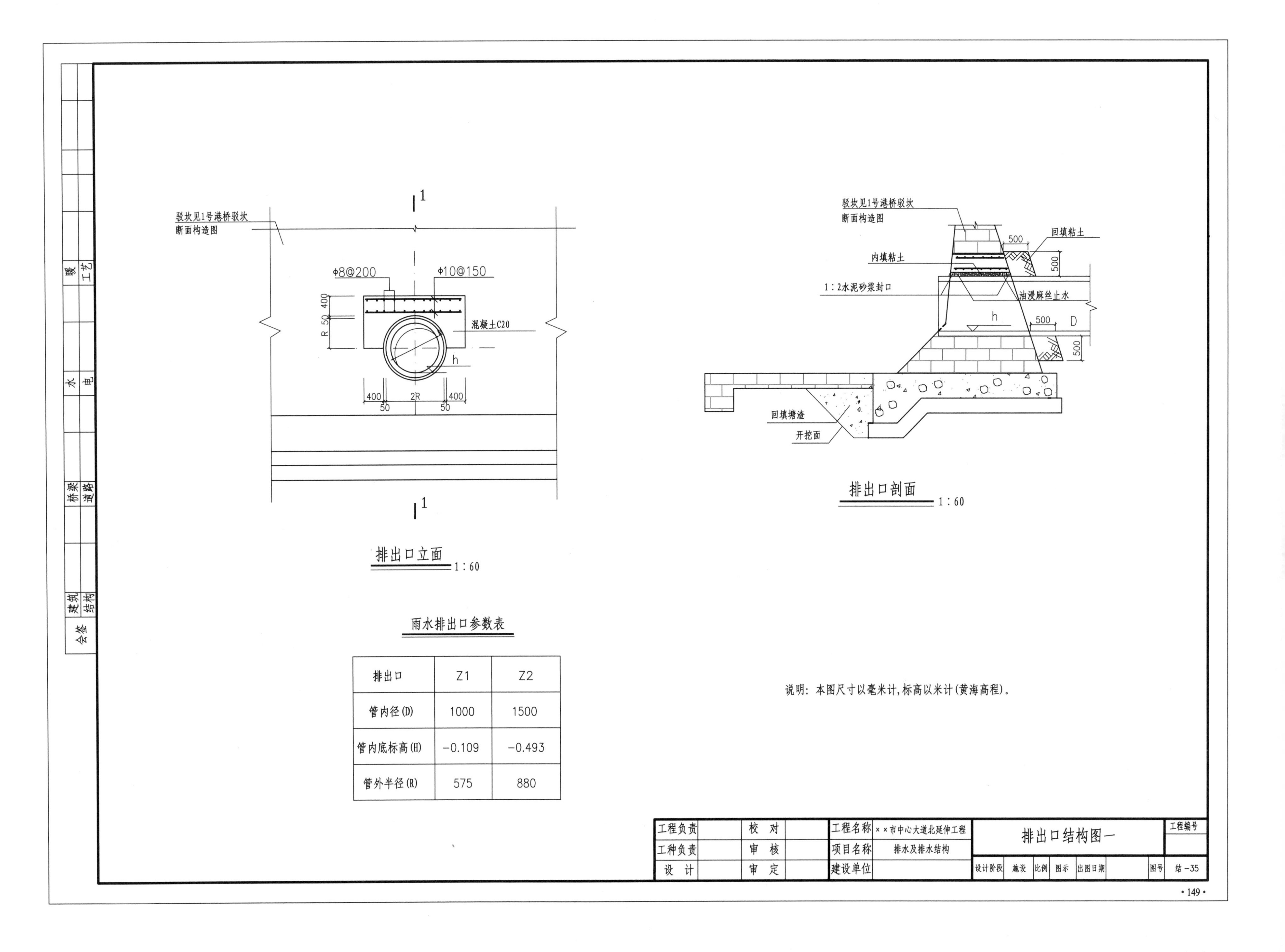

雨水排出口参数表

排出口	Z1	Z2
管内径(D)	1000	1500
管内底标高(H)	-0.109	-0.493
管外半径(R)	575	880

说明：本图尺寸以毫米计，标高以米计(黄海高程)。

工程负责		校　对		工程名称	××市中心大道北延伸工程	排出口结构图一	工程编号
工种负责		审　核		项目名称	排水及排水结构		
设　计		审　定		建设单位		设计阶段 施设 比例 图示 出图日期	图号 结-35

会签：建筑 结构 桥梁 道路 水 电 暖 工艺

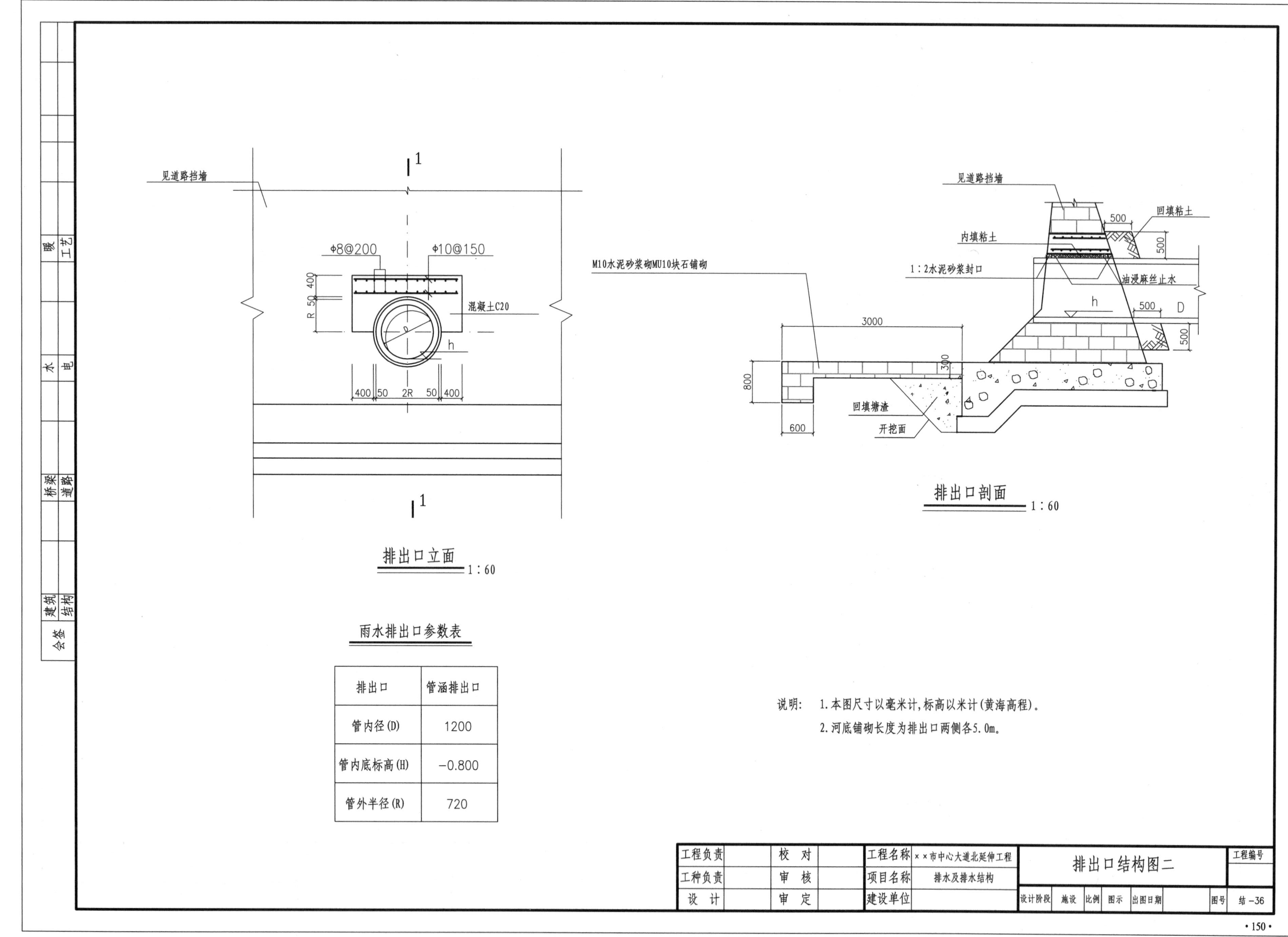

排出口立面 1∶60

排出口剖面 1∶60

雨水排出口参数表

排出口	管涵排出口
管内径(D)	1200
管内底标高(H)	−0.800
管外半径(R)	720

说明：1. 本图尺寸以毫米计，标高以米计(黄海高程)。
2. 河底铺砌长度为排出口两侧各5.0m。

工程负责		校　对		工程名称	××市中心大道北延伸工程	排出口结构图二	工程编号
工种负责		审　核		项目名称	排水及排水结构	设计阶段 施设 比例 图示 出图日期	图号 结-36
设　计		审　定		建设单位			

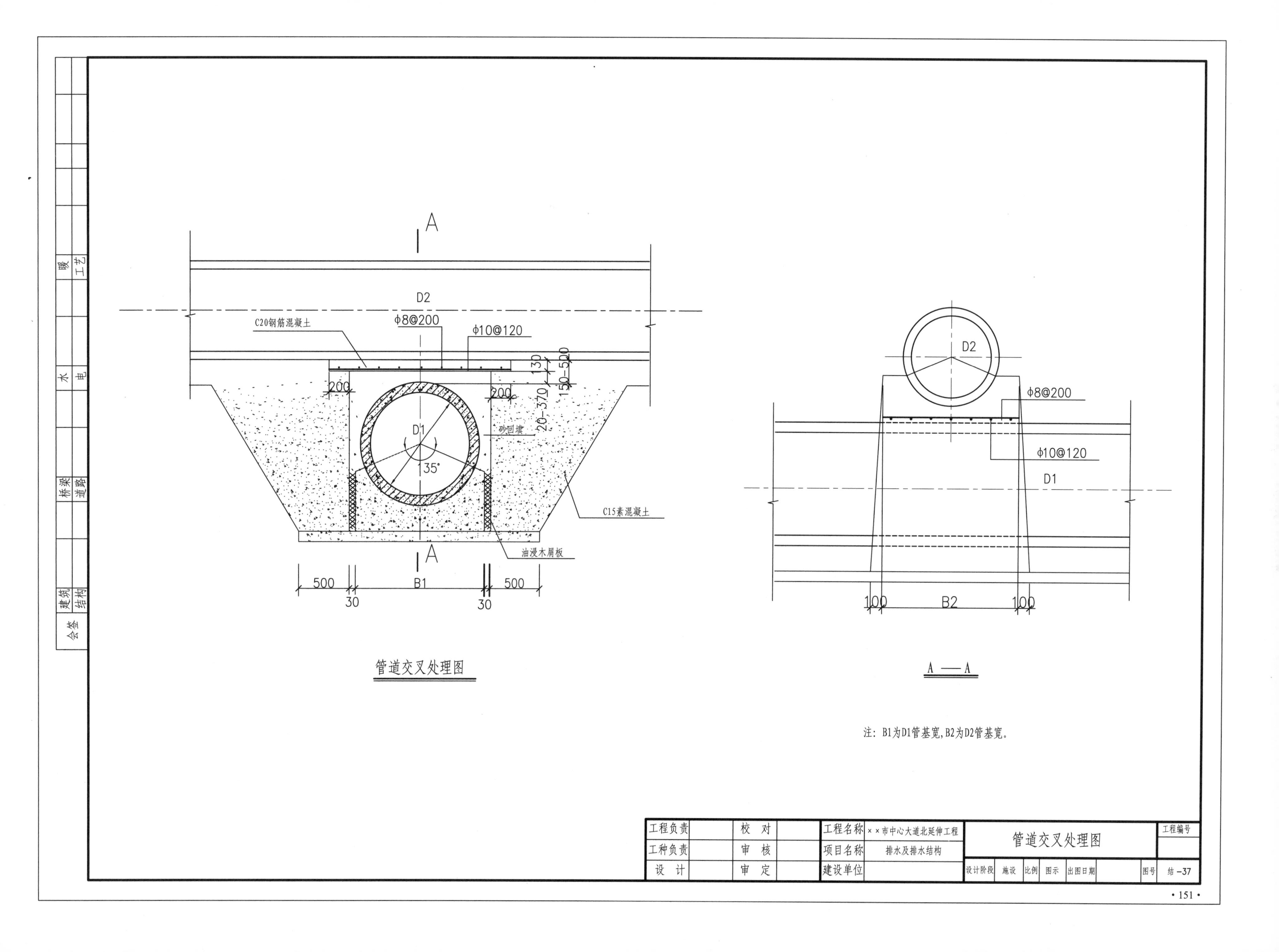

管道交叉处理图

A — A

注：B1为D1管基宽，B2为D2管基宽。

工程负责		校　对		工程名称	××市中心大道北延伸工程	管道交叉处理图	工程编号
工种负责		审　核		项目名称	排水及排水结构		
设　计		审　定		建设单位		设计阶段 施设 比例 图示 出图日期	图号 结－37

项目四　给水工程施工图纸

给水施工图说明

一、设计依据

1.《郑新路（信诚路-平乐路）工程工程初步设计》

2.《关于郑新路（信诚路-平乐路）工程初步设计的批复》

3.《××市信诚路工程施工图》

4.《××市平乐路工程施工图》

二、设计内容

郑新路工程东起平乐路，西接已建信诚路；道路全长约1170m，道路红线宽度20m。本次设计内容为郑新路的给水管设计。根据初步设计批复，D600以下的管道宜选用HDPE管材，热熔接口。

三、施工方法、验收标准及注意事项

1.施工方法：采用大开挖施工。

2.给水管采用球墨铸铁管，橡胶圈接口，管道基础为20cm砂基础。

3.给水管各构筑物施工详见国家建筑标准设计《室外给水管道附属构筑物（05S502）》。

4.给水管等道路工程施工结束后，在路面按规定设置管位钉、管位桩。

5.所有井盖采用钢纤维复合材料，井筒内设置安全防护网。

6.注意事项:

(1) 给水管所注标高为管中心标高。

(2) 给水管各种阀门设井保护，消火栓采用防撞式，设置在距侧石边0.5m的人行道上。

(3) 给水管道设计工作压力为0.40MPa,冲洗、消毒均按国家现行的有关规范规定进行。

7.验收标准

要求给水管做水压试验,验收按《给水排水构筑物工程施工及验收规范（GB 50141—2008）》，《给水排水管道工程施工及验收规范（GB 50268—2008）》及其他有关规范标准执行。

8.所注管道标高给水管为管中心标高,应按照高程书写。

9.施工前,要求实测已建管道的标高。如管道标高有较大出入,请与设计单位联系。

会签	建筑	结构	桥梁	道路	水	电	暖	工艺

工程负责		校 对		工程名称	××市郑新路工程	给水施工图说明						工程编号
工种负责		审 核		项目名称	给 水							
设 计		审 定		建设单位		设计阶段	施设	比例		出图日期		图号 给水-01

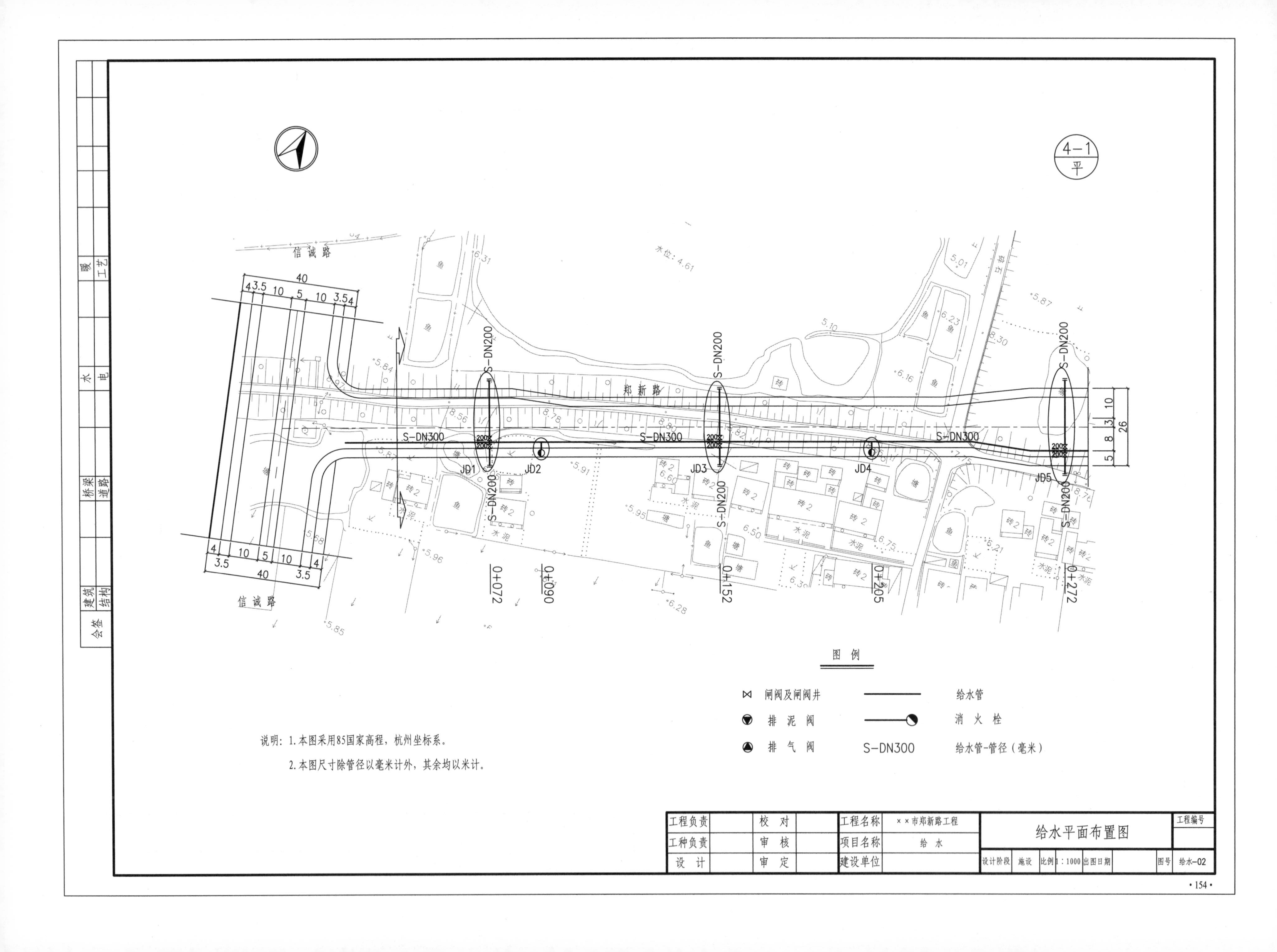

会签
建筑
结构
桥梁
道路
水
电
暖
工艺
4-1
平
信诚路
郑新路
水位:4.61
S-DN300
S-DN200
JD1
JD2
JD3
JD4
JD5
0+072
0+090
0+152
0+205
0+272
40
4
3.5
10
5
26
8
3
图例
闸阀及闸阀井
排泥阀
排气阀
给水管
消火栓
S-DN300
给水管-管径（毫米）
说明：1.本图采用85国家高程，杭州坐标系。
2.本图尺寸除管径以毫米计外，其余均以米计。
工程负责
工种负责
设计
校对
审核
审定
工程名称
××市郑新路工程
项目名称
给水
建设单位
给水平面布置图
工程编号
设计阶段
施设
比例
1：1000
出图日期
图号
给水-02

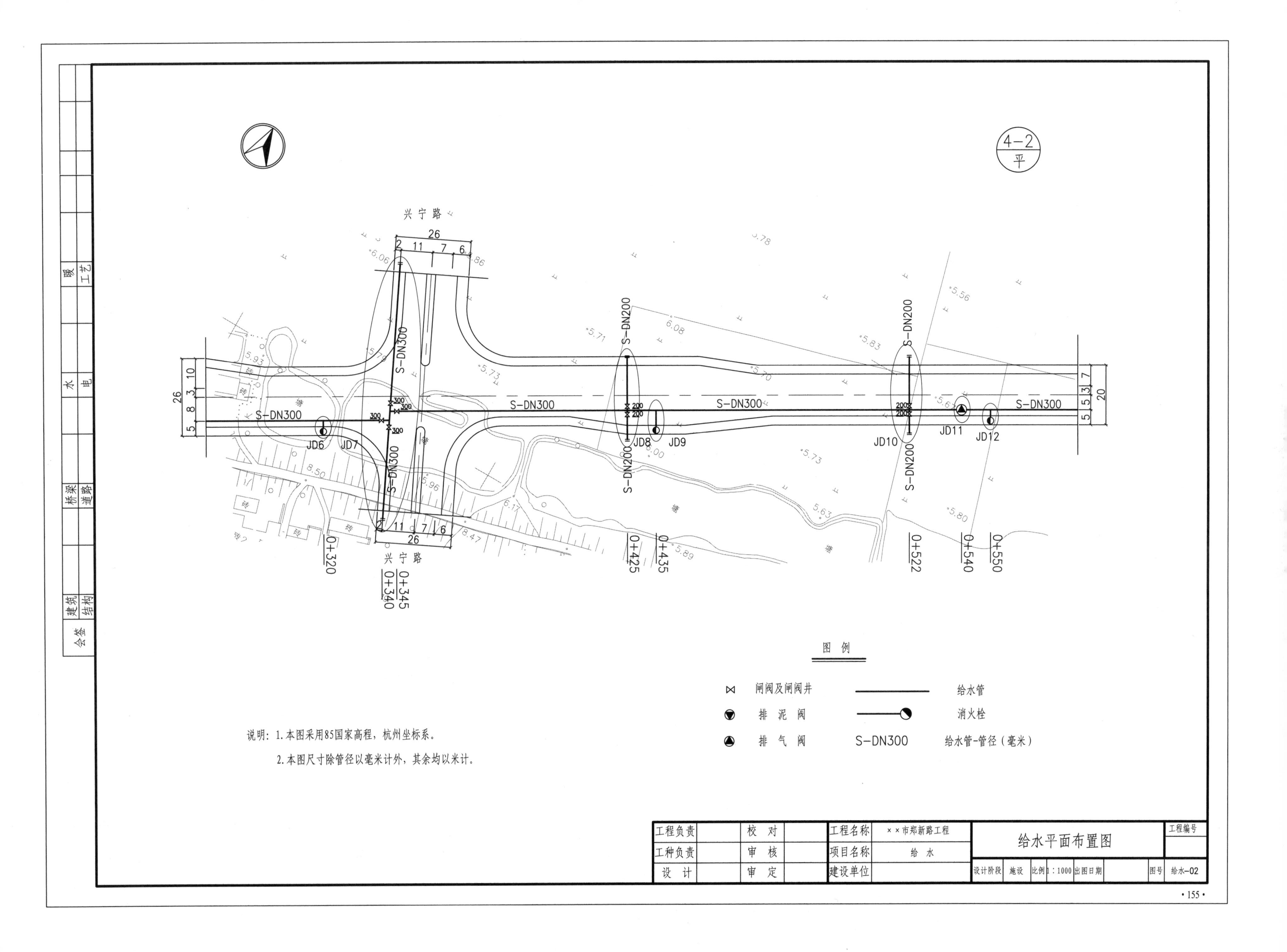

4-2
平
兴宁路
S-DN300
S-DN200
JD6
JD7
JD8
JD9
JD10
JD11
JD12
0+320
0+340
0+345
0+425
0+435
0+522
0+540
0+550
图例
闸阀及闸阀井
排泥阀
排气阀
给水管
消火栓
S-DN300 给水管-管径（毫米）
说明：1.本图采用85国家高程，杭州坐标系。
2.本图尺寸除管径以毫米计外，其余均以米计。
工程负责
工种负责
设计
校对
审核
审定
工程名称 ××市郑新路工程
项目名称 给水
建设单位
给水平面布置图
工程编号
设计阶段 施设
比例 1:1000
出图日期
图号 给水-02
会签
建筑
结构
桥梁
道路
水
电
暖
工艺

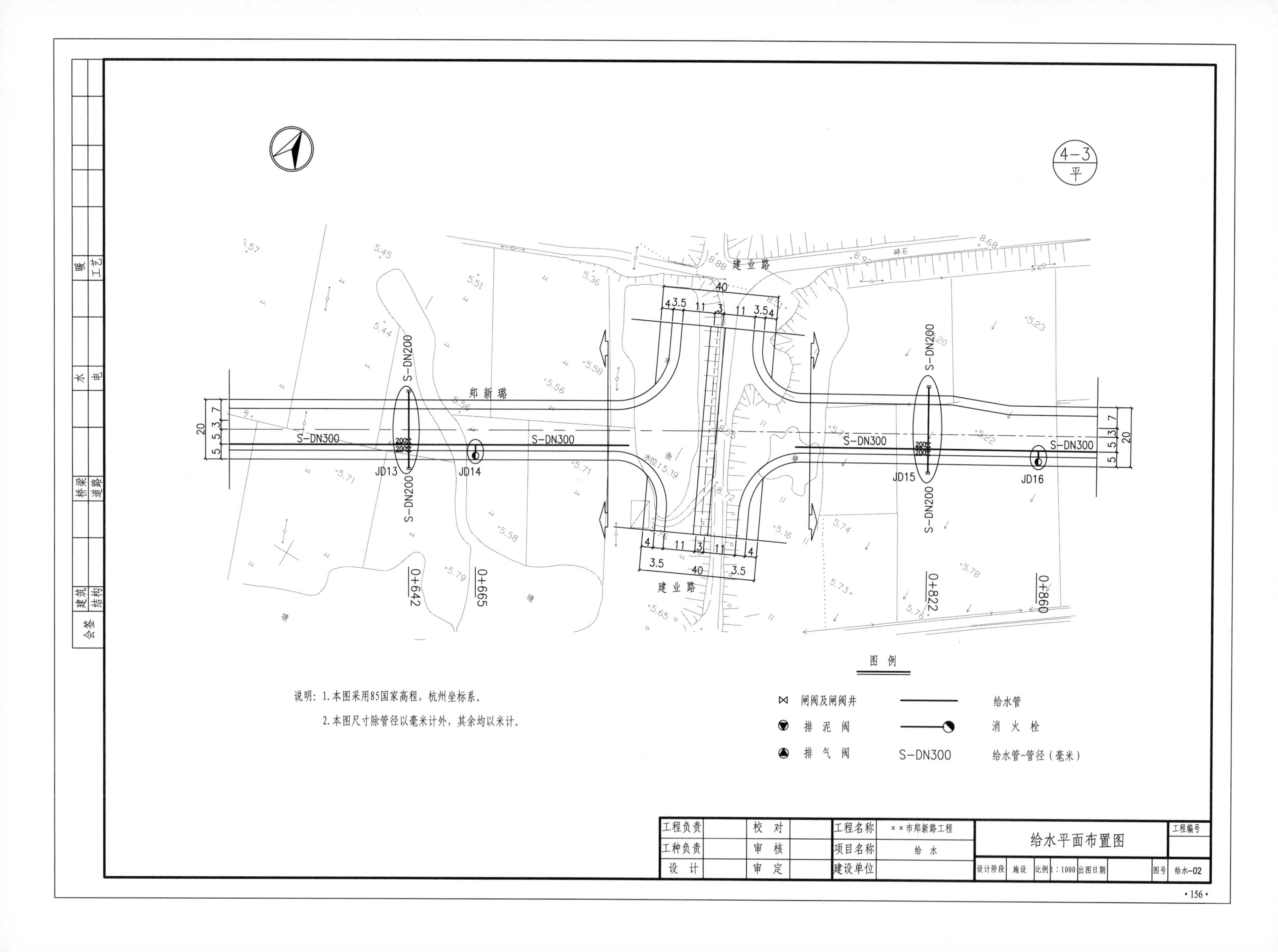

会签
建筑
结构
桥梁
道路
水
电
暖
工艺
4-3
平
建业路
郑新路
S-DN300
S-DN200
JD13
JD14
JD15
JD16
0+642
0+665
0+822
0+860
20
5 5 3 7
40
4 3.5 11 3 11 3.5 4
图例
闸阀及闸阀井
排泥阀
排气阀
给水管
消火栓
S-DN300
给水管-管径（毫米）
说明：1.本图采用85国家高程，杭州坐标系。
2.本图尺寸除管径以毫米计外，其余均以米计。
工程负责
工种负责
设计
校对
审核
审定
工程名称
××市郑新路工程
项目名称
给水
建设单位
给水平面布置图
工程编号
设计阶段
施设
比例
1：1000
出图日期
图号
给水-02

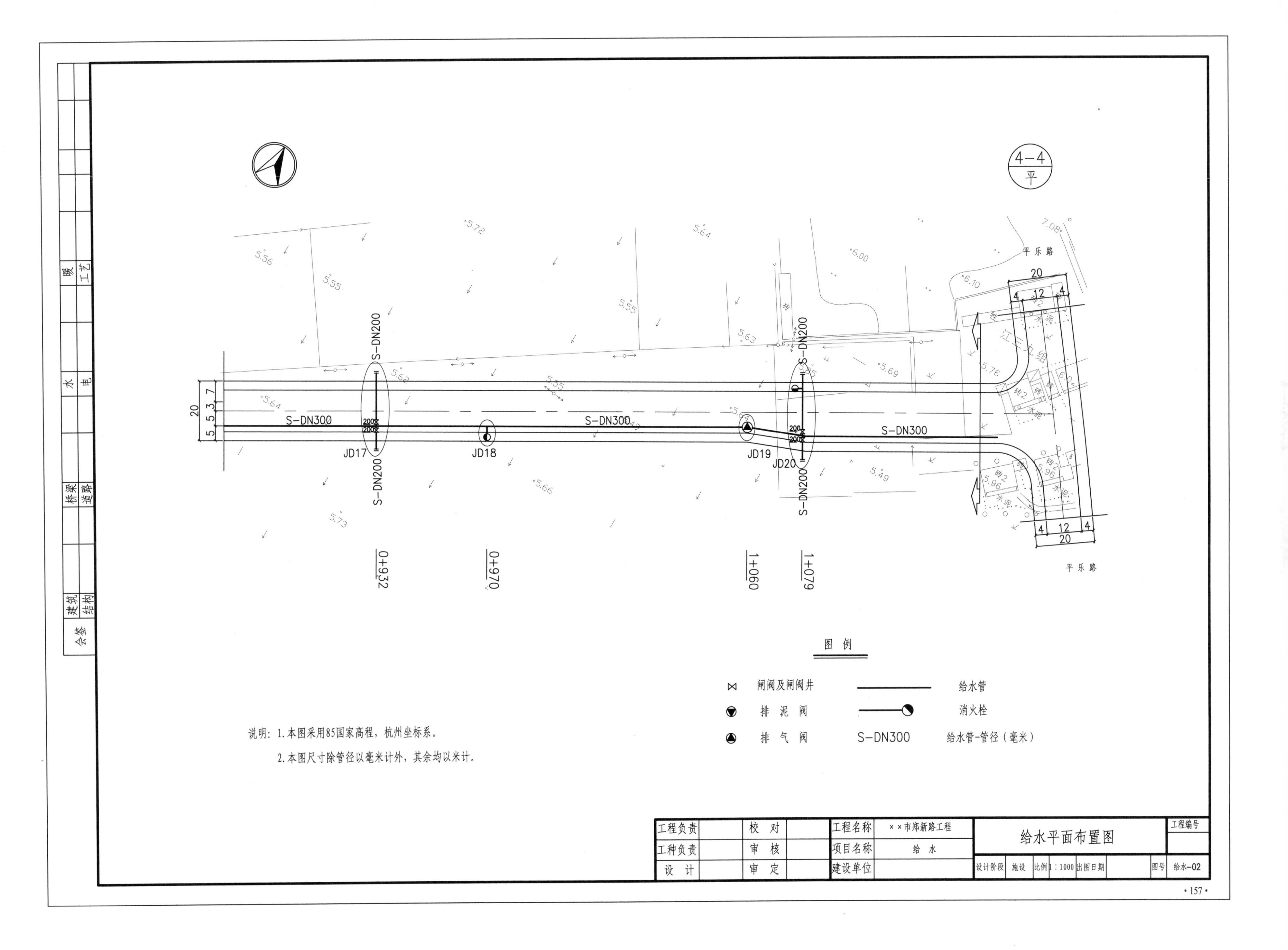
4-4
平
平乐路
20
4
12
4
S-DN200
S-DN300
JD17
JD18
JD19
JD20
0+932
0+970
1+060
1+079
图例
闸阀及闸阀井
排泥阀
排气阀
给水管
消火栓
S-DN300
给水管-管径（毫米）
说明：1.本图采用85国家高程，杭州坐标系。
2.本图尺寸除管径以毫米计外，其余均以米计。
工程负责
工种负责
设计
校对
审核
审定
工程名称
××市郑新路工程
项目名称
给水
建设单位
给水平面布置图
工程编号
设计阶段
施设
比例
1：1000
出图日期
图号
给水-02
会签
建筑
结构
桥梁
道路
水
电
暖
工艺

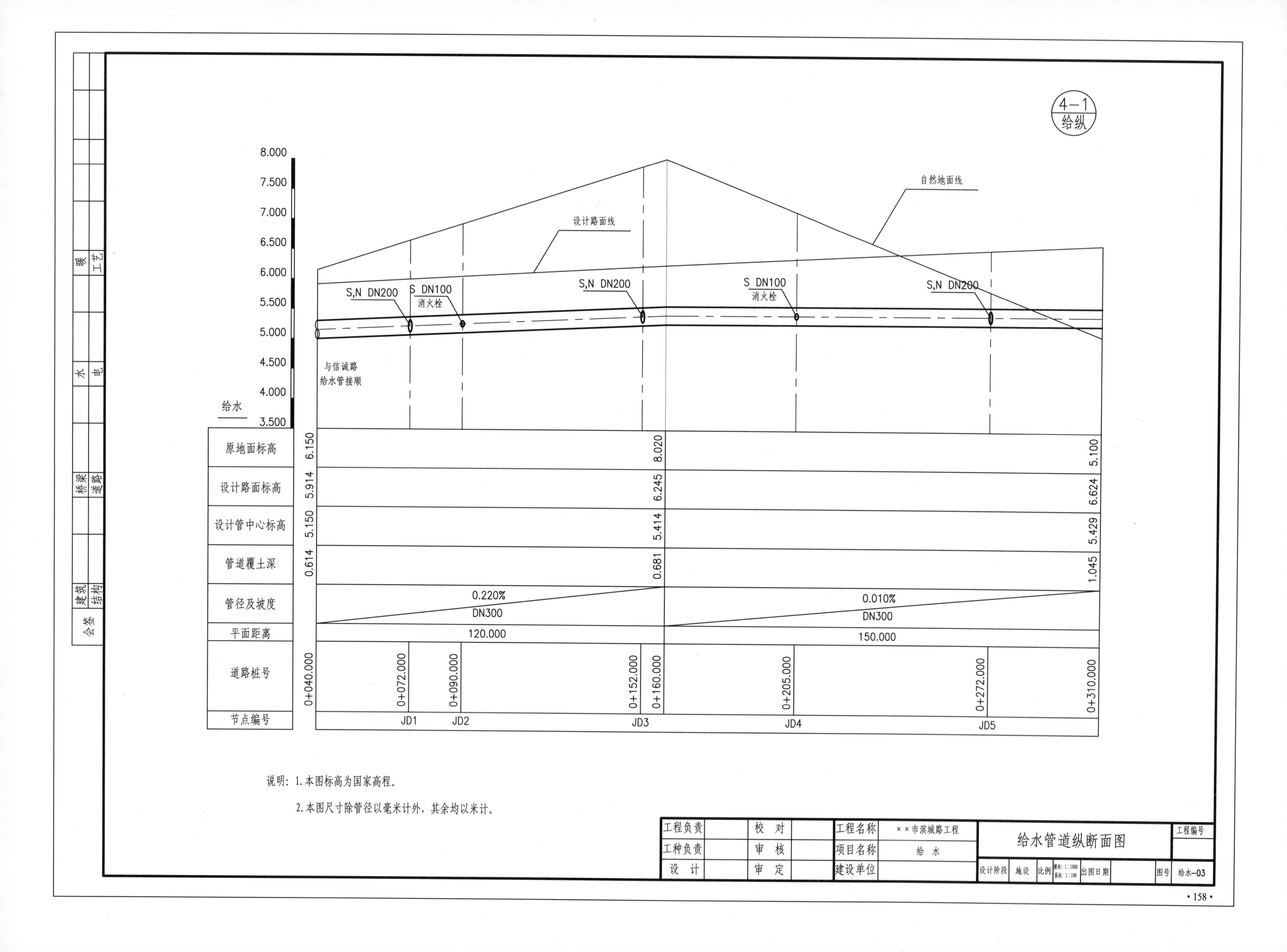

会签
建筑
结构
桥梁
道路
水
电
暖
工艺
给水
8.000
7.500
7.000
6.500
6.000
5.500
5.000
4.500
4.000
3.500
原地面标高
设计路面标高
设计管中心标高
管道覆土深
管径及坡度
平面距离
道路桩号
节点编号
与信诚路给水管接驳
S,N DN200
S DN100
消火栓
设计路面线
自然地面线
0+040.000
0.614 5.150 5.914 6.150
0+072.000
0+090.000
0+152.000
0+160.000
0.681 5.414 6.245 8.020
0+205.000
0+272.000
0+310.000
1.045 5.429 6.624 5.100
0.220%
DN300
120.000
0.010%
DN300
150.000
JD1
JD2
JD3
JD4
JD5
4—1
给纵
说明：1.本图标高为国家高程。
2.本图尺寸除管径以毫米计外，其余均以米计。
工程负责
工种负责
设 计
校 对
审 核
审 定
工程名称
项目名称
建设单位
××市滨城路工程
给 水
给水管道纵断面图
工程编号
设计阶段
施设
比例
出图日期
图号
给水-03

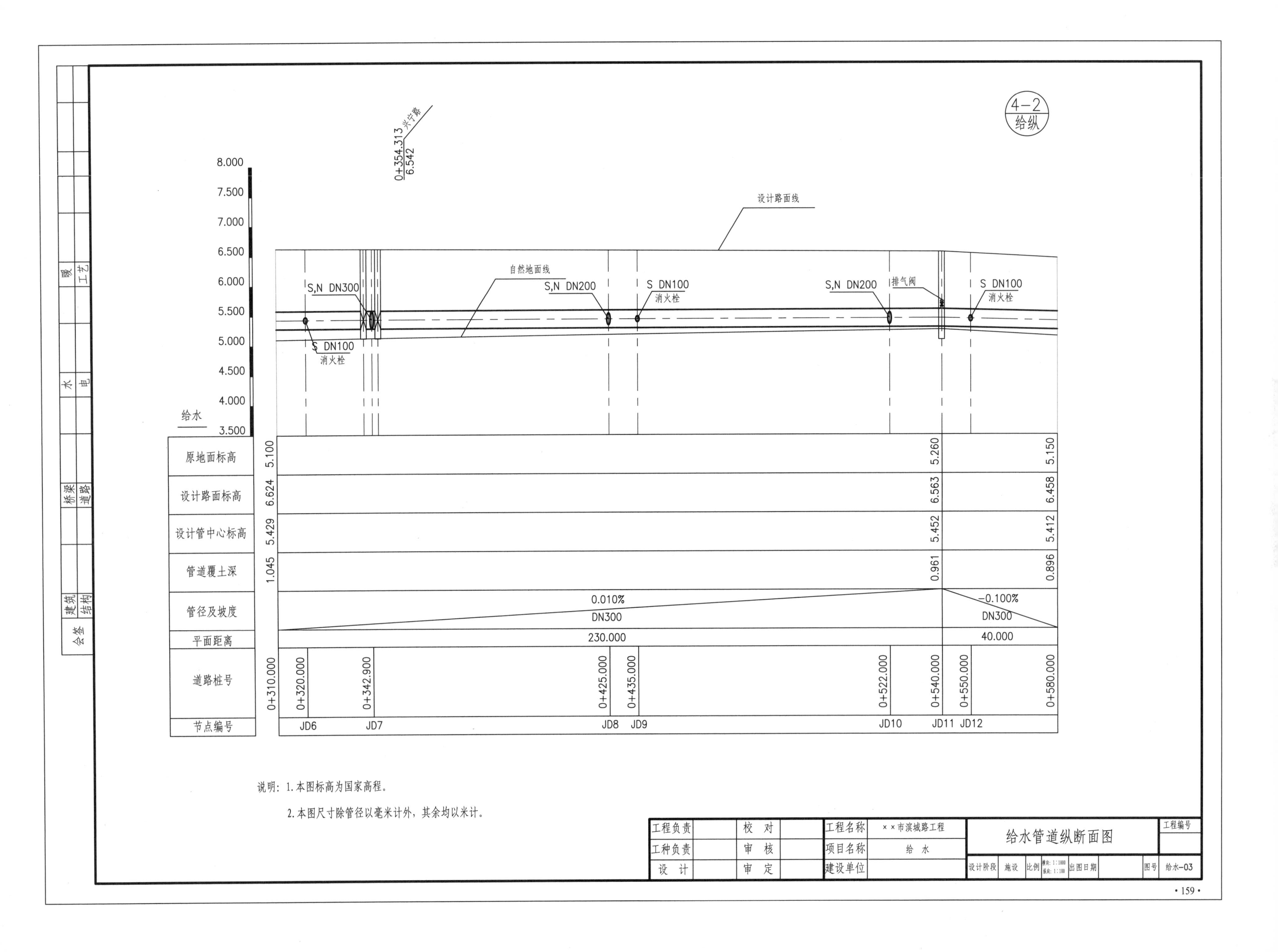

说明：1.本图标高为国家高程。

2.本图尺寸除管径以毫米计外，其余均以米计。

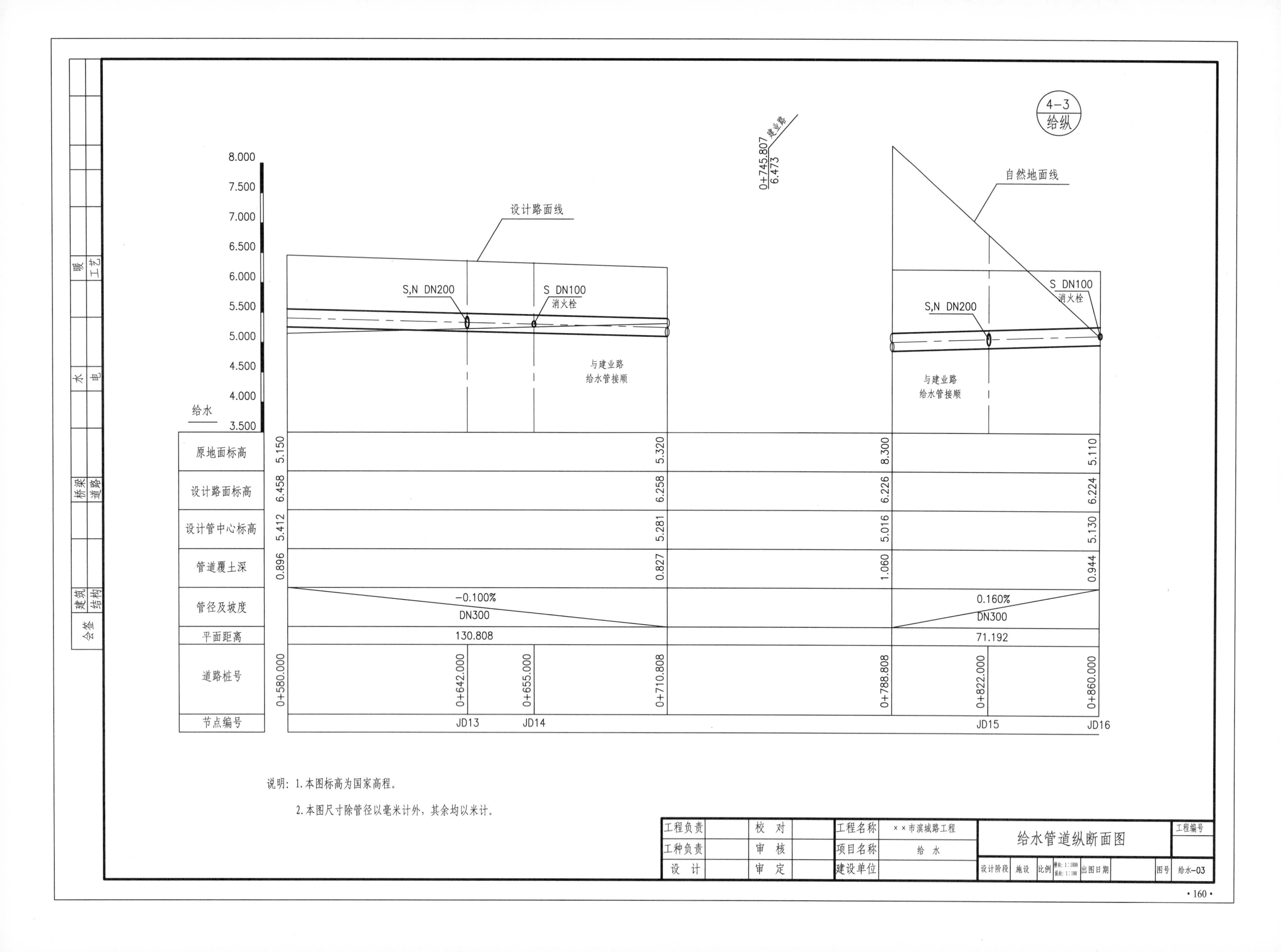
会签
建筑
结构
桥梁
道路
水
电
暖
工艺
4-3
给纵
0+745.807
6.473
建业路
设计路面线
自然地面线
S,N DN200
S DN100
消火栓
与建业路
给水管接顺
给水
8.000
7.500
7.000
6.500
6.000
5.500
5.000
4.500
4.000
3.500
原地面标高
5.150
5.320
8.300
5.110
设计路面标高
6.458
6.258
6.226
6.224
设计管中心标高
5.412
5.281
5.016
5.130
管道覆土深
0.896
0.827
1.060
0.944
管径及坡度
-0.100%
DN300
0.160%
DN300
平面距离
130.808
71.192
道路桩号
0+580.000
0+642.000
0+655.000
0+710.808
0+788.808
0+822.000
0+860.000
节点编号
JD13
JD14
JD15
JD16
说明：1.本图标高为国家高程。
2.本图尺寸除管径以毫米计外，其余均以米计。
工程负责
工种负责
设 计
校 对
审 核
审 定
工程名称
××市滨城路工程
项目名称
给 水
建设单位
给水管道纵断面图
工程编号
设计阶段
施设
比例
横向：1:1000
纵向：1:100
出图日期
图号
给水-03

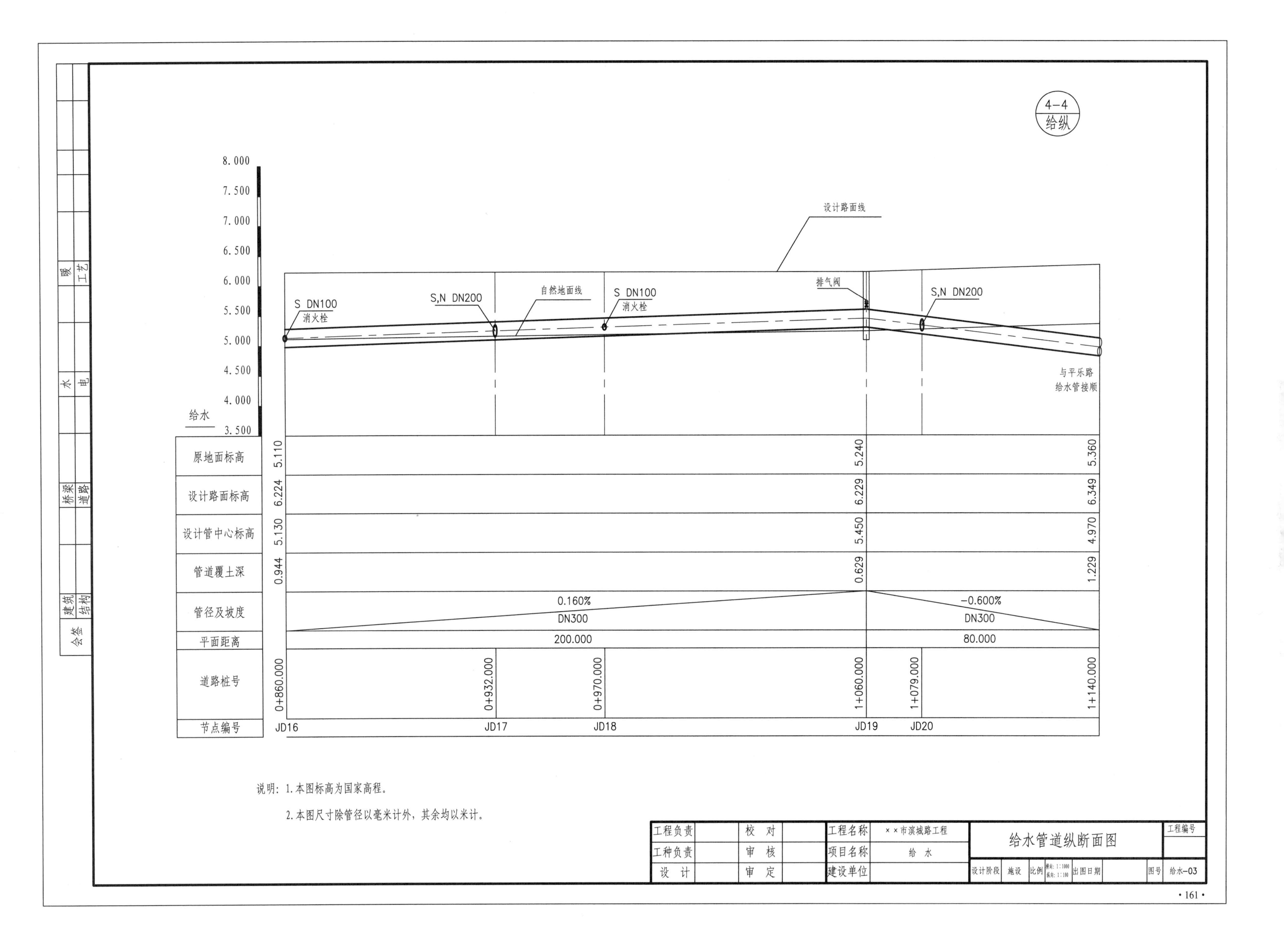

说明：1. 本图标高为国家高程。

2. 本图尺寸除管径以毫米计外，其余均以米计。

工程负责		校　对		工程名称	××市滨城路工程	给水管道纵断面图	工程编号
工种负责		审　核		项目名称	给　水		
设　计		审　定		建设单位		设计阶段 施设 比例 横向：1:1000 纵向：1:100 出图日期	图号 给水-03

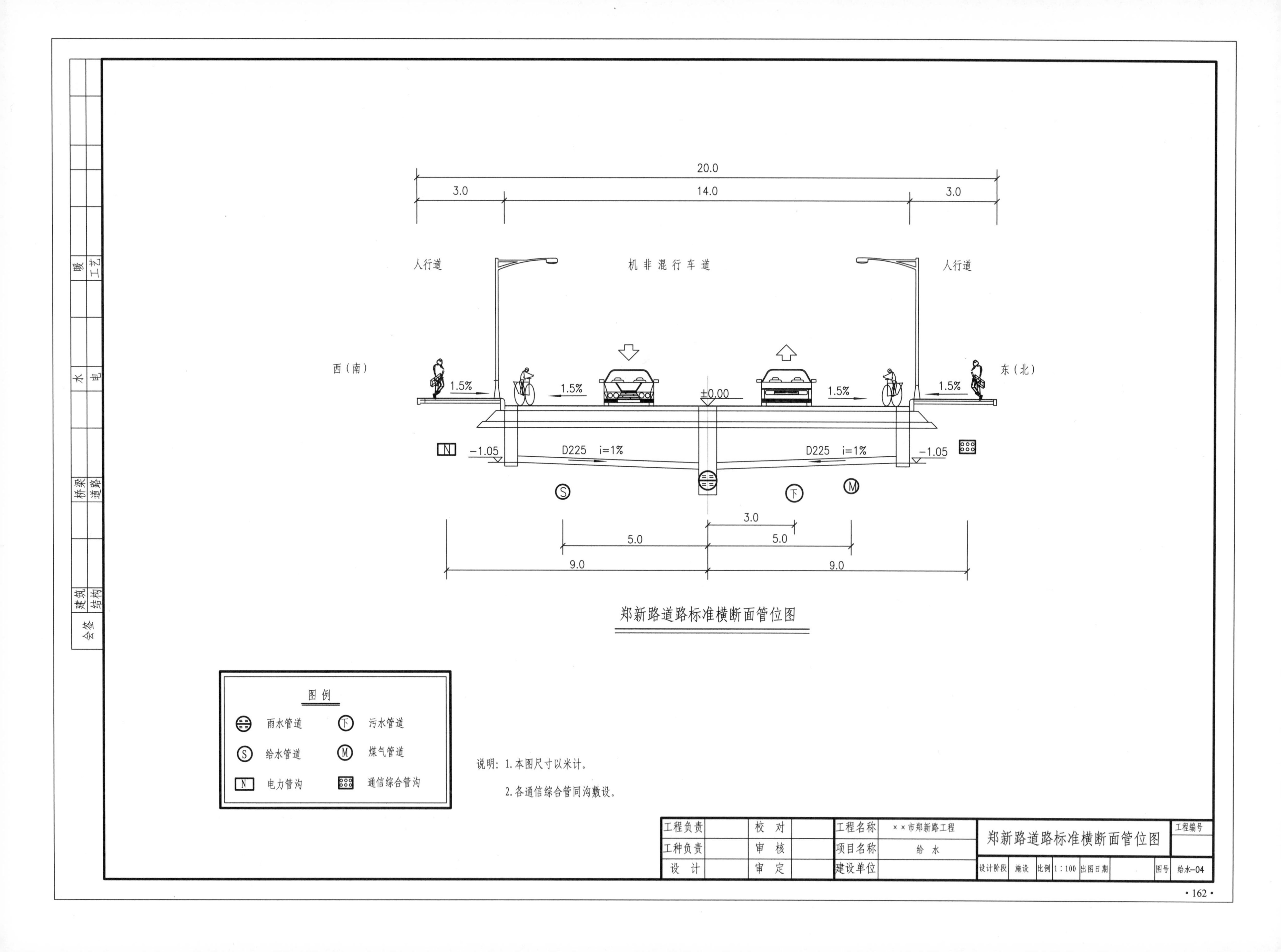
会签
建筑
结构
桥梁
道路
水
电
暖
工艺
20.0
3.0
14.0
3.0
人行道
机 非 混 行 车 道
人行道
西（南）
东（北）
1.5%
1.5%
±0.00
1.5%
1.5%
−1.05
D225 i=1%
D225 i=1%
−1.05
3.0
5.0
5.0
9.0
9.0
郑新路道路标准横断面管位图
图 例
雨水管道
污水管道
给水管道
煤气管道
电力管沟
通信综合管沟
说明：1.本图尺寸以米计。
2.各通信综合管同沟敷设。
工程负责
校 对
工程名称
××市郑新路工程
郑新路道路标准横断面管位图
工程编号
工种负责
审 核
项目名称
给 水
设 计
审 定
建设单位
设计阶段
施设
比例
1:100
出图日期
图号
给水−04

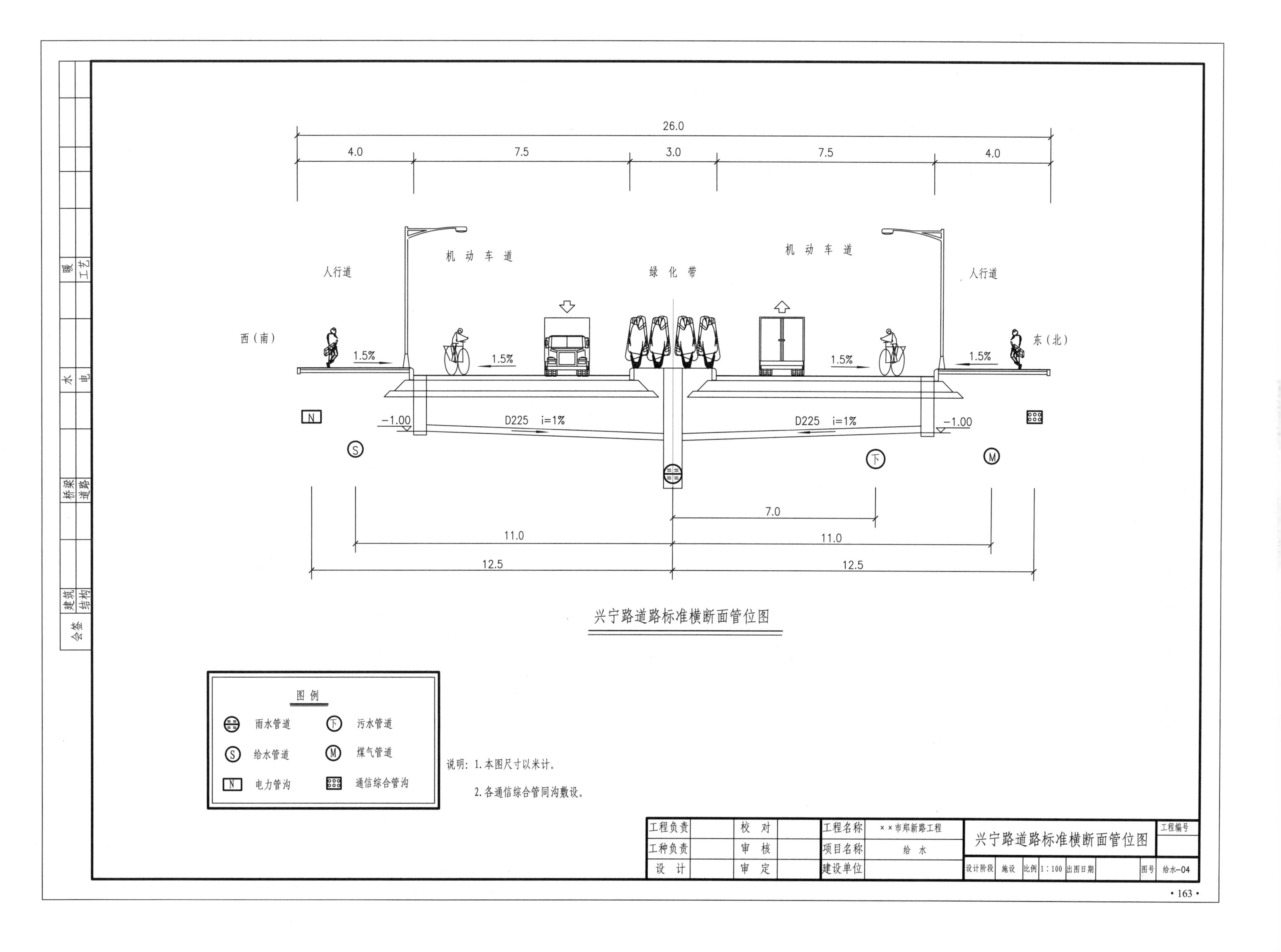
26.0
4.0
7.5
3.0
7.5
4.0
人行道
机 动 车 道
绿 化 带
机 动 车 道
人行道
西（南）
东（北）
1.5%
1.5%
1.5%
1.5%
−1.00
−1.00
D225 i=1%
D225 i=1%
7.0
11.0
11.0
12.5
12.5
兴宁路道路标准横断面管位图
图例
雨水管道
污水管道
给水管道
煤气管道
电力管沟
通信综合管沟
说明：1. 本图尺寸以米计。
2. 各通信综合管同沟敷设。
工程负责
工种负责
设 计
校 对
审 核
审 定
工程名称
××市郑新路工程
项目名称
给 水
建设单位
兴宁路道路标准横断面管位图
工程编号
设计阶段
施设
比例
1：100
出图日期
图号
给水−04
会签
建筑
结构
桥梁
道路
水
电
暖
工艺

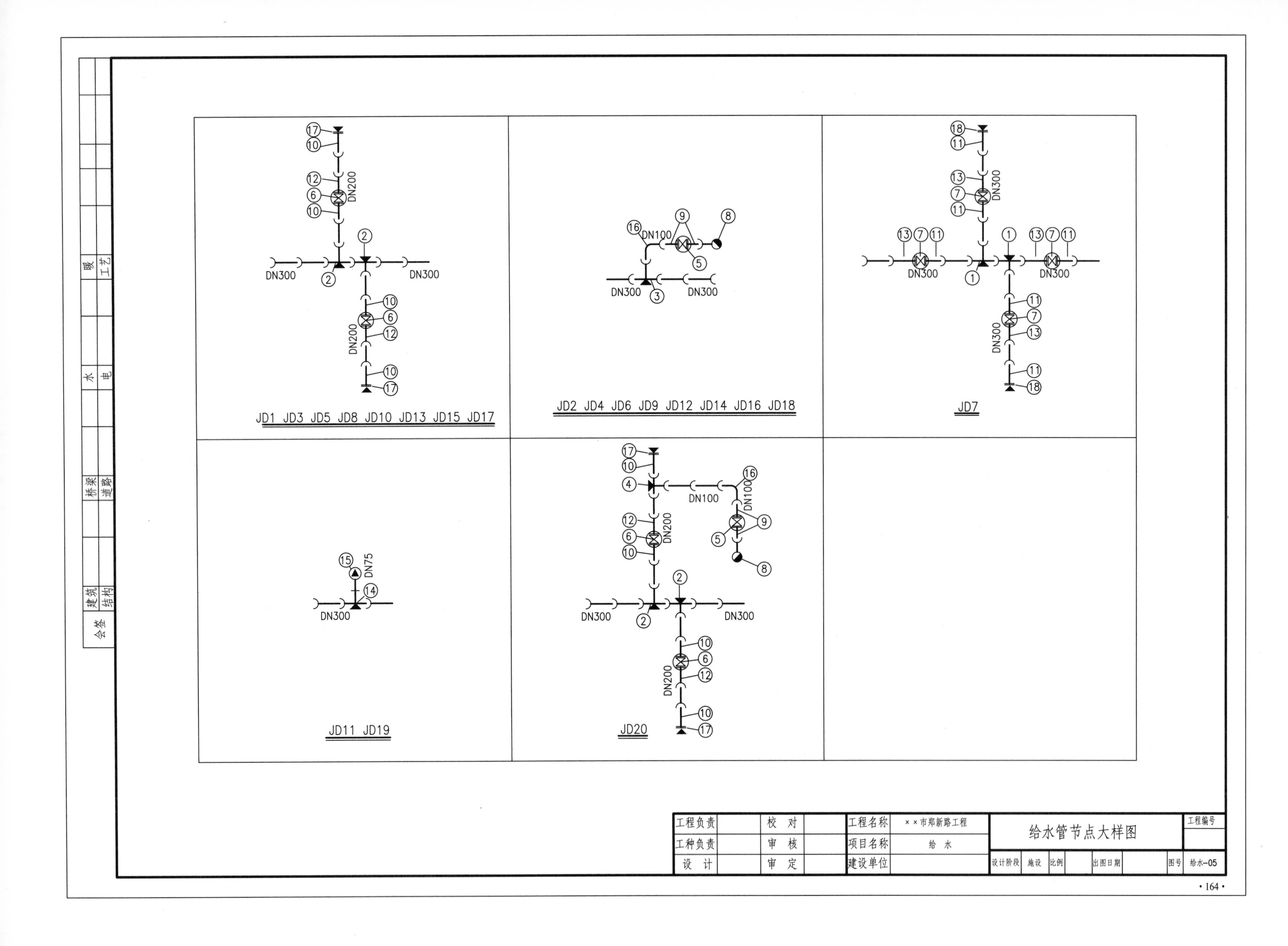

会签
建筑
结构
桥梁
道路
水
电
暖
工艺
DN300
DN200
JD1 JD3 JD5 JD8 JD10 JD13 JD15 JD17
DN100
JD2 JD4 JD6 JD9 JD12 JD14 JD16 JD18
JD7
DN75
JD11 JD19
JD20
工程负责
工种负责
设计
校对
审核
审定
工程名称
××市郑新路工程
项目名称
给水
建设单位
给水管节点大样图
工程编号
设计阶段
施设
比例
出图日期
图号
给水-05

给水管材料及管配件一览表

编号	名称	规格	材料	单位	数量	备注	编号	名称	规格	材料	单位	数量	备注
①	双承三通	DN300X300	球墨铸铁	只	2		⑭	排气三通	DN300X75	球墨铸铁	只	2	
②	双承三通	DN300X200	球墨铸铁	只	18		⑮	排气阀及井			套	2	检查井Φ1200
③	双承三通	DN300X100	球墨铸铁	只	8		⑯	90°弯头	DN100	球墨铸铁	个	9	
④	双承三通	DN200X100	球墨铸铁	只	1		⑰	法兰闷板	DN200	球墨铸铁	只	18	
⑤	闸阀及井	DN100		套	9	软密封闸阀	⑱	法兰闷板	DN300	球墨铸铁	只	2	
⑥	闸阀及井	DN200		套	18	软密封闸阀	⑲	支墩			个	91	
⑦	蝶阀及井	DN300		套	4		⑳	给水管	DN100	球墨铸铁	米	60	
⑧	地上式消火栓	浅100型		套	9	防撞式	㉑	给水管	DN200	球墨铸铁	米	220	
⑨	盘插短管	DN100	球墨铸铁	根	18		㉒	给水管	DN300	球墨铸铁	米	1185	
⑩	盘插短管	DN200	球墨铸铁	根	36								
⑪	盘插短管	DN300	球墨铸铁	根	6								
⑫	承盘短管	DN200	球墨铸铁	根	18								
⑬	承盘短管	DN300	球墨铸铁	根	4								

注：1.本材料仅供参考，以实际工程量为准。

2.管道覆土不足0.7m的应采用20cm厚C20混凝土方包。

工程负责		校 对		工程名称	××市郑新路工程	给水管材料及管配件一览表						工程编号
工种负责		审 核		项目名称	给 水							
设 计		审 定		建设单位		设计阶段	施设	比例		出图日期		图号 给水-06

暖 工艺 | 水 电 | 桥梁 道路 | 建筑 结构 | 会签

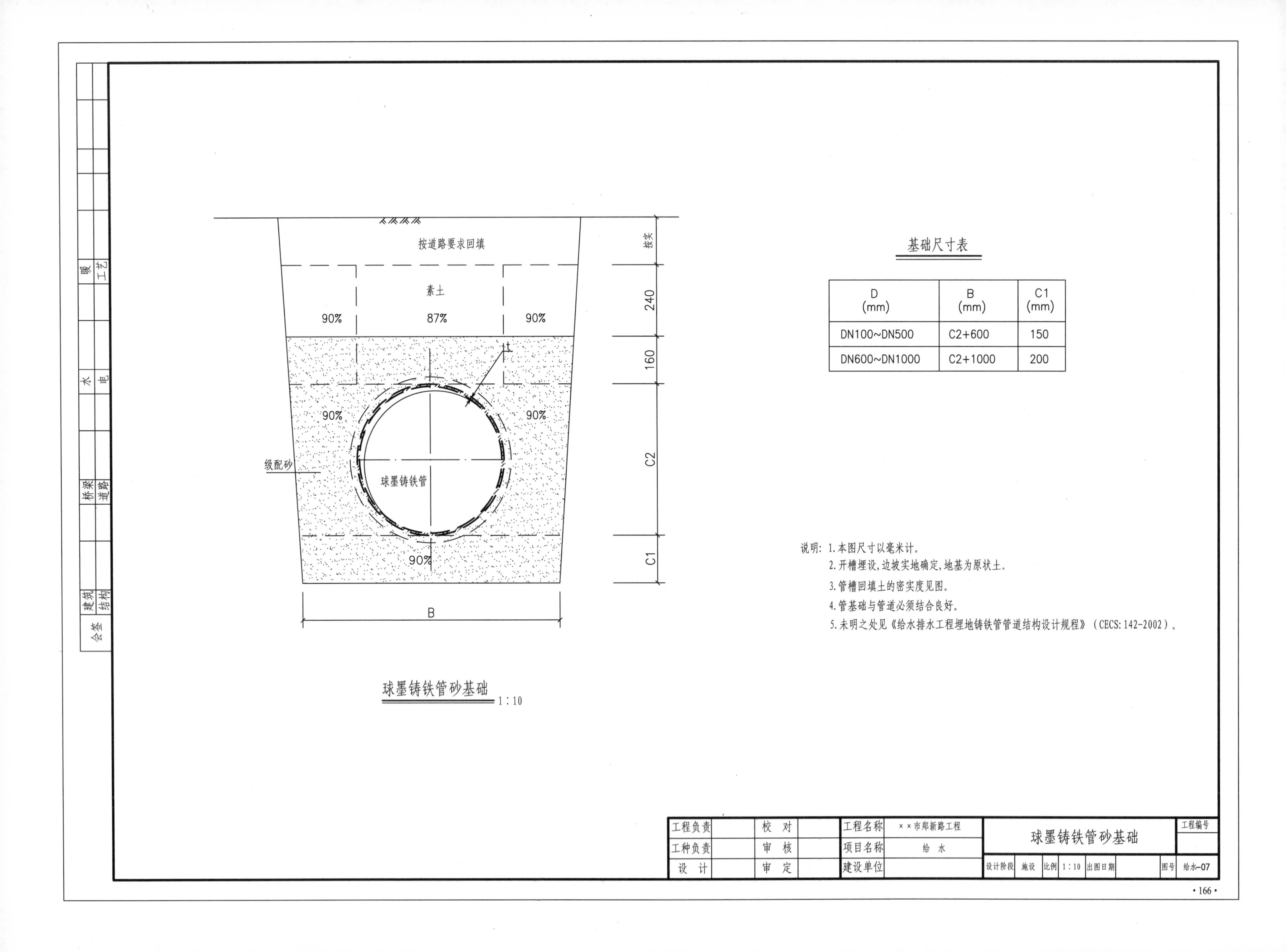

基础尺寸表

D (mm)	B (mm)	C1 (mm)
DN100~DN500	C2+600	150
DN600~DN1000	C2+1000	200

说明：1.本图尺寸以毫米计。
2.开槽埋设，边坡实地确定，地基为原状土。
3.管槽回填土的密实度见图。
4.管基础与管道必须结合良好。
5.未明之处见《给水排水工程埋地铸铁管管道结构设计规程》（CECS:142-2002）。

工程负责		校　对		工程名称	××市郑新路工程	球墨铸铁管砂基础	工程编号
工种负责		审　核		项目名称	给　水		
设　计		审　定		建设单位		设计阶段 施设 比例 1∶10 出图日期	图号 给水-07